高等职业教育安全类专业系列教材

事故预防与调查处理

主　编　孙　辉　李增杰　李　盟

副主编　张风江　唐　雨　尚林伟

参　编　郎流胜　幸鼎松　张丽珍　师　思

主　审　武万军（学校）　李治友（企业）

西南交通大学出版社
·成　都·

内容提要

本书以事故预防与调查处理为主要内容，结合典型事故案例分析相关安全生产法律法规，梳理并系统介绍了事故为什么会发生、事故怎么预防以及事故发生后如何上报和开展事故调查等知识。全书共两个模块，内容包括：事故致因及预防理论，事故预防控制方法，危险作业事故预防，事故报告、调查与分析，事故统计分析，事故案例等。

本书可作为高等职业院校、高等专科院校安全类专业和其他相关专业的通用教材，也可作为政府安全监督管理人员、企业安全生产管理人员的培训教材。

图书在版编目（CIP）数据

事故预防与调查处理 / 孙辉，李增杰，李盟主编.
成都 ：西南交通大学出版社，2024. 8. -- （高等职业教育安全类专业系列教材）. -- ISBN 978-7-5643-9977-1

Ⅰ. X928.03

中国国家版本馆 CIP 数据核字第 202472NP48 号

高等职业教育安全类专业系列教材
Shigu Yufang yu Diaocha Chuli
事故预防与调查处理

主　编 / 孙　辉　李增杰　李　盟	策划编辑 / 吴　迪　黄庆斌　韩　林　郑丽娟　周　杨
	责任编辑 / 孟　媛
	封面设计 / 吴　兵

西南交通大学出版社出版发行
（四川省成都市金牛区二环路北一段 111 号西南交通大学创新大厦 21 楼　610031）
营销部电话：028-87600564　　028-87600533
网址：http://www.xnjdcbs.com
印刷：成都市新都华兴印务有限公司

成品尺寸　185 mm×260 mm
印张　18.5　　字数　418 千
版次　2024 年 8 月第 1 版　　印次　2024 年 8 月第 1 次

书号　ISBN 978-7-5643-9977-1
定价　48.00 元

前言
PREFACE

安全生产事关人民群众利益和生命安全，事关发展大局和社会稳定，党和国家高度重视安全生产工作，习近平总书记强调，人命关天，发展绝不能以牺牲人的生命为代价，这必须作为一条不可逾越的红线。当前，我国安全生产总体形势持续向好，但仍面临较为严峻的挑战，安全生产基础依然薄弱，一些行业领域仍然风险突出、事故多发，暴露出一些深层次矛盾和问题。随着我国经济转向高质量发展阶段，产业结构及产业空间布局发生较大调整，对安全生产工作提出了更高要求。做好事故预防和调查处理是加强安全生产工作的一项基础性、长期性、根本性的工作，是落实"安全第一、预防为主、综合治理"安全生产方针的重要保障，需要始终坚持、常抓不懈。

在企业安全生产管理工作中，可能会面临诸如事故为什么会发生、如何预防事故发生、事故发生后怎么进行事故上报以及如何开展事故调查等一系列问题。基于此，编者以事故致因及预防理论、事故预防控制方法、典型危险作业事故预防、事故调查处理、典型事故案例分析以及相关安全生产法律法规为主要内容，完成本书编写，以供职业院校培养安全生产管理技术技能人才作教材使用，同时也为政府安全生产监督管理人员、企业安全生产管理人员开展培训和事故预防与调查处理工作提供参考和指导。

本书的编写注重切合职业教育发展规律，体现高职安全类专业教育教学特色，力求适用与创新，在基于充分调研的基础上编写而成。本书主要特点：一是内容针对性强，鉴于企业事故种类繁多，本书重点突出吊装作业、高处作业、受限空间作业等企业典型危险作业事故的预防；二是融入课程思政元素，注重培养学习者树牢安全发展理念，在安全生产管理工作中坚持人民至上、生命至上，强化安全意识、应急意识、法律意识、责任意识；三是理论与实践兼顾，通过任务驱动结合生产安全事故案例分析，实现事故致因及预防理论和事故预防与调查处理实践的融合和创新；四是内容编排上推陈出新，全书以问答的形式引出知识内容，解答学习者对相关内容的疑问，加深学习者对知识的理解。

　　本书由重庆安全技术职业学院孙辉、李增杰、李盟任主编，辽源职业技术学院张风江、重庆能源职业学院唐雨、重庆安全技术职业学院尚林伟任副主编，重庆安全技术职业学院郎流胜、张丽珍、师思和中国船舶重工集团衡远科技有限公司幸鼎松参与编写。编写任务分工：模块一中的项目一由尚林伟编写；模块一中的项目二由李盟编写；模块一项目三中的任务一至任务七由孙辉编写；模块一项目三中的任务八由郎流胜编写；模块一中的项目四由李增杰编写；模块一中的项目五由张风江编写；模块二由唐雨、张丽珍、幸鼎松编写；附录由郎流胜、师思编写；全书由孙辉统稿。重庆安全技术职业学院武万军教授和重庆市安全生产科学研究有限公司李治友高级工程师担任主审。

　　在本书的编写过程中，参考了许多专家、学者的文献资料，在此深表感谢。

　　由于编者水平有限，书中可能存在疏漏和不妥之处，诚请广大读者批评指正，提出宝贵意见。

编　者

2024 年 5 月

目录
CONTENTS

模块一　理论知识

模块二　事故案例

模块一

理论知识

项目一 事故致因及预防理论

项目背景

安全生产事关人民群众生命财产安全，事关经济发展和社会稳定大局，是安全生产的重中之重。安全生产事故发生有其自身的发展规律和特点，只有掌握事故发生的规律和特点，才能保证安全生产系统处于有效状态。

任务一 基础知识

学习目标

知识目标：掌握事故的概念、特性及其分类。

能力目标：能够结合实际，完成生产安全事故等级划分。

素质目标：培养学生理论联系实际的能力，激发学生认识安全、重视安全的精神。

思 考

2024 年 1 月 11 日，福建省厦门市海沧区某维生素有限公司厂内污水处理池发生一起爆炸事故，造成 4 人死亡、2 人受伤。经初步调查，系该公司在污水处理池上方施工安装遮阳棚，在电焊作业过程中污水处理池内空间可燃气体闪爆，导致人员伤亡。

思考 1：该起事故的等级？

思考 2：该起事故的类型？

知识学习

事故是指在人们生产、生活活动过程中突然发生的、违反人意志的、迫使活动暂时或永久停止，可能造成人员伤害、财产损失或环境污染的意外事件。

一、事故的概念及特性

【问题 1】 伯克霍夫对事故的定义是什么？

在事故的种种定义中，伯克霍夫（Berckhoff）的定义较著名。

伯克霍夫认为，事故是人（个人或集体）在为实现某种意图而进行的活动过程中，突然发生的、违反人的意志的、迫使活动暂时或永久停止的事件。事故包含三层含义。

（1）事故是一种发生在人类生产、生活活动中的特殊事件，人类的任何生产、生活活动过程中都可能发生事故。

（2）事故是一种突然发生的、出乎人们意料的意外事件。由于导致事故发生的原因非常复杂，往往包括许多偶然因素，因而事故的发生具有随机性。在一起事故发生之前，人们无法准确地预测什么时候、什么地方、发生什么样的事故。

（3）事故是一种迫使进行着的生产、生活活动暂时或永久停止的事件。事故中断、终止人们正常活动的进行，必然给人们的生产、生活带来某种形式的影响。因此，事故是一种违背人们意志的事件，是人们不希望发生的事件。

事故这种意外事件除了影响人们的生产、生活活动顺利进行之外，往往还可能造成人员伤害、财物损坏或环境污染等其他形式的严重后果。从这个意义上说，事故是在人们生产、生活活动过程中突然发生的、违反人意志的、迫使活动暂时或永久停止，可能造成人员伤害、财产损失或环境污染的意外事件。事故和事故后果（Consequence）是互为因果的两件事情：由于事故的发生产生了某种事故后果。但是在日常生产、生活中，人们往往把事故和事故后果看作一件事件，这是不正确的。之所以产生这种认识，是因为事故的后果，特别是引起严重伤害或损失的事故后果，给人的印象非常深刻；相反地，当事故带来的后果非常轻微，没有引起人们注意的时候，人们也就忽略了事故。

事故是一系列的事件和行为所导致的不希望出现的后果（伤亡、财产损失、工作延误、干扰）的最终产物，而后果包括了事故本身和其产生的后果。事件是其中的过程或者行动，一个事件不一定有个明确的开头和结尾（例如，载油车翻倒在公路上，油流出来，溅满道路，并流入下水道。这时，不好区分事件的开头和结束）。

伤亡，是系统失效的后果，但不是唯一可能的后果。人们做过统计，在工业部门中，每发生数百起事件，才有一件造成伤亡或损失，但每件都有伤亡及损失的可能性。这就是为什么要把所有的事件作为分析事故原因的信息源。单纯地依赖伤亡报告，仅能观察到那些导致严重伤亡后果的少数事件。

安全生产事故是指在生产经营领域中发生的意外的突发事件，通常会造成人员伤亡或财产损失，使正常的生产、生活活动中断，又叫安全事故。

因此，人们应从防止事故发生和控制事故的严重后果两方面来预防事故。

【问题 2】　事故的主要特性有哪些？

概括起来，事故的特性主要有以下四种。

1. 因果性

事故的因果性是指事故的发生都是有其原因的，这些原因就是潜伏的危险因素。这些危险因素有来自人的不安全行为和管理缺陷，也有物和环境的不安全状态。这些危险因素在一定的时间和空间内相互作用就会导致系统的隐患、偏差、故障、失效，以至发生事故。

因果性说明事故的原因是多层次的。有的原因与事故有直接联系，有的则有间接联系，绝不是某一个原因就可能造成事故，而是诸多不利因素相互作用促成事故。因此，不能把事故原因归结为一时或一事，而应在识别危险时对所有的潜在因素（包括直接的、间接的和更深层次的因素）都进行分析。只有充分认识了所有这些潜在因素的发展规律，分清主次地对其加以控制和消除，才能有效地预防事故。

事故的因果性还表现在事故从其酝酿到发生发展具有一个演化的过程。事故发生之前总会出现一些可以被人类认识的征兆，人类正是通过识别这些事故征兆来辨识事故的发展进程，控制事故，化险为夷的。事故的征兆是事故爆发的量的积累，表现为系统的隐患、偏差、故障、失效等，这些量的积累是系统突发事故和事故后果的原因。认识事故发展过程的因果性既有利于预防事故，也有利于控制事故后果。

2. 随机性

事故的随机性是指事故的发生是偶然的。同样的前因事件随时间的进程导致的后果不一定完全相同。但是在偶然的事故中孕育着必然性，必然性通过偶然事件表现出来。

事故的随机性说明事故的发生服从于统计规律，可用数理统计的方法对事故进行分析，从中找出事故发生、发展的规律，认识事故，为预防事故提供依据。

事故的随机性还说明事故具有必然性。从理论上说，若生产中存在危险因素，只要时间足够长，样本足够多，作为随机事件的事故迟早必然会发生，事故总是难以避免的。但是安全工作者对此不是无能为力，而是可以通过客观和科学的分析，从随机发生的事故中发现其规律，通过不懈的和能动性的努力，使系统的安全状态不断改善，使事故发生的概率不断降低，使事故后果严重度不断减弱。

3. 潜伏性

事故的潜伏性是指事故在尚未发生或还没有造成后果之时，各种事故征兆是被掩盖的。系统似乎处于"正常"和"平静"状态。

事故的潜伏性使得人们认识事故、弄清事故发生的可能性及预防事故成为一项非常困难的事情。这就要求人们百倍珍惜已发生事故中的经验教训，不断地探索和总结，消除盲目性和麻痹思想，常备不懈，居安思危，明察秋毫，在任何情况下都要把安全放在第一位。

4. 可预防性

所有安全事故都是可以预防的，安全事故从源头就开始预防，如果每个环节都能科学、理性、细致入微，事故是可以避免的。

现代工业生产系统是人造系统，这种客观实际给预防事故提供了基本的前提。所以说，任何事故从理论和客观上讲，都是可预防的。认识这一特性，对坚定信念，防止事故发生有促进作用。因此，人类应该通过各种合理的对策和努力，从根本上消除事故发生的隐患，把工业事故的发生降低到最低限度。

二、事故的发生与发展

【问题】 事故的发生与发展一般可分为哪几个阶段？

概括起来，事故的发生与发展一般可分为三个阶段。

1. 孕育阶段

事故的形成必然有其基础原因，如不考虑客观条件，搞"献礼工程"和"首长工程"，盲目指定工期；施工企业安全制度不健全，无章可循或有章不循；人员素质不高，安全意识淡薄，自我保护能力差；设备、机具及劳动防护用品存在质量缺陷等。这类隐患出现就使事故处于孕育阶段。人们可以感觉到它的存在，估计到事故可能会出现，但无法肯定会出现或者无法得知事故发生的确切时间和具体形式。

2. 发展阶段

由于上述基础原因的存在，再加上企业管理上的缺陷和漏洞，导致了人的不安全行为的发生和物的不安全状态的出现，就构成了生产中的事故隐患，即"事故苗子"。此时事故已处于萌芽状态，人们可以预测到它发生的形式和时间。

3. 发生阶段

生产中的事故隐患被某些偶然事件触发时，事故就发生了。这些偶然事件包括人的不安全行为和物的不安全状态等。事故的发生必然导致人身伤害和财产的损失，阻碍生产的正常进行。

三、事故的分类

【问题1】　有哪些分类的一般方法？

一种是人为的分类，它是依据事物的外部特征进行分类，为了方便，人们把各种商品分门别类，陈列在不同的柜台里，在不同的商店出售。这种分类方法，可以称之为外部分类法。另一种是根据事物的本质特征进行分类。无论是外部特征还是本质特征，都是事物的属性。当然，事物的属性是多方面的，分类的方法也是多样的，在不同的情况下，可以采用不同的分类方法。分类方法被应用于社会生活的各个领域。哪里有丰富多样的事物，哪里就需要进行分类。

【问题2】　有哪些安全生产事故的分类方法？

一是经验式的实用主义的上行分类方法，由基本事件归类到事件的方法；二是演绎的逻辑下行分类方法，由事件按规则逻辑演绎到基本事件的方法。

对安全生产事故分类采用何种方法，要视表述和研究对象的情况而定，一般遵守以下原则：最大表征事故信息原则；类别互斥原则；有序化原则；表征清晰原则。

事故的分类主要是指企业职工伤亡事故的分类。伤亡事故分类总的原则是：适合国情，统一口径，提高可比性，有利于科学分析和积累资料，有利于安全生产的科学管理。

常见的事故分类如下：

1. 按造成的人员伤亡或者直接经济损失分类

依据《生产安全事故报告和调查处理条例》，生产安全事故（以下简称事故）造成的人员伤亡或者直接经济损失分类如下：

（1）特别重大事故，是指造成 30 人以上死亡，或者 100 人以上重伤（包括急性工业中毒，下同），或者 1 亿元以上直接经济损失的事故；

（2）重大事故，是指造成 10 人以上 30 人以下死亡，或者 50 人以上 100 人以下重伤，或者 5000 万元以上 1 亿元以下直接经济损失的事故；

（3）较大事故，是指造成 3 人以上 10 人以下死亡，或者 10 人以上 50 人以下重伤，或者 1000 万元以上 5000 万元以下直接经济损失的事故；

（4）一般事故，是指造成 3 人以下死亡，或者 10 人以下重伤，或者 1000 万元以下直接经济损失的事故。

以上条款中所称的"以上"包括本数，所称的"以下"不包括本数。

2. 按事故发生的行业分类

根据《生产安全事故统计报表制度》，按照事故发生的行业，可将事故分为 11 类，即：煤矿事故、金属与非金属矿事故、工商企业（建筑业、危险化学品、烟花爆竹）事故、火灾事故、道路交通事故、水上交通事故、铁路运输事故、民航飞行事故、农业机械事故、渔业船舶事故、其他事故。

3. 按伤害程度分类（对伤害个体）

事故发生后，按受伤害者造成损伤以致劳动能力丧失的程度分类。

（1）轻伤，指损失工作日为 1 个工作日以上（含 1 个工作日），105 个工作日以下的失能伤害；

（2）重伤，指损失工作日为 105 个工作日以上（含 105 个工作日）的失能伤害，重伤的损失工作日最多不超过 6000 日；

（3）死亡，其损失工作日定为 6000 日，这是根据我国职工的平均退休年龄和平均死亡年龄计算出来的。

此种分类是按伤亡事故造成损失工作日的多少来衡量的，而损失工作日是指受伤害者丧失劳动能力（简称失能）的工作日。各种伤害情况的损失工作日数，可按标准（GB 6441—86）中的有关规定计算或选取。

4. 按事故类别分类

《企业职工伤亡事故分类标准》（GB 6441—86）中，将事故类别划分为 20 类。

（1）物体打击，指失控物体的惯性力造成的人身伤害事故。如落物、滚石、锤击、碎裂、崩块、砸伤等造成的伤害，不包括爆炸而引起的物体打击。

（2）车辆伤害，指本企业机动车辆引起的机械伤害事故。如机动车辆在行驶中的挤、压、撞车或倾覆等事故，在行驶中上下车、搭乘矿车或放飞车所引起的事故，以及车辆运输挂钩、跑车事故。

（3）机械伤害，指机械设备与工具引起的绞、辗、碰、割戳、切等伤害。如工件或刀具飞出伤人，切屑伤人，手或身体被卷入，手或其他部位被刀具碰伤，被转动的机构缠压住等。但属于车辆、起重设备的情况除外。

（4）起重伤害，指从事起重作业时引起的机械伤害事故。包括各种起重作业引起的机械伤害，但不包括触电、检修时制动失灵引起的伤害，上下驾驶室时引起的坠落式跌倒。

（5）触电，指电流流经人体，造成生理伤害的事故。适用于触电、雷击伤害。如人体接触带电的设备金属外壳或裸露的临时线，漏电的手持电动手工工具；起重设备误触高压线或感应带电；雷击伤害；触电坠落等事故。

（6）淹溺，指因大量水经门、鼻进入肺内，造成呼吸道阻塞，发生急性缺氧而窒息死亡的事故。适用于船舶、排筏、设施在航行、停泊作业时发生的落水事故。

（7）灼烫，指强酸、强碱溅到身体引起的灼伤，或因火焰引起的烧伤，高温物体引起的烫伤，放射线引起的皮肤损伤等事故。适用于烧伤、烫伤、化学灼伤、放射性皮肤损伤等伤害。不包括电烧伤以及火灾事故引起的烧伤。

（8）火灾，指造成人身伤亡的企业火灾事故。不适用于非企业原因造成的火灾，比如居民火灾蔓延到企业，此类事故属于消防部门统计的事故。

（9）高处坠落，指出于危险重力势能差引起的伤害事故。适用于脚手架、平台、陡壁施工等高于地面的坠落，也适用于山地面踏空失足坠入洞、坑、沟、升降口、漏斗等情况。但排除以其他类别为诱发条件的坠落，如高处作业时，因触电失足坠落应定为触电事故，不能按高处坠落划分。

（10）坍塌，指建筑物、构筑、堆置物等倒塌以及土石塌方引起的事故。适用于因设计或施工不合理而造成的倒塌，以及土方、岩石发生的塌陷事故。如建筑物倒塌，脚手架倒塌，挖掘沟、坑、洞时土石的塌方等情况。不适用于矿山冒顶片帮事故，或因爆炸、爆破引起的坍塌事故。

（11）冒顶片帮，指矿井工作面、巷道侧壁由于支护不当、压力过大造成的坍塌，称为片帮；顶板垮落为冒顶。二者常同时发生，简称为冒顶片帮。适用于矿山、地下开采、掘进及其他坑道作业发生的坍塌事故。

（12）透水，指矿山、地下开采或其他坑道作业时，意外水源带来的伤亡事故。适用于井巷与含水岩层、地下含水带、溶洞或与被淹巷道、地面水域相通时，涌水成灾的事故。不适用于地面水害事故。

（13）放炮，指施工时，放炮作业造成的伤亡事故。适用于各种爆破作业，如采石、采矿、采煤、开山、修路、拆除建筑物等工程进行的放炮作业引起的伤亡事故。

（14）火药爆炸，指火药与炸药在生产、运输、贮藏的过程中发生的爆炸事故。适用于火药与炸药生产在配料、运输、贮藏、加工过程中，由于振动、明火、摩擦、静电作用，或因炸药的热分解作为，贮藏时间过长或因存药过多发生的化学性爆炸事故，以及熔炼金属时，废料处理不净，残存火药或炸药引起的爆炸事故。

（15）瓦斯爆炸，指可燃性气体瓦斯、煤尘与空气混合形成了达到燃烧极限的混合物，接触火源时，引起的化学性爆炸事故。主要适用于煤矿，同时也适用于空气不流通，瓦斯、煤尘积聚的场合。

（16）锅炉爆炸，指锅炉发生的物理性爆炸事故。适用于使用工作压力大于 0.7 标准大气压（0.07 兆帕）、以水为介质的蒸汽锅炉（以下简称锅炉），但不适用于铁路机车、船舶上的锅炉以及列车电站和船舶电站的锅炉。

（17）容器爆炸。容器（压力容器的简称）是指比较容易发生事故，且事故危害性较大的承受压力载荷的密闭装置。容器爆炸是压力容器破裂引起的气体爆炸，即物理性爆炸，包括容器内盛装的可燃性液化气在容器破裂后，立即蒸发，与周围的空气混合形成爆炸性气体混合物，遇到火源时产生的化学爆炸，也称容器的二次爆炸。

（18）其他爆炸。凡不属于上述爆炸的事故均列为其他爆炸事故，如：

① 可燃性气体如煤气、乙炔等与空气混合形成的爆炸；

② 可燃蒸气与空气混合形成的爆炸性气体混合物如汽油挥发气引起的爆炸；

③ 可燃性粉尘以及可燃性纤维与空气混合形成的爆炸性气体混合物引起的爆炸；

④ 间接形成的可燃气体与空气相混合，或者可燃蒸气与空气相混合（如可燃固体、自燃物品，当其受热、水、氧化剂的作用迅速反应，分解出可燃气体或蒸气与空气混合形成爆炸性气体），遇火源爆炸的事故。

炉膛爆炸，钢水包、亚麻粉尘的爆炸，都属于上述爆炸方面的，亦均属于其他爆炸。

（19）中毒和窒息，指人接触有毒物质，如误吃有毒食物或呼吸有毒气体引起的人体急性中毒事故，或在废弃的坑道、暗井、涵洞、地下管道等不通风的地方工作，因为氧气缺乏，有时会发生突然晕倒，甚至死亡的事故称为窒息。两种现象合为一体，称为中毒和窒息事故。不适用于病理变化导致的中毒和窒息的事故，也不适用于慢性中毒的职业病导致的死亡。

（20）其他伤害。凡不属于上述伤害的事故均称为其他伤害，如扭伤、跌伤、冻伤、野兽咬伤、钉子扎伤等。

5. 按事故原因分类

根据事故致因原理，将事故原因分为三类：人为原因、物及技术原因、管理原因。管理原因的分类有作业组织不合理、责任不明确或责任未建立、规章制度不健全或规章制度不落实、操作规程不健全或操作程序不明确、无证经营或违法生产经营、未进行安全教育或教育培训不够、机构不健全或人员不符合要求、现场违章指挥或纵容违章作业、缺乏监督检查、事故隐患整改不到位、违规审核验收认证许可、其他。

【问题3】 国际上有哪些对事故的分类？

1. 国际劳工组织的分类

国际劳工组织（ILO）对职业事故的分类方法如下。

（1）按事故形式划分为：职业事故、职业病、通勤事故、危险情况和事件。

（2）按事故类型分为：坠落人员、坠落物体打击、脚踏物体和撞击物体打击、卡在物体上或物体间、用力过度或过度动作、暴露或接触过低过高温度、触电、接触有害物或辐射、其他。

（3）按致害因素分类为：机械、运输工具和起重设备、其他设备、材料物质和辐射、作业环境、其他。

（4）按事故程度分：对职业事故划分为死亡事故、非致命事故；死亡事故按 30 天内死亡人数、30～365 天内死亡人数划分；对非致命事故按无时间损失事故、3 日内损失事故和 3 日以上损失事故划分。

（5）职业病：按引起因素划分为化学因素、物理因素、生物因素；按器官划分为呼吸系统、皮肤、肌肉骨骼等。

国际劳工组织的事故分类还有按伤害性质分为 9 类，按受伤部位分为 7 类等。

2. 国际劳联分类

国际劳联 1923 年召开的统计工作会议上，建议尽可能按加害物体进行分类。列出的加害物体有：

（1）机械——原动机、动力传动装置、起重机加工机械；

（2）运输——铁路、船舶、车辆；

（3）爆炸；

（4）有害、高温或腐蚀性物质；

（5）电气；

（6）人员坠落；

（7）冲击和碰撞；

（8）落下物体；

（9）坠落；

（10）非机械操作；

（11）手工工具；

（12）动物。

3. 日本的分类

日本劳动省规定的伤亡事故类别为 22 种：

（1）坠落、滚落；

（2）翻倒；

（3）强烈碰撞；

（4）飞来物、落下物；

（5）崩溃；

（6）倒塌；

（7）撞穿；

（8）被拦截、被卷入；

（9）切断、摩擦伤；

（10）刺伤；

（11）淹溺；

（12）接触高低温物体；

（13）接触有害物体；

（14）触电；

（15）爆炸；

（16）破裂；

（17）火灾；

（18）道路交通事故；

（19）其他交通事故；

（20）动作相反；

（21）其他；

（22）不能分类。

小 提 示

一、安全生产

《辞海》将"安全生产"解释为：为预防生产过程中发生人身、设备事故，形成良好劳动环境和工作秩序而采取的一系列措施和活动。《中国大百科全书》将"安全生产"解释为：旨在保护劳动者在生产过程中安全的一项方针，也是企业管理必须遵循的一项原则，要求最大限度地减少劳动者的工伤和职业病，保障劳动者在生产过程中的生命安全和身体健康。后者将安全生产解释为企业生产的一项方针、原则和要求，前者则将安全生产解释为企业生产的一系列措施和活动。根据现代系统安全工程的观点，一般意义上讲，安全生产是指在社会生产活动中，通过人、机、物料、环境的和谐运作，使生产过程中潜在的各种事故风险和伤害因素始终处于有效控制状态，切实保护劳动者的生命安全和身体健康。安全生产工作应当以人为本，坚持人民至上、生命至上，把保护人民生命安全摆在首位，树牢安全发展理念。《中华人民共和国安全生产法》（以下简称《安全生产法》）将"安全第一，预防为主、综合治理"确定为安全生产工作的基本方针。

二、事故隐患

原国家安全生产监督管理总局颁布的第 16 号令《安全生产事故隐患排查治理暂行规定》，将"安全生产事故隐患"定义为："生产经营单位违反安全生产法律法规、规章、标准、规程和安全生产管理制度的规定，或者因其他因素在生产经营活动中存在可能导致事故发生的物的危险状态、人的不安全行为和管理上的缺陷。"

事故隐患分为一般事故隐患和重大事故隐患。一般事故隐患是指危害和整改难度较小，发现后能够立即整改排除的隐患。重大事故隐患是指危害和整改难度较大，应当全部或者局部停产停业，并经过一定时间整改治理方能排除的隐患，或者因外部因素影响致使生产经营单位自身难以排除的隐患。

知识测验

1. 某化工企业 30 万吨/年煤焦油加氢精制装置原料罐区 T4207 储罐，动火前未进行清洗、置换，残存蒽油挥发出的低闪点物质萘、苯并噻吩、1-甲基萘、2-甲基萘、6-二甲基萘等可燃蒸汽与罐内空气达到爆炸极限，形成爆炸性混合物。外来施工人员违反有关规定，在尚未办理动火作业审批手续情况下，擅自冒险对 T4207 储罐入孔处进行焊接作业。焊接高温引起罐内爆炸性混合气体爆炸，造成 3 人死亡，直接经济损失 547.9 万元，该事故等级是（   ）。（单选题）

  A. 一般事故 B. 较大事故 C. 重大事故 D. 特别重大事故

2. 某建筑公司在试验吊具的过程中，由于操作工不慎，发生吊具坠落，造成 1 人死亡的生产安全事故。根据《企业职工伤亡事故分类》（GB 6441—86），该起事故的类别是（   ）。（单选题）

  A. 物体打击 B. 高处坠落 C. 坍塌 D. 起重伤害

3. 安全生产事故的定义是什么？

任务训练

某机械厂的一台大型冲压机，因车间顶棚漏雨，线路出现故障。张某在高 2.5 m 的设备顶部进行线路检查，未佩戴相关防护用品，在维修作业中触电，从设备上坠落身亡。该事故造成 1 人死亡、直接经济损失 300 万元。

请根据事故案例分析该起事故的事故类型并划分事故等级。

学习拓展

1.《生产安全事故报告和调查处理条例》（国务院第 493 号令）。
2.《企业职工伤亡事故分类》（GB 6441—86）。

任务二　事故致因理论

学习目标

知识目标：掌握常见事故致因理论。

能力目标：能够结合实际，运用海因里希法则推测企业相应事故起数。

素质目标：培养学生认识安全、理解事故致因的基础理论，激发学生探索求知的精神。

思　　考

某企业 2023 年全年发生死亡事故 1 起、死亡人数 2 人，重伤事故 2 起、重伤人数 2 人。

思考：该企业在 2023 年存在的不安全行为事件（意外事件）多少起？

知识学习

事故致因理论是从大量典型事故的本质原因的分析中所提炼出的事故机理和事故模型。这些机理和模型反映了事故发生的规律性，能够为事故原因的定性、定量分析，为事故的预测预防，为改进安全管理工作，从理论上提供科学的、完整的依据。

随着科学技术和生产方式的发展，事故发生的本质规律在不断变化，人们对事故原因的认识也在不断深入，因此先后出现了十几种具有代表性的事故致因理论和事故模型。

一、海因里希事故因果连锁理论

【问题1】 海因里希事故因果连锁理论的由来是什么？

1931年，海因里希在《工业事故预防》（*Industrial Aceident Prevention*）一书中，阐述了根据当时的工业安全实践总结出来的工业安全理论，事故因果连锁理论是其中重要组成部分。

海因里希第一次提出了事故因果连锁理论，阐述了导致伤亡事故的各种因素间及与伤害间的关系，认为伤亡事故的发生不是一个孤立的事件，尽管伤害可能在某瞬间突然发生，却是一系列原因事件相继发生的结果。

【问题2】 海因里希事故因果连锁理论伤害事故连锁的构成是什么？

海因里希把工业伤害事故的发生发展过程描述为具有一定因果关系的事件的连锁：

（1）人员伤亡的发生是事故的结果。

（2）事故的发生原因是人的不安全行为或物的不安全状态。

（3）人的不安全行为或物的不安全状态是由于人的缺点造成的。

（4）人的缺点是由于不良环境诱发或者是由先天的遗传因素造成的。

【问题3】 海因里希事故因果连锁理论事故连锁过程的影响因素有哪些？

海因里希将事故连锁过程影响因素概括为以下5个。

1. 遗传及社会环境（M）

遗传及社会环境是造成人的性格上缺点的原因。遗传因素可能造成鲁莽、固执等不良性格；社会环境可能妨碍教育，助长性格的缺点发展。

2. 人的缺点（P）

人的缺点是使人产生不安全行为或造成机械、物质不安全状态的原因，包括鲁莽、固执、过激、神经质、轻率等性格上的先天缺点，以及缺乏安全生产知识和技术等后天缺点。

3. 人的不安全行为或物的不安全状态（H）

人的不安全行为或物的不安全状态是指那些曾经引起过事故，可能再次引起事故的人的行为或机械、物质的状态，它们是造成事故的直接原因。

4. 事故（D）

事故是由于物体、物质、人或放射线的作用或反作用，使人员受到伤害或可能受到伤害的，出乎意料的、失去控制的事件。

5. 伤害（A）

伤害是由于事故直接产生的人身伤害。事故发生是一连串事件按照一定顺序，互为因果依次发生的结果。这一事故连锁关系可以用多米诺骨牌来形象地描述。在多米诺骨牌系列中，一块骨牌被碰倒了，则将发生连锁反应，其余的几块骨牌相继被碰倒。如果移去中间的一块骨牌，则连锁被破坏，事故过程被中止。海因里希认为，企业安全工作的中心就是防止人的不安全行为，消除机械的或物质的不安全状态，中断事故迹锁的进程而避免事故的发生。

海因里希的工业安全理论主要阐述了工业事故发生的因果连锁论，与他关于在生产安全问题中人与物的关系、事故发生频率与伤害严重度之间的关系、不安全行为的原因等工业安全中最基本的问题一起，曾被称为"工业安全公理"，受到世界上许多国家安全工作学者的赞同。

海因里希曾经调查了美国的 75000 起工业伤害事故，发现 98% 的事故是可以预防的，只有 2% 的事故超出人的能力能够达到的范围，是不可预防的。在可预防的工业事故中，以人的不安全行为为主要原因的事故占 88%，以物的不安全状态为主要原因的事故占 10%。海因里希认为事故的主要原因是人的不安全行为或者物的不安全状态，但是二者为孤立原因，没有一起事故是由于人的不安全行为及物的不安全状态共同引起的。因此，其研究结论是：几乎所有的工业伤害事故都是由于人的不安全行为造成的。后来，这种观点受到了许多研究人员的批判。

尽管海因里希事故因果连锁理论有其优势，但是它也和事故频发倾向理论一样，把大多数工业事故的责任都归因于人的不安全行为，过于绝对化和简单化，有一定的时代局限性。

二、能量意外释放理论

能量意外释放理论揭示了事故发生的物理本质，为人们设计及采取安全技术措施提供了理论依据。

【问题 1】 能量意外释放理论的由来是什么？

1961 年，吉布森（Gibson）提出事故是一种不正常的或不希望的能量释放，意外释放的各种形式的能量是构成伤害的直接原因。因此，应该通过控制能量，或控制作为能量达及人体媒介的能量载体来预防伤害事故。在吉布森的研究基础上，1966 年，美国运输部安全局局长哈登（Haddon）完善了能量意外释放理论，认为"人受伤害的原因只能是某种能量的转移"。他提出了能量逆流于人体造成伤害的分类方法，将伤害分为两类：第一类伤害是由施加了局部或全身性损伤阈值的能量引起的；第二类伤害是由影响了局部或全身性能量交换引起的，主要指中毒、窒息和冻伤。哈登认为，在一定条件下某种形式的能量能否产生伤害造成人员伤亡事故，取决于能量大小、接触能量时间长短、频率以及力的集中程度。根据能量意外释放论，可以利用各种屏蔽来防止意外的能量转移，从而防止事故的发生。

【问题 2】 能量意外释放理论事故致因及其表现形式是什么？

1. 事故致因

能量在生产过程中是不可缺少的，人类利用能量做功以实现生产目的。在正常生产过程中，能量受到种种约束和限制，按照人们的意志流动、转换和做功。

如果由于某种原因，能量失去了控制，超越了人们设置的约束或限制而意外地逸出或释放，必然造成事故。如果失去控制的、意外释放的能量达及人体，并且能量的作用超过了人们的承受能力，人体必将受到伤害。

根据能量意外释放理论，伤害事故原因是：

（1）接触了超过机体组织（或结构）抵抗力的某种形式的过量的能量。

（2）有机体与周围环境的正常能量交换受到了干扰（如窒息、淹溺等）。

因而，各种形式的能量是构成伤害的直接原因。同时，也常常通过控制能量，或控制达及人体媒介的能量载体来预防伤害事故。

2. 能量转移造成事故的表现

机械能、电能、热能、化学能、电离及非电离辐射、声能和生物能等形式的能量，都可能导致人员伤害。其中前 4 种形式的能量引起的伤害最为常见。

意外释放的机械能是造成工业伤害事故的主要能量形式。处于高处的人员或物体具有较高的势能，当人员具有的势能意外释放时，发生坠落或跌落事故。当物体具有的势能意外释放时，将发生物体打击等事故。除了势能外，动能是另一种形式的机械能，各种运输车辆和各种机械设备的运动部分都具有较大的动能，工作人员一旦与之接触，将发生车辆伤害或机械伤害事故。

研究表明，人体对每一种形式能量的作用都有一定的抵抗能力，或者说有一定的伤害值。当人体与某种形式的能量接触时，能否产生伤害及伤害的严重程度如何，主要取决于作用于人体的能量的大小。作用于人体的能量越大，造成严重伤害的可能性越大。例如：球形弹丸以 4.9N 的冲击力打击人体时，只能轻微地擦伤皮肤；重物以 68.6N 的冲击力打击人的头部时，会造成头骨骨折。此外，人体接触能量的时间长短和频率、能量的集中程度以及身体接触能量的部位等，也影响人员伤害程度。例如，高处坠落、坍塌、冒顶、片帮、物体打击等均由势能意外释放所造成，车辆伤害、机械伤害和物体打击等事故多由于意外释放的动能所造成。

【问题 3】　怎么防范事故发生？

从能量意外释放理论出发，预防伤害事故就是防止能量或危险物质的意外释放，防止人体与过量的能量或危险物质接触。

哈登认为，预防能量转移于人体的安全措施可用屏蔽防护系统。约束限制能量，防止人体与能量接触的措施称为屏蔽，这是一种广义的屏蔽。同时，他指出，屏蔽设置得越早，效果越好。按能量大小可建立单一屏蔽或多重的冗余屏蔽。在工业生产中经常采用的防止能量意外释放的屏蔽措施主要有下列 11 种。

1. 用安全的能源代替不安全的能源

例如：在容易发生触电的作业场所，用压缩空气动力代替电力，可以防止发生触电事故；用水力采煤代替火药爆破等。绝对安全的事物是没有的，以压缩空气做动力虽然避免了触电事故，但是压缩空气管路破裂、脱落的软管抽打等都带来了新的危害。

2. 限制能量

即限制能量的大小和速度，规定安全极限量，在生产工艺中尽量采用低能量的工艺或设备。这样，即使发生了意外的能量释放，也不致发生严重伤害。例如，利用低电压设备防止电击，限制设备运转速度以防止机械伤害，限制露天爆破装药量以防止个别飞石伤人等。

3. 防止能量蓄积

能量的大量蓄积会导致能量突然释放，因此，要及时释放多余能量，防止能量蓄积。例如，应用低高度位能，控制爆炸性气体浓度，通过接地消除静电蓄积，利用避雷针放电保护重要设施等。

4. 控制能量释放

例如，建立水闸墙防止高势能地下水突然涌出。

5. 延缓释放能量

缓慢地释放能量可以降低单位时间内释放的能量，减轻能量对人体的作用。例如：采用安全阀、溢出阀控制高压气体；采用全面崩落法管理煤巷顶板，控制地压；用各种减振装置吸收冲击能量，防止人员受到伤害等。

6. 开辟释放能量的渠道

例如，安全接地可以防止触电，在矿山探放水可以防止透水，抽放煤体内瓦斯可以防止瓦斯蓄积爆炸等。

7. 设置屏蔽设施

屏蔽设施是一些防止人员与能量接触的物理实体，即狭义的屏蔽。屏蔽设施可以被设置在能源上，如安装在机械转动部分外面的防护罩，也可以被设置在人员与能源之间，如安全围栏等。人员佩戴的个体防护用品，可看作设置在人员身上的屏蔽设施。

8. 在人、物与能源之间设置屏障，在时间或空间上把能量与人隔离

在生产过程中有两种或两种以上的能量相互作用引起事故的情况，例如，一台吊车移动的机械能作用于化工装置，使化工装置破裂，有毒物质泄漏，引起人员中毒。针对两种能量相互作用的情况，应该考虑设置两组屏障设施：一组设置于两种能量之间，防止能量间的相互作用；另一组设置于能量与人之间，防止能量达及人体，如设置防火门、防火密闭等。

9. 提高防护标准

例如，采用双重绝缘工具防止高压电能触电事故，对瓦斯连续监测和遥控遥测以及增强对伤害的抵抗能力，用耐高温、耐高寒、高强度材料制作个体防护用具等。

10. 改变工艺流程

如改变不安全流程为安全流程，用无毒少毒物质代替剧毒有害物质等。

11. 修复或急救

例如：治疗、矫正以减轻伤害程度或恢复原有功能；做好紧急救护，进行自救教育；限制灾害范围，防止事态扩大等。

三、轨迹交叉理论

【问题1】 轨迹交叉理论的由来是什么？

随着生产技术的提高以及事故致因理论的发展完善，人们对人和物两种因素在事故致因中的地位的认识发生了很大变化。一方面是在生产技术进步的同时，生产装置、生产条件不安全的问题越来越引起了人们的重视；另一方面是人们对人的因素研究的深入，能够正确地区分人的不安全行为和物的不安全状态。

约翰逊（W. G. Johnson）认为，判断到底是不安全行为还是不安全状态，受研究者主观因素的影响，取决于研究者认识问题的深刻程度，许多人由于缺乏有关失误方面的知识，把由于人失误造成的不安全状态看作不安全行为。一起伤亡事故的发生，除了人的不安全行为之外，一定存在某种不安全状态，并且不安全状态对事故发生作用更大。

斯奇巴（Skiba）提出，生产操作人员与机械设备两种因素都对事故的发生有影响，并且机械设备的危险状态对事故的发生作用更大，只有当两种因素同时出现，才能发生事故。

上述理论被称为轨迹交叉理论，该理论的主要观点是：在事故发展进程中，人的因素运动轨迹与物的因素运动轨迹的交点就是事故发生的时间和空间，即人的不安全行为和物的不安全状态发生于同一时间、同一空间，或者说人的不安全行为与物的不安全状态相遇，则将在此时间、空间发生事故。

轨迹交叉理论作为一种事故致因理论，强调人的因素和物的因素在事故致因中占

有同样重要的地位。按照该理论，可以通过避免人与物两种因素运动轨迹交叉，即避免人的不安全行为和物的不安全状态同时、同地出现，来预防事故的发生。

【问题2】　轨迹交叉理论作用原理是什么？

轨迹交叉理论将事故的发生发展过程描述为：基本原因→间接原因→直接原因→事故→伤害。从事故发展运动的角度，这样的过程被形容为事故致因因素导致事故的运动轨迹，具体包括人的因素运动轨迹和物的因素运动轨迹，如图1-1所示。

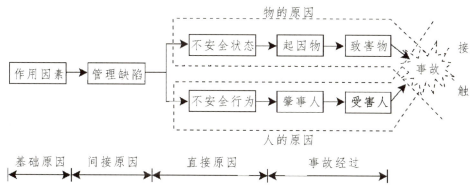

图1-1　轨迹交叉理论事故模型

1．人的因素运动轨迹

人的不安全行为基于生理、心理、环境、行为等方面产生。

（1）生理、先天身心缺陷。

（2）社会环境、企业管理上的缺陷。

（3）后天的心理缺陷。

（4）视、听、嗅、味、触等感官能量分配上的差异。

（5）行为失误。

2．物的因素运动轨迹

在物的因素运动轨迹中，在生产过程各阶段都可能产生不安全状态。

（1）设计上的缺陷，如用材不当、强度计算错误、结构完整性差、采矿方法不适应矿床围岩性质等。

（2）制造、工艺流程上的缺陷。

（3）维修保养上的缺陷，降低了可靠性。

（4）使用上的缺陷。

（5）作业场所环境上的缺陷。

值得注意的是，许多情况下人与物又互为因果。例如，有时物的不安全状态诱发了人的不安全行为，而人的不安全行为又促进了物的不安全状态的发展，或导致新的不安全状态出现。因此，实际的事故并非简单地按照上述的人、物两条轨迹进行，而是呈现非常复杂的因果关系。

若设法排除机械设备或处理危险物质过程中的隐患，或者消除人为失误和不安全行为，使两事件链连锁中断，则两系列运动轨迹不能相交，危险就不会出现，就可避免事故发生。

轨迹交叉理论突出强调的是砍断物的事件链，提出采用可靠性高、结构完整性强的系统和设备，大力推广保险系统、防护系统和信号系统及高度自动化和遥控装置。

一些领导和管理人员总是错误地把一切伤亡事故归咎于操作人员违章作业。实际上，人的不安全行为也是由于教育培训不足等管理欠缺造成的。管理的重点应放在控制物的不安全状态上，即消除起因物，这样就不会出现施害物，砍断物的因素运动轨迹，使人与物的轨迹不交叉，事故即可避免。

实践证明，消除生产作业中物的不安全状态，可以大幅度地减少伤亡事故的发生。例如，美国铁路列车安装自动连接器之前，每年都有数百名铁路工人死于车辆连接作业事故中，铁路部门的负责人把事故的责任归咎于工人的错误或不注意。后来，铁路部门根据政府法令的要求，把所有铁路车辆都装上了自动连接器，车辆连接作业中的死亡事故也因此大大地减少。

四、事故频发倾向理论

【问题】 事故频发倾向理论的由来及原理分析？

1919 年，英国的格林伍德（M. Greem wood）和伍兹（H. H. Woods）把许多伤亡事故发生次数按照如下 3 种分布方式进行了统计分析。

1. 泊松分布

当发生事故的概率不存在个体差异时，即不存在事故频发倾向者时，一定时间内事故发生次数服从泊松分布。这种情况下，事故的发生是由工厂里的生产条件、机械设备以及一些其他偶然因素引起的。

2. 偏倚分布

一些工人由于存在精神或心理方面的问题，如果在生产操作过程中发生过一次事故，则会造成胆怯或神经过敏，当再继续操作时，就有重复发生第二次、第三次事故的倾向，符合这种统计分布的主要是少数有精神或心理缺陷的工人。

3. 非均等分布

当工厂中存在许多特别容易发生事故的人时，发生不同次数事故的人数服从非均等分布，即每个人发生事故的概率不相同。这种情况下，事故的发生主要是由人的因素引起。进而的研究结果发现，工厂中存在事故频发倾向者。

在此研究基础上，1939 年，法默（Farmer）和查姆勃（Chamber）等人提出了事故频发倾向（Aceident Proneness）理论。事故频发倾向是指个别容易发生事故的稳定的个人的内在倾向。事故频发倾向者的存在是工业事故发生的主要原因，极少数具有事故频发倾向的工人是事故频发倾向者，他们的存在是工业事故发生的原因。如果企业中减少了事故频发倾向者，就可以减少工业事故。

因此，人员选择就成了预防事故的重要措施，通过严格的生理、心理检验，从众多的求职人员中选择身体、智力、性格特征及动作特征等方面优秀的人才就业，而把企业中的所谓事故频发倾向者解雇。

频发倾向理论是早期的事故致因理论，显然不符合现代事故致因理论的理念。

小提示　**现代事故因果连锁（博德 Frank Bird）**

强调管理因素作为背后的原因，在事故中的重要作用，人的不安全行为或物的不安全状态是工业事故的直接原因，必须追究；但是它们只不过是其背后深层原因的征兆，是管理上缺陷的反映，只有找出深层的背后的原因，改进企业安全管理，才能有效地防止事故。

1. 控制不足——管理

现代事故因果连锁中一个最重要的因素是安全管理。安全管理人员应该充分理解，他们的工作要以得到广泛承认的企业管理原则为基础。即：安全管理者应该懂得管理的基本理论和原则。控制是管理机制（计划、组织、指导、协调及控制）中的一种机能。安全管理中的控制是指损失控制，包括人的不安全行为、物的不安全状态的控制。它是安全管理工作的核心。

2. 基本原因——起源论

为了从根本上预防事故，必须查明事故的基本原因，并针对查明的基本原因采取对策。基本原因包括个人原因和工作条件的原因。个人原因包括缺乏知识或技能，动机不正确，身体上或精力上的问题。工作条件的原因包括操作规程不合适，设备、材料不合格，施工环境差等。只有找出这些基本原因，才能有效地控制事故的发生。

3. 直接原因——征兆

不安全行为或不安全状态是事故的直接原因，这一直是最重要的，必须加以追究的原因。但是，直接原因不过是像基本原因那样，是深层原因的征兆。在实际工作中，如果只抓住了作为表面现象的直接原因而不追究其背后隐藏的深层原因，就永远不能从根本上杜绝事故的发生。

4. 事故——接触

从实用的目的出发，往往把事故定义为最终导致人员伤亡，财物的损失，不希望发生的事件。但是，越来越多的安全专业人员从能量的观点把事故看成是人的身体或构筑物，设备与超过其最大值的能量的接触，或人体与妨碍正常生理活动的物质接触。于是，防止事故就是防止接触。为了防止接触，可以通过改进装置、材料及设施防止能量释放；通过训练提高工人识别危险的能力，佩戴个人保护用品等来实现。

5. 伤害——损坏——损失

伤害包括工伤、职业病以及对人员精神方面、神经方面全身性的不利影响。人员伤害及财产损坏统称为损失。在许多情况下，可采取恰当的措施，使事故造成的损失最大限度地减少，如对受伤人员进行正确的迅速抢救等。

总之，如果我们把人的不安全行为与物的不安全状态统称为现场失误，把企业领导和安全工作人员的管理欠缺统称为管理失误，那么，现代事故因果连锁理论的核心在于对现场失误的背后原因进行深入的研究，现场失误是由管理失误造成的。

知识测验

1. 某加油站在卸油区设置了静电释放器，作业人员进入卸油区前需要接触静电释放器，释放身体上可能带有的静电。根据能量意外释放理论，该事故防范对策属于（   ）。（单选题）
  A. 限制能量   B. 防止能量蓄积
  C. 控制能量释放   D. 延缓释放能量

2. 海因里希将事故因果连锁过程概括为 5 个要素，并用多米诺骨牌来形象地描述这种事故因果连锁关系。这 5 个要素为（   ）。（单选题）
  A. 人的缺点、人的不安全行为或物的不安全状态、能量意外释放、事故、伤害
  B. 遗传及社会环境、人的缺点、人的不安全行为或物的不安全状态、事故、伤害
  C. 人的缺点、管理缺陷、人的不安全行为或物的不安全状态、事故、伤害
  D. 遗传及社会因素、人的缺点、屏蔽失效、事故、伤害

3. 在海因里希事故致因理论的基础上，博德提出了现代事故因果连锁理论，包括 5 个方面，依次是（   ）。（单选题）
  A. 管理失误、个人原因、不安全行为、事故、伤亡
  B. 遗传及社会环境、人的缺点、不安全行为、事故、伤亡
  C. 遗传及社会环境、个人原因、不安全行为、事故、伤亡
  D. 管理失误、人的缺点、不安全行为、事故、伤亡

4. 按照能量意外释放理论，最为常见的引起伤害的能量是（   ）。（单选题）
  A. 机械能、电能、热能、声能和生物能
  B. 机械能、电能、热能、化学能
  C. 机械能、电能、声能和生物能、化学能
  D. 机械能、电能、热能、非电离辐射

任务训练

某公司锅炉送风机管理系统堵塞，仪表班班长带领两名青年员工用 16.5 MPa 的二氧化碳气体，直接对着堵塞的管路系统进行吹扫，造成非承压风量平衡桶突然爆裂，导致一青年员工腿骨骨折。

请根据事故案例，运用博德事故因果连锁理论分析该起事故的征兆。

学习拓展

1.《安全生产管理》，应急管理出版社，2022。

任务三 事故预防理论

学习目标

知识目标：掌握常见事故预防理论。

能力目标：能够结合实际，运用事故预防理论。

素质目标：培养学生认识事故、预防事故的能力，激发学生探索求知的精神。

思 考

思考：事故预防的理论有哪些？

知识学习

一、海因里希工业安全公理

【问题1】 海因里希工业安全公理10条是什么？

海因里希在20世纪二三十年代总结了当时工业安全的实际经验，在《工业事故预防》（*Industrial Accident Prevention*）一书中提出了所谓的工业安全公理，该公理包括10项内容，又称为"海因里希10条"。

（1）工业生产过程中人员伤亡的发生，往往是一系列因果连锁的末端的事故的结果；而事故常起因于人的不安全行为和（或）机械、物质（统称为物）的不安全状态。

（2）人的不安全行为是大多数工业事故的原因。

（3）由于不安全行为而受到了伤害的人，几乎重复了300次以上没有造成伤害的同样事故。即人在受到伤害之前，已经经历了数百次来自物方面的危险。

（4）在工业事故中，人员受到伤害的严重程度具有随机性。大多数情况下，人员在事故发生时可以免遭伤害。

（5）人员产生不安全行为的主要原因有：不正确的态度；缺乏知识或操作不熟练；身体状况不佳；物的不安全状态或不良的环境。这些原因是采取措施预防不安全行为的依据。

（6）防止工业事故的4种有效的方法是：工业技术方面的改进；对人员进行说服、教育；人员调整；惩戒。

（7）防止事故的方法与企业生产管理、成本管理及质量管理的方法类似。

（8）企业领导者有进行事故预防工作的能力，并且能把握进行事故预防工作的时机，因而应该承担预防事故工作的责任。

（9）专业安全人员及车间干部、班组长是预防事故的关键，他们工作的好坏对能否做好事故预防工作有影响。

（10）除了人道主义动机之外，下面两种强有力的经济因素也是促进企业事故预防工作的动力：安全的企业生产效率也高，不安全的企业生产效率也低；事故后用于赔偿及医疗费用的直接经济损失，只不过占事故总经济损失的 1/5。

【问题 2】 海因里希工业安全公理 10 条是否适用现代社会？

海因里希阐述了事故发生的因果连锁论，作为事故发生原因的人的因素与物的因素之间的关系问题，事故发生频率与伤害严重度之间的关系问题，不安全行为的产生原因及预防措施，事故预防工作与企业其他管理机能之间的关系，进行事故预防工作的基本责任，以及安全与生产之间的关系等工业安全中最重要、最基本的问题。数十年来，该理论得到世界上许多国家广大事故预防工作者的赞同，成为他们从事事故预防工作的理论基础。

尽管随着时代的前进和人们认识的深化，该"公理"中的一些观点已经不再是"自明之理"了，许多新观点、新理论相继问世。但是该理论中的许多内容仍然具有强大的生命力，在现今的事故预防工作中仍产生重大影响。

二、事故预防工作五阶段模型

【问题 1】 事故预防工作五阶段的内容是什么？

海因里希定义事故预防是为了控制人的不安全行为、物的不安全状态而开展以某些知识、态度和能力为基础的综合性工作，一系列相互协调的活动。掌握事故发生及预防的基本原理，拥有对人类、国家、劳动者负责的基本态度，以及从事事故预防工作的知识和能力，是开展事故预防工作的基础。在此基础上，事故预防工作包括以下五个阶段的努力。

（1）建立健全事故预防工作组织，形成由企业领导牵头的，包括安全管理人员和安全技术人员在内的事故预防工作体系，并切实发挥其效能。

（2）通过实地调查、检查、观察及对有关人员的询问，加以认真的判断、研究，以及对事故原始记录的反复研究，收集一手资料，找出事故预防工作中存在的问题。

（3）分析事故及不安全问题产生的原因。它包括弄清伤亡事故发生的频率、严重程度、场所、工种、生产工序、有关的工具、设备及事故类型等，找出其直接原因和间接原因、主要原因和次要原因。

（4）针对分析事故和不安全问题得到的原因，选择恰当的改进措施。改进措施包括工程技术方面的改进、对人员说服教育、人员调整、制订及执行规章制度等。

（5）实施改进措施。通过工程技术措施实现机械设备、生产作业条件的安全，消除物的不安全状态；通过人员调整、教育、训练，消除人的不安全行为。在实施过程中要进行监督。

以上对事故预防工作的认识被称作事故预防工作五阶段模型。该模型包括了企业事故预防工作的基本内容。

【问题2】 事故预防工作五阶段的内容是一成不变的吗？

　　事故预防工作是一个不断循环进行、不断提高的过程，不可能一劳永逸。预防事故的基本方法是安全管理，它包括资料收集，对资料进行分析来查找原因，选择改进措施，实施改进措施，对实施过程及结果进行监测和评价。在监测和评价的基础上再收集资料，发现问题等。

　　事故预防工作的成败，取决于有计划、有组织地采取改进措施的情况。特别是，执行者工作的好坏至关重要。因此，为了获得预防事故工作的成功，必须建立健全事故预防工作组织，采用系统的安全管理方法，唤起和维持广大干部、职工对事故预防工作的关心，经常不断地做好日常安全管理工作。

　　海因里希认为，建立与维持职工对事故预防工作的兴趣是事故预防工作的第一原则，其次是要不断地分析问题和解决问题。

　　改进措施可分为直接控制人员操作及生产条件的即时的措施，以及通过指导、训练和教育逐渐养成安全操作习惯的长期的改进措施。前者对现存的不安全状态及不安全行为立即采取措施解决；后者用于克服隐藏在不安全状态及不安全行为背后的深层原因。

　　如果有可能运用技术手段消除危险状态，实现本质安全或耐失误时，则不管是否存在人的不安全行为，都应该首先考虑采取工程技术上的对策。当某种人的不安全行为引起了或可能引起事故，而又没有恰当的工程技术手段防止事故发生时，则应立即采取措施防止不安全行为重复发生。这些即时的改进对策是十分有效的。然而，绝不能忽略了所有造成工人不安全行为的背后原因，这些原因更重要。否则，改进措施仅仅解决了表面的问题，而事故的根源没有被铲除掉，以后还会发生事故。

三、事故预防的 3E 原则

　　【问题】 海因里希归纳的造成人的不安全行为和物的不安全状态的主要原因有哪些？

　　概括起来有如下四个方面：

　　（1）不正确的态度，个别职工忽视安全，甚至故意采取不安全行为；

　　（2）技术、知识不足缺乏安全生产知识，缺乏经验，或技术不熟练；

　　（3）身体不适，生理状态或健康状况不佳，如听力、视力不良，反应迟钝、疾病、醉酒或其他生理机能障碍；

　　（4）不良的工作环境，照明、温度、湿度不适宜，通风不良，强烈的噪声、振动，物料堆放杂乱，作业空间狭小，设备、工具缺陷等不良的物理环境，以及操作规程不合适、没有安全规程，其他妨碍贯彻安全规程的事物。

　　对这四个方面的原因，海因里希提出了防止工业事故的四种有效的方法，后来被归纳为众所周知的 3E 原则：

（1）Engineering（工程技术），运用工程技术手段消除不安全因素，实现生产工艺、机械设备等生产条件的安全；

（2）Education（教育），利用各种形式的教育和训练，使职工树立"安全第一"的思想，掌握安全生产所必需的知识和技能；

（3）Enforcement（强制），借助于规章制度、法规等必要的行政乃至法律的手段约束人们的行为。

一般地讲，在选择安全对策时应该首先考虑工程技术措施，然后是教育、训练。实际工作中，应该针对不安全行为和不安全状态的产生原因，灵活地采取对策。例如：针对职工的不正确态度问题，应该考虑工作安排上的心理学和医学方面的要求，对关键岗位上的人员要认真挑选，并且加强教育和训练，如能从工程技术上采取措施，则应该优先考虑；对于技术、知识不足的问题，应该加强教育和训练，提高其知识水平和操作技能；尽可能地根据人机学的原理进行工程技术方面的改进，降低操作的复杂程度。为了解决身体不适的问题，在分配工作任务时要考虑心理学和医学方面的要求，并尽可能从工程技术上改进，降低对人员素质的要求。对于不良的物理环境，则应采取恰当的工程技术措施来改进。

即使在采取了工程技术措施，减少、控制了不安全因素的情况下，仍然要通过教育、训练和强制手段来规范人的行为，避免不安全行为的发生。

小 提 示

海因里希法则又称"海因里希安全法则"或"海因里希事故法则"，国际上把这一法则叫事故法则，是美国著名安全工程师海因里希在对 55 万件机械事故统计分析的基础上，于 1941 年提出事故发生的概率规律——在机械事故中，死亡：伤害事故：可记录事件=1：29：300。

该理论主要用于安全预警，预测事故发生发展规律：当可记录事件积累到 300 件，或伤害事故积累到 29 件时，就可能发生安全事故。

知识测验

1. "3E 原则"认为可以采取（　　　）三种对策防止事故的发生。（单选题）
   A. 工程技术对策、教育对策、法制对策
   B. 安全管理对策、监督与监察对策、法制对策
   C. 工程技术对策、教育对策、监督与监察对策
   D. 预防对策、教育对策、法制对策

2. 经统计，某机械厂十年中发生了 1649 起可记录意外事件。根据海因里希法则，该厂发生的 1649 起可记录意外事件中轻伤人数可能是（　　　）。（单选题）
   A. 50 人　　　　　　　　　　　B. 130 人
   C. 145 人　　　　　　　　　　D. 170 人

3. 海因里希把造成人的不安全行为和物的不安全状态的主要原因归结为哪四个方面（　　　）。（多选题）

A. 不正确的态度　　　　　　　B. 技术、知识不足

C. 身体不适　　　　　　　　　D. 不良的工作环境

E. 制度不健全

任务训练

某矿山公司对近几年的不安全行为事件（意外事件）进行了回顾和统计，发现公司每年发生大小意外事件在 100 起左右。

根据海因里希法则推断，照此趋势发展下去，该公司未来十年内，死亡或重伤人数可能是多少？

学习拓展

《安全生产管理》，应急管理出版社，2022。

项目二　　事故预防控制方法

项目背景

　　我国安全生产事故总体呈下降趋势，但仍处于事故易发期、多发期，在事故下降阶段会有高位波动，安全生产面临的形势仍然较为严峻。事故预防控制是把安全生产工作的关口前移，实现超前防范，及时把各类事故隐患消灭在萌芽之中，是最大力度降低事故发生概率的必要之举，也是相关法律法规的明确要求。无论是个人，还是生产企业，抑或是相关安全生产监管部门，都该别除侥幸心理，依法依规落实好安全生产责任，把事故预防工作做实做足。这也是国家治理体系和治理能力现代化的题中应有之义：除了事后的反思、追责、补漏，更要强化源头治理，通过清晰而有力的全链条安全责任落实，实现全过程的风险防范，从而在源头上避免重大安全事故的发生。

任务一　预防事故发生的安全技术措施

学习目标

　　知识目标：熟悉预防事故发生的安全技术措施的基本内容。
　　能力目标：能够应用预防事故的安全技术措施。
　　素质目标：培养学生安全第一的生命安全意识，塑造学生严谨细致的工作态度，增强学生保护人民生命安全的责任使命。

思　　考

　　2021年3月，某商品混凝土公司生产过程中粉仓出现堵料，员工甲乙两人带着铁铲和铁棍进入粉仓内部疏通。因粉仓周围堆满粉料，甲便站在粉仓正中央用铁棍捅脚下的粉料。在作业过程中，脚下粉料突然下陷，甲跟着一起掉下去，周边粉料也随之滑下将其掩埋。甲后经抢救无效死亡。
　　思考1：上述事故有办法预防吗？
　　思考2：预防事故发生的安全技术措施有哪些？

知识学习

　　安全技术是以工程技术手段解决生产中出现的不安全问题，并预防事故的发生及减少事故造成的伤害或损失。因此，安全技术措施可以划分为两大类，即预防事故发生的安全技术措施、避免或减少事故损失的安全技术措施。前者是发现、识别各种危险因素及其危险性的技术，能够做到防患于未然。防止事故发生的安全技术的基本目的是采取措施，约束、限制能量或危险物质的意外释放，主要包括以下几个方面：根除危险因素，限制或减少危险因素，隔离、屏蔽和连锁，故障—安全措施，减少故障及失误，警告。

一、根除危险因素

【问题1】 为什么预防事故发生优先选择根除危险因素这一措施？

根除系统中的危险因素，可以从根本上防止事故的发生。首先选择危险性较大、在现有技术条件下可以消除的危险因素，作为优先考虑的对象。可以通过选择合适的工艺技术、设备设施，合理的结构形式，选择无害、无毒或不能致人伤害的物料来彻底消除某种危险因素。

【问题2】 生产中常见的根除危险因素的措施有哪些？

在生产当中，可选择恰当的设计方案、工艺过程和合适的原材料来彻底根除危险因素。① 用不燃性材料代替可燃性材料，以防止发生火灾；② 用压气系统或液压系统代替电力系统，以防止电气事故；③ 道路立体交叉以防止撞车；④ 去除物品的毛刺、尖角或粗糙、破裂的表面，以防止割、擦、刺伤皮肤等。

【问题3】 采取根除危险因素的技术之前需要开展哪些工作？

为了根除危险因素，首先必须识别系统中的危险因素，评价其危险性，然后才能有效地采取措施。另外必须注意，有时采取的安全技术措施可以根除一种危险因素，却又带来另外一种危险因素。例如，利用低电压可以防止触电，但是如果用电池供电，则电池有爆炸危险。

二、限制能量或危险物质

一般情况下，完全消除危险因素是不可能的。人们只能根据具体的技术条件、经济条件，限制或减少能量或危险物质。

【问题1】 通过限制能量或危险物质来预防事故发生的理论基础是什么？

能量意外释放理论揭示了事故发生的物理本质，为人们设计及采取安全技术措施提供了理论依据。1961年吉布森提出了事故是一种不正常的或不希望的能量释放，意外释放的各种形式的能量是构成伤害的直接原因。因此，应该通过控制能量，或控制作为能量达及人体媒介的能量载体来预防伤害事故。1966年美国运输交通部安全局局长哈登完善了能量意外释放理论，认为"人受伤害的原因只能是某种能量的转移"。哈登认为，在一定条件下某种形式的能量能否产生伤害造成人员伤亡事故，取决于能量大小、接触能量时间长短和频率以及力的集中程度。根据能量意外释放理论，可以利用各种屏蔽来防止意外的能量转移，从而防止事故的发生。限制能量和危险物质就是基于这一理论而采取的预防事故发生的措施。例如，在必须使用电力时，采用低电压；利用液位控制装置，防止液位过高等。

【问题2】 限制能量或危险物质的常用措施有哪些？

限制能量或危险物质可以防止事故的发生，如减少能量或危险物质的量，防止能量蓄积，安全地释放能量等。首先，减少能量或危险物质的量其实质就是将第一类危险源控制在一个安全的范围内。例如：必须使用电力时，采用低电压防止触电；限制可燃性气体浓度，使其不达到爆炸极限；控制化学反应速度，防止产生过多的热或过高的压力。其次，防止能量蓄积，顾名思义就是防止危险物积聚。能量蓄积会使危险源拥有的能量增加，从而增加发生事故和造成损失的危险性。采取措施防止能量蓄积，可以避免能量意外地突然释放。例如：利用金属喷层或导电涂层防止静电蓄积；控制工艺参数，如温度、压力、流量等。最后，安全地释放能量是为了防止能量达到能量积聚从而引发危险。在可能发生能量蓄积或能量意外释放的场合，人为地开辟能量泄放渠道，安全地释放能量。例如：压力容器上安装安全阀、破裂片等，防止容器内部能量蓄积；在有爆炸危险的建筑物上设置泄压窗，防止爆炸摧毁建筑物；电气系统设置接地保护；设施、建筑物安装避雷保护装置。

三、隔离、屏蔽和连锁

隔离是经常被采用的安全技术措施，一般地，一旦判明有危险因素存在，就应该设法把它隔离起来。预防事故发生的隔离措施包括分离和屏蔽两种。前者是指空间上的分离；后者是指应用物理的屏蔽措施进行隔离，它比空间上的分离更可靠，因而最为常见。

【问题1】 常见的隔离措施有哪些？

利用隔离措施可以把不能共存的物质分开以防止事故。例如，把燃烧三要素中的任何一种要素与其余的分开，可以防止火灾。对人有害的一些物质必须被隔离起来。对于机械的转动部分、热表面、冲头或电力设备应装设防护装置，将其封闭起来，防止人接触危险部位，是广泛被采用的隔离措施。

（1）利用各种隔热屏蔽把人或物与热源隔离；

（2）封闭电器的接头，防止潮湿和其他有害物质影响；

（3）利用防护罩、防护网防止外界物质进入，以免受到污染或卡住重要的控制器，堵塞孔口或阀门；

（4）电焊作业时使用电焊镜防止电弧光线，戴防尘、防毒口罩防止吸入有害物质等；

（5）在放射线设备上安装防护屏，抑制辐射；

（6）利用防护门、防护栅把人与危险区域隔开；

（7）把带油的擦布装进金属容器内，防止接触空气发生自燃；

（8）利用限位器防止机械部位运动范围等。

【问题2】　常见的连锁类型有哪些？

应用最多的是电气设备上的连锁。一些连锁直接用于防止误操作或误动作；有些连锁装置则通过输出信号而间接地防止误操作或误动作。连锁装置的类型非常多，下文仅介绍一些常见的连锁类型及其原理。

（1）限位开关。当限位开关被触动时，打开或关闭电路。

（2）擒纵机构。通过擒纵装置，如棘爪机构、自动离合机构等，锁住或放开运动部位。

（3）锁。把重要的开关锁起来，防止他人误操作。

（4）运动连锁。当安全防护装置失去效能时，机械不能运转。

（5）双手控制。用双手控制可以防止把手放入危险区域。它适用于操作速度较慢的操作。

（6）顺序控制。用于必须按一定次序运转的情况。

（7）定时及延时。只在一定时刻或经过一定时间间隔之后才开始执行某项操作，应用

时开关或延时开关获得定时间或延迟时间。

（8）分离通路。把电路或机械的一部分移开，使其不能构成通路而防止误动作。

（9）参数传感装置。根据压力、温度、流量等参数控制设备的运转，例如，当汽车超过 10 km/h 时，车门自动锁住。

（10）光电连锁。利用光电装置控制设备运转。

（11）磁或电磁连锁。利用磁场来控制。例如，煤矿用矿灯只有用专用的磁力设备才能打开电池盒。

（12）水银开关。当水银开关倾斜时，电路断开。

在某些特殊情况下，要求连锁措施暂时不起作用，以便人员进行一些必要的操作。这种可以暂时不起作用的连锁叫作可绕过式连锁。当连锁被暂时绕过之后，必须保证能恢复其机能。如果绕过连锁可能发生事故时，应该设置警告信号，提醒人们注意连锁没起作用，需要采取其他安全措施。安装在矿井井架上部的过卷开关就是一种可绕过式连锁。

【问题3】　隔离与连锁的关系

为了确保隔离措施发挥作用，有时还需要采用连锁措施。但是，连锁本身并非隔离措施，连锁主要被用于下面两种情况。

1. 安全防护装置与设备之间的连锁

如果不利用安全防护装置，则设备不能运转或处于最低能量状态。例如，竖井安全栅、摇台与卷扬机启动电路连锁，可以防止误启动卷扬机。

2. 防止错误操作或设备故障造成不安全状态

例如，利用限位开关防止设备运转超出安全范围；利用光电连锁装置防止人体或人体的一部分进入危险区域等。连锁措施还可用于防止因操作顺序错误而引起的事故。

四、故障—安全设计

在系统、设备的一部分发生故障或破坏的情况下，在一定时间内也能保证系统、设备安全的安全技术措施称为故障—安全设计。一般来说，通过精心的技术设计，使系统、设备发生故障时处于低能量状态，便能防止能量意外释放。例如，电气系统中的熔断器就是典型的故障—安全设计。当系统过负荷时熔断器熔断切断电路，从而保证安全。

【问题1】 采用故障—安全设计的基本原则是什么？

首先要保证故障发生后人员的安全，其次是保护环境，然后是保护设备，最后是考虑防止系统或设备机能的降低。故障—安全设计方案可以利用重力、电磁力或闭合电路等原理实现。

【问题2】 故障—安全设计有哪些设计？

系统一旦出现故障，自动启动各种安全保护措施部分或全部中断生产或使其进入低能的安全状态。故障安全技术有以下三种设计。

1. 故障—消极设计

故障发生后，使设备、系统处于最低能量的状态，直到采取措施前不能运转。其设计特点是：系统在采取纠正措施前不工作，并且不会由于不工作使危险产生更大的损坏。示例：用于电路和产品保护的断路器或熔断器属于故障—消极设计。

2. 故障—积极设计

故障发生后，在没有采取措施前，使设备、系统处于安全能量状态之下。其设计特点是：采用备用冗余设计通常是故障—积极设计的组成部分。示例，交通管制系统中的交通信号指示采用的是故障—积极设计，即一旦发生故障，信号将转换成红灯亮，以这种方式进行交通管制将避免事故发生。

3. 故障—正常设计

故障发生后，系统能够实现正常部件在线更换故障部分，设备、系统能够正常发挥效能。其设计特点是：这是故障—安全设计中最可取的类型。示例：飞机起落架收放系统的设计，当起落架收放的液压系统发生故障时，可放下起落架并将其锁定在着陆位置，保证飞机安全着陆。

五、减少故障及失误

机械、设备故障在事故致因中占有重要位置。虽然利用故障—安全设计可以保证发生故障时不至于引起事故，但是故障却使设备系统或生产停顿或降低效率。另外，故障—安全机构本身发生故障会使其失去效用而不能预防事故的发生。因此，应努力使故障最少。一般而言，减少故障可以通过三条技术途径实现，即安全监控系统、安全系数和增加可靠性。

【问题 1】 安全监控系统是如何实现减少故障及失误的？

在生产过程中，利用安全监控系统对某些参数进行监测，以控制这些参数不达到危险水平而避免事故。监测只是发现问题，要解决问题则必须把监测与警告、连锁或其他安全防护措施结合起来。通过警告把信息传达给操作者，以便让他们采取恰当的措施。通过联锁装置可以停止设备或系统的运行，或者启动安全装置。实际上监控与上述机能结合构成了监控系统。典型的监测系统具有三种功能，即检知、比较判断、控制。相应地，安全监控系统由检知部分、判断部分和驱动部分组成。

（1）检知部分主要由传感元件构成，用以感知特定物理量的变化。一般地，检知部分的灵敏度较人的感官灵敏度要高得多，所以能够发现人员难以直接觉察的潜在的变化。为了使操作者在危险情况出现之前有充分的时间采取措施，检知部分应该有足够的灵敏度，同时还应具有一定的抗干扰能力。检知部分的传感元件应安放在能感受到被测物理量参数变化的地方。有时安装位置不恰当会使监控系统不起作用。

（2）判断部分是将检知部分感知的参数值与预先规定的参数值进行比较，判断被监测对象是否处于正常状态。当驱动部分的功能由人员来完成时，往往把预定的参数值定得低一些，以保证人员有充足的时间做出恰当的决策和行动。

（3）驱动部分的功能在于判断部分判明存在异常，有可能出现危险时，实施适当的措施。这些措施包括：停止设备、装置的运转，启动安全装置，或是向人员发出警告，让人员采取措施处理或回避危险。对于若不立即采取措施就可能发生严重事故的场合，则应该采用自动装置以迅速消除危险。

【问题 2】 安全系数在减少故障及失误中的作用是什么？

最早的减少故障的方法是在设计中采用安全系数，安全系数的基本思想是把结构、部件的强度设计得超出其必须承受的应力的若干倍。这样就可以减少因设计计算错误、未知因素、制造缺陷及劣化等因素造成的故障。安全系数即结构、部件的最小强度与所承受的最大应力之比。因此，可以通过减少承受的应力、增加强度等办法来增加安全系数。

【问题 3】 利用可靠性减少故障发生的措施有哪些？

所谓可靠性，即元件（如系统、设备、部件等）在规定的条件下和预定的时间内完成规定功能的能力。提高可靠性可以减少故障。在可靠性工程中可以采用许多方法来减少故障。

1. 降低额定值

与机械部件、结构设计中的安全系数类似，对于电气、电子元部件或设备，可以通过降低额定值的办法来提高它们的可靠性。具体的办法有冷却或选用功率较大的部件或设备等。

2. 冗余设计

采用冗余设计可以大大提高可靠性。所谓冗余设计，即为完成某种机能而附加一些元部件或手段，于是即使其中之一发生了故障，仍能实现预定的机能。常见的冗余方式有以下三种。

（1）关联冗余。附加的冗余部件与原有的元部件同时工作；

（2）备用冗余。冗余元部件通常处于备用状态，当原有的元部件发生故障时才被投入使用；

（3）表决冗余。表决冗余又可称作 n 中取 k 冗余。当 n 个相同的元部件中有几个正常时，就能保证正常的工作，可以对元件、部件、设备或系统实现冗余。但是，可靠性理论已经证明，元件冗余的效果最好。

3. 选用高质量的元部件

高质量的元部件可靠性较高，由它们组成的设备、系统的可靠性相应也较高。

4. 维修保养及定期更换

及时、正确的维修保养可以延长设备使用寿命，提高可靠性。在元部件耗损之前及时更换它们，可以维持恒定的故障率。

六、矫正行动

人失误即人的行为结果偏离了规定的目标或超出了可接受的界限，并产生了不良的后果。矫正行动即通过矫正人的不安全行为来防止人失误。因为根除和限制危险因素可以实现"本质安全"。但是，在实际工作中，针对生产工艺或设备的具体情况，还要考虑生产效率、成本及可行性等问题，应该综合考虑，不能一概而论。例如，为防止手电钻机壳带电造成触电事故，对手电钻可以采取许多种技术措施，但各有优缺点（见表 2-1），设计人员和安全管理人员应根据实际情况采取具体措施。

表 2-1　防止使用手电钻触电事故的技术措施及优缺点

序号	类型	措施内容	优点	缺点
1	手摇钻	不用电，根除了触电的可能性	成本低	效率低。费力气，齿轮必须防护
2	电池式电钻	使用低电压，可以避免触电	灵活方便，便于携带	功率有限，被加工物受限制。要更换电池或充电

序号	类型	措施内容	优点	缺点
3	三芯线电钻	带接地线。故障—安全	在两芯电钻外壳接上地线即可，不必重新设计	必须保证接地良好，否则仍会触电
4	二芯线电钻	增加可靠性，减少事故发生	不必重新设计	提高可靠性增加成本，可减少但不能避免事故。维护不当可能触电
5	塑料壳两芯线电钻	采用塑料外壳可以避免触电	塑料壳较金属壳便宜	塑料壳不如金属壳结实
6	压气钻	利用压气作动力，根除触电可能性	功率和可靠性都高于电钻	需要压气供应，较贵，不方便，压气系统有危险

小提示

安全监控系统建设的八个注意事项。

1. 实时性

监控系统实时性，这点尤为重要。也正是由于监控系统的实时性才显得监控系统是那么的必要。

2. 安全性

监控系统具有安全防范和保密措施，防止非法侵入系统及非法操作。

3. 可扩展性

监控系统设备采用模块化结构，系统能够在监控规模、监控对象、监控要求等发生变更时方便灵活地在硬件和软件上进行扩展，即不需要改变网络的结构和主要的软硬件设备。

4. 开放性

监控系统遵循开放性原则，系统提供符合国际标准的软件、硬件、通信、网络、操作系统和数据库管理系统等诸方面的接口与工具，使系统具备良好的灵活性、兼容性、扩展性和可移植性。整个网络是一个开放系统，能兼容多家监控厂家的产品，并能支持二次开发。

5. 标准性

监控系统所采用的设备及技术符合国际通用标准。

6. 灵活性

监控系统组网方式灵活，系统功能配置灵活，能够充分利用现有视频监控子系统网络资源。系统将其他子系统都融入其中，能满足不同监控单元的业务需求，软件功能全面，配置方便。

7. 先进性

监控系统是在满足可靠性和实用性的前提下尽可能先进的系统。整个系统在建成后的十年内保持先进，系统所采用的设备与技术能适应以后发展，并能够方便地升级。将成为一个先进、适应未来发展、可靠性高、保密性好、网络扩展简便、连接数据处理能力强、系统运行操作简便的安防系统。

8. 实用性

视频监控系统具备完成工程中所要求功能的能力和水准。系统符合本工程实际需要的国内外有关规范的要求，并且实现容易、操作方便。从用户角度出发，充分利用现有资源，尽量降低系统成本，使系统具有较高的性价比。

知识测验

1. 某乳品生产企业，因生产工艺要求需要对成品进行冷却，建有以液氨作为制冷剂的制冷车间，内设一台容积为 10 m³ 的储氨罐。为防止液氨泄漏事故发生，该企业对制冷工艺和设备进行改进，更换了一种无害的新型制冷剂，完全能够满足生产工艺的要求，该项措施属于防止事故发生的安全技术措施中的（　　　）。（单选题）

    A. 消除危险源　　　　　　　　　　B. 限制能量

    C. 故障—安全设计　　　　　　　　D. 隔离

2. 为预防事故的发生可采取防止和减少两类安全技术措施。其中防止事故发生的安全技术 措施是指采取约束、限制能量或危险物质，防止其意外释放的技术措施。下列安全技术措施中，不属于防止类的是 （　　　）。（单选题）

    A. 选择无毒材料　　　　　　　　　B. 失误—安全功能

    C. 采取降频设计　　　　　　　　　D. 电路中设置熔断器

3. 为预防蒸汽加热装置过热造成超压爆炸，在设备本体上装设了易熔塞。采取这种安全技术措施的做法属于（　　　）。（单选题）

    A. 故障—安全设计　　　　　　　　B. 隔离

    C. 设置薄弱环节　　　　　　　　　D. 限制能量

4. 某化工企业为减少火灾可能导致的事故损失，对仓库采取了以下安全技术措施：增设逃生避难场所；增设排烟风机；设置防火墙；配备消防应急呼吸器。下列企业采取的安全技术措施中，符合预防事故发生的安全技术措施优先顺序的是（　　　）。（单选题）

    A. 设置防火墙→增设排烟风机→配备消防应急呼吸器→增设逃生避难场所

    B. 增设逃生避难场所→设置防火墙→增设排烟风机→配备消防应急呼吸器

    C. 增设排烟风机→设置防火墙→配备消防应急呼吸器→增设逃生避难场所

    D. 配备消防应急呼吸器→增设逃生避难场所→设置防火墙→增设排烟风机

任务训练

1. 制定安全技术措施应遵循哪些原则？

2. 如何正确地选择和使用劳动防护用品？

学习拓展

1.《安全事故预防的行为控制与管理方法》，作者：戴世强，杨伟华，刘奕，人民日报出版社。

2.《标本兼治遏制重特大事故工作指南》（国务院安委办〔2016〕3 号）。

3.《建筑施工高处作业安全技术规范》（JGJ 80—2016）。

4.《施工现场临时用电安全技术规范》（JGJ 46—2012）。

任务二　减少事故损失的安全技术措施

学习目标

知识目标：熟悉减少事故损失的安全技术措施的基本内容。

能力目标：能够应用减少事故损失的安全技术措施。

素质目标：培养学生树立"人民至上、生命至上"的安全发展理念，增强学生安全意识，树立职业荣誉感和责任感。

思　考

2023 年 4 月 18 日，北京某医院在 ICU 改造工程施工过程中，作业人员开展有易燃易爆成分的环氧树脂底涂材料自流平地面施工和净化门框安装切割动火时，违规交叉作业，造成重大火灾事故，导致 29 人死亡、42 人受伤，直接经济损失 3831.82 万元。

思考 1：上述事故有办法预防吗？如果发生了，有没有减少事故损失的措施？

思考 2：减少事故损失的安全技术措施有哪些？

知识学习

事故发生后如果不能迅速控制局面，则事故规模可能进一步扩大，甚至引起二次事故释放出大量的能量。因此，在事故发生前，就应考虑到采取避免或减少事故损失的技术措施。避免或减少事故损失的安全技术包括隔离、个体防护、接受少的损失、避难与援救等。

一、隔　离

【问题 1】　隔离措施可分为哪几类？

隔离除了作为一种预防事故发生的技术措施被广泛应用外，也是一种在能量剧烈释放时减少损失的有效措施。这里的隔离措施分为远离、封闭和缓冲措施三种。

1. 远 离

把可能发生事故、释放出大量能量或危险物质的工艺、设备或设施布置在远离人群或被保护物的地方。例如，把爆破材料的加工制造、储存安排在远离居民区和建筑物的地方；爆破材料之间保持一定距离；矿山重要建筑物布置在地表移动带之外等。

2. 封 闭

利用封闭措施可以控制事故造成的危险局面，限制事故的影响。封闭措施主要应用于下述目的。

（1）控制事故造成的危险局面。例如，在发生森林火灾时，利用防火带可以限制森林火灾的蔓延，在火源的周围喷水，防止引燃附近的可燃物和烤坏附近的东西。

（2）限制事故的影响，避免破坏和伤亡。防火密闭可以防止火灾时有毒、有害气体的蔓延。公路两侧的围栏用于防止失控的汽车冲到公路两侧的沟里。

（3）为人员提供保护。有些情况下，把某一区域作为安全区，人员在那里可以得到保护。矿井里的避难硐室就是一个例子。

（4）为物资、设备提供保护。在漏水或洪水泛滥时，把重要材料放入防水箱中防止受浸泡。

3. 缓 冲

缓冲可以吸收能量、减轻能量的破坏作用。桥式起重机上的缓冲器就是为此而装设的。

【问题2】 如何区分预防事故发生和减少事故损失措施中的两个隔离手段？

安全技术措施一共分为两类：防止事故发生和减少事故损失。在防止中和减少中，都有隔离，这两者该怎么区分呢？防止事故发生的隔离，一定是在事前采取的措施，比如说机器设备要安装防护罩，防止人在工作时触及到这个设备，这就是事前采取的隔离措施，能够起到防止事故发生的作用。而减少事故损失中的隔离是什么呢？是指发生事故之后的隔离。比如，发生了火灾事故，设置的隔离措施能够减少事故损失。设置防火墙、防爆门等，是能够在事故发生后减少损失的隔离措施。所以防止事故发生和减少事故损失最大的区别就是：一个是事前设置，一个是事中设置或者事后设置起作用。

二、薄弱环节

【问题1】 为什么要采用薄弱环节控制的技术手段？

由于系统超负荷或运转部件超过其规定限度，或者设备电气线路中电流增大等原因均会致使某些部位出现危险，如不及时处理，就有可能引起全系统出现更大的危险，如系统完全瘫痪或被破坏，所以在设计时，应坚持接受少的损失的原则，采用薄弱环节控制的技术手段，即在系统相应的某些部位有意识地设计薄弱环节（如防爆片、保险丝），这些薄弱环节可以是机械强度较差或厚度较薄而容易断裂的部件。当系统出现超负荷等异常时，薄弱环节被破坏，能量在系统的薄弱部分释放，使整个系统或系统的某个部分停止运转，从而防止事故殃及整个系统及人身安全，以达到防护的目的，虽然薄弱部分被破坏了，但损失很小，避免了大的损失及更严重的事故。

【问题 2】　常见的薄弱环节控制的技术手段有哪些？

（1）当汽车汽缸水套中的水结冰时体积膨胀，把发动机冷却水系统的防冻塞顶开而保护汽值。

（2）当锅炉里的水降低到一定水平时，易熔塞温度升高并熔化，蒸汽泄放而降低锅炉内的压力，避免爆炸。

（3）在有爆炸危险的厂房设置泄压窗，周围设置易碎墙，当发生意外爆炸时保护主要建筑物不受破坏。

（4）电器上良好的地线、电路中的熔断器，安装在爆炸危险性大的设备与建筑物结构上的泄爆门、驱动设备上的安全连接棒等都可减少事故损失。

三、个体防护

利用劳动防护用品实施个体防护是保护职工安全与健康所采取的必不可少的预防性、辅助性措施（特别提示：不得以劳动防护用品替代工程防护设施和其他技术、管理措施），在某种意义上，个体防护是劳动者防止职业毒害和伤害的最后一项有效措施。劳动防护用品与职工的福利待遇以及保护产品质量、产品卫生和生活卫生需要的非防护性的工作用品有着本质区别。在劳动条件差、危害程度高或防护措施起不到防护作用的情况下（如抢修或检修设备、野外露天作业、生产工艺落后以及设备老化等），劳动防护用品可能成为保护劳动者免受伤害的主要措施。因此，用人单位应依据相关法规要求，建立健全劳动防护用品的购买、验收、保管、发放、使用、更换、报废等管理制度和使用档案，并进行必要的监督检查，确保落实到位。

【问题 1】　劳动防护用品的分类

劳动防护用品按照防护部位分为以下九类。

1. 头部护具类

是用于保护头部，防撞击、挤压伤害、防物料喷溅、防粉尘等的护具，主要有玻璃钢、塑料、橡胶、玻璃、胶纸、防寒和竹藤安全帽以及防尘帽、防冲击面罩等。

2. 呼吸护具类

防止缺氧空气和有毒、有害物质被吸入呼吸器官时对人体造成伤害的个人防护装备，是预防尘肺和职业病的重要护具，常用的有防尘口罩和防毒面具。

3. 眼防护具

用以保护作业人员的眼睛、面部，防止外来伤害。分为焊接用眼防护具、炉窑用眼护具、防冲击眼护具、微波防护具、激光防护镜以及防 X 射线、防化学、防尘等眼部护具。

4. 听力护具

长期在 90 dB（A）以上或短时在 115 dB（A）以上环境中工作时应使用听力护具。听力护具有耳塞、耳罩和帽盔三类。

5. 足部防护

防止足部伤害，有防滑鞋、防滑鞋套、防静电安全鞋、钢头防砸鞋等。

6. 防护手套

用于手部保护，主要有耐酸碱手套、电工绝缘手套、电焊手套、防 X 射线手套、石棉手套、丁腈手套等。

7. 防护服

用于保护职工免受劳动环境中的物理、化学因素的伤害。防护服分为特殊防护服和一般作业服两类。

8. 防坠落护具

用于防止坠落事故发生。主要有安全带、安全绳和安全网。

9. 护肤用品

用于外露皮肤的保护。分为护肤膏和洗涤剂。

【问题 2】 劳动防护用品的选用原则

（1）根据国家标准、行业标准或地方标准选用。
（2）依据作业特性和防护用品的防护性能进行选用。
（3）要选用有"三证一书"的用品，即生产许可证、产品合格证、安全鉴定证和产品说明书。特种劳动防护用品还需具有安全标识。
（4）穿戴要舒服方便，不影响工作。

【问题 3】 劳动防护用品的正确使用方法

使用劳动防护用品的一般要求如下所述。
（1）劳动防护用品使用前应首先做一次外观检查。检查的目的是确认防护用品对危险因素防护效能的程度。检查的内容包括外观有无缺陷或损坏、各部件组装是否严密、启动是否灵活等。
（2）劳动防护用品的使用必须在其性能范围内，不得超极限使用；不得使用未经国家指定、未经监测部门认可（国家标准）和检测还达不到标准的产品；不得使用无安全标志的特种劳动防护用品；不得随便代替，更不能以次充好。
（3）严格按照使用说明书正确使用劳动防护用品。

四、避难和救生设备

事故发生后，应及时采取应急措施控制事态的发展。但是，当判明事态已经发展到了不可控制的地步时，应迅速避难和撤离危险区。

一般来说，在厂区布置、建筑物设计及交通设施设计中，要充分考虑事故一旦发生时的避难和救援问题。具体的应能保证如下事项：通过隔离措施来保护人员，如防火避难硐室等；人员能迅速撤离危险区；即使危险区域里的人员不能逃脱，也应能够被救援人员搭救。

小 提 示

安全帽使用注意事项：

（1）安全帽体顶部除了在帽体内部安装了帽衬外，有的还开了小孔通风。但在使用时不要为了透气而随便进行开孔。

（2）V型塑料安全帽绝不能接触油漆、溶剂、汽油或类似物质，可用中性皂液或温水洗涤。

（3）由于安全帽在使用过程中，会逐渐损坏。所以要定期检查，检查有没有龟裂、下凹、裂痕和磨损等情况，发现异常现象要立即更换，不准再继续使用。

（4）严禁使用只有下颌带与帽壳连接的安全帽，也就是帽内无缓冲层的安全帽。

（5）由于安全帽大部分是使用高密度低压聚乙烯塑料制成，具有硬化和变形的性质，所以不宜长时间在阳光下暴晒。

（6）安全帽使用超过规定限值，或者受过较严重的冲击后，虽然肉眼看不到损伤痕迹，也应予以更换。一般塑料安全帽使用期限为两年半。

（7）佩戴安全帽前，应检查各配件有无损坏，装配是否牢固，帽衬调节部分是否卡紧，绳带是否系紧等，确保各部件完好后方可使用。

知识测验

1. 安全技术措施可分为防止事故发生的安全技术措施和减少事故损失的安全技术措施。下列安全技术措施中，不属于减少事故损失的是（　　　）。（单选题）

  A. 压力容器上的爆破片   B. 提高压力容器的安全系数

  C. 易燃易爆厂房采用轻质屋顶 D. 矿井巷道中避难硐室

2. 常用的减少事故损失的安全技术措施有（　　　）。（单选题）

  A. 个体防护、隔离、消除危险源、设置薄弱环节

  B. 设置薄弱环节、限制危险物质、隔离、避难与救援

  C. 隔离、设置薄弱环节、个体防护、避难与救援

  D. 个体防护、限制能量、避难与救援、隔离

3. 某煤矿为年产 1000 吨的井工矿，该煤矿采取斜井、立井混合开采方式，井下采掘生产实现了 100%机械化作业。该煤矿采取的下列安全技术措施中，属于减少事故损失的措施是（　　　）。（单选题）

A. 矿井通风稀释和排除井下有害气体

B. 井下增设照明和气动开关

C. 将矿井周边漏水沟渠改道

D. 入井人员随身携带自救器和矿灯

4. 某化纤厂准备新建一个化纤加工子公司,聘请安全评价公司对该项目进行安全预评价工作。针对公司辨识出的后加工车间存在的危险因素,预先采取相应的安全技术措施,下列安全技术措施中,可以减少事故损失的有(　　　　)。(单选题)

A. 存在爆炸性纤维的后加工车间使用不发火花的地面

B. 存在爆炸性纤维的后加工车间使用隔爆型开关

C. 存在爆炸性纤维的后加工车间顶部采用轻质屋顶

D. 存在爆炸性纤维的后加工车间使用混凝土结构

任务训练

某商场为减少火灾可能导致的重大事故损失,拟采取①设置防火墙,②增设避难逃生场所,③增设排烟风机,④配备过滤式防毒面具4种安全措施。按照安全措施等级优先顺序的一般原则,请分析采取措施的优先顺序。

学习拓展

1.《重大火灾隐患判定方法》(GB 35181—2017)。

2.《"十四五"国家安全生产规划》(安委〔2022〕7 号)。

任务三　防止人失误和不安全行为的安全措施

学习目标

知识目标:熟悉防止人失误和不安全行为的安全措施的基本内容。

能力目标:能够应用防止人失误的技术措施和管理措施。

素质目标:培养学生安全生产工作应当以人为本的理念,增强学生安全意识。

思　考

北京铁路局某电务段的两名职工,在上线施工期间,不幸遭到了高铁列车的撞轧后身亡。包括高铁在内的人类构建的各种技术系统,极其复杂,是一种极大的、带有混沌效应的结构,每次所出的故障、事故可能表现为某一细微处的缺失、失误。比如这件事故中,采用微信传递指令,肯定高效、即时、准确、互动性强,但微信也会面临断电、断网、信号不稳定、回复不及时的风险。这是一个两难的选择,但不能因为有风险就不采用新科技,而回到以前纸条传递、签字画押的时代。这时就需要对整个系统风险有一个科学的认知。

在事故研究报告中，培洛引入了一个工程技术的词儿"耦合"。当一个复杂的系统各环节处于"紧密耦合"的状态时，各环节之间很少有松动或者缓冲，一个环节出现的失误必然影响其他环节，所谓一损俱损；而"松散耦合"则相反，各部分之间有许多松动的地方，因此一个环节有漏洞，系统的其他环节通常可以幸免于难。所以紧密耦合的系统出现事故是大概率事件，培洛称为常态事故，他写道："有些地方人人都努力尝试保证安全，但由于相互作用的复杂性，还是在无法预料的情况下出现两个或多个故障，并因为紧密耦合而造成崩溃。"

其实解决紧密耦合的方式，往往是将紧密变成松散即可，如同电学里的并联、串联。一个开关一盏灯，串联；两个开关一盏灯，并联。串联是决定性的，风险百分之百，并联是可能性的，风险马上降到 50%，这在设计上也叫"冗余设计"，多一道线路，多一分保险。

思考 1：冗余设计能防止人失误和不安全行为吗？

思考 2：你还知道哪些措施可以防止人因失误操作？

知识学习

一、人失误致因分析

【问题 1】 人因失误的定义是什么？

人因失误是指人的行为的结果偏离了规定的目标，或超出了可接受的界限，而产生了不良影响。根据行为心理学观点，人的行为模式可表示为 S—O—R，即刺激（输入）→心理加工系统→行为（输出）。若把人脑看成一个加工系统，则输入的是刺激，输出的是行为。根据人行为的原理，群体动力理论创始人——德国心理学家勒温（Kurt Lewin）把人的行为看成是个体特征和环境特征的函数：

$$B = f(P \cdot E) \tag{2-1}$$

式中，B——人的行为；P——个体特征；E——环境特征。

由式（2-1）可知，人因失误主要表现在：人感知环境信息方面的失误；信息刺激人脑，人脑处理信息并作出决策的失误行为输出时的失误等方面。皮特森（Petersen）又把人失误的原因归结为过负荷、决策错误和人机学三方面。大多数人的失误是非意向性的（unintended），即漫不经心下的疏忽动作造成的；有些失误是意向性的（intended），即操作者以不正确的计划、方案去解决问题，而相信其是正确的。

【问题 2】 人因失误分类

为了找出造成人失误的原因、采取恰当措施防止发生人失误或减少发生人失误的可能性，人们对人失误进行了不同的分类。人失误分类方法很多，下面介绍按人失误原因进行的分类。按人失误产生的原因，可以把人失误分为以下三类。

1. 随机失误（random error）

由于人的行为、动作的随机性质引起的人失误。如用手操作时用力的大小、精确度的变化、操作的时间差、简单的错误或一时的遗忘等。随机失误往往是不可预测、不能重复的。

2. 系统失误（system error）

由于系统设计方面的问题或人的不正常状态引起的失误。系统失误主要与工作条件有关，在类似的条件下失误可能发生甚至重复发生。通过改善工作条件及职业训练能有效地克服此类失误。系统失误又有两种情况：① 工作任务的要求超出了人的能力范围；② 在正常作业条件下形成的下意识行动、习惯做法往往使人们不能适应偶然出现的异常情况。

3. 偶发失误（sporadic error）

偶发失误是指一些偶然的过失行为，它往往是事先难以预料的意外行为，如违反操作规程、违反劳动纪律等。

同样的人失误在不同的场合可能属于不同类别。例如，坐在控制台前的一名操作工人，为了扑打一只蚊子而触动了控制台上的启动按钮，造成设备误运转，属于偶发失误。但是，如果控制室里的蚊子很多又无有效的灭蚊措施，则该操作工的失误应属于系统失误。

【问题3】 人因失误与人不安全行为的区别是什么？

人因失误与人不安全行为两者看似相同，其实却是事故致因模型中的一对十分容易混淆的概念，无论从基本含义还是从诱发事故原理和导致事故后果来看，两者并不能等同。

在生产作业中，人失误往往是不可避免的。人失误与人的能力有密切关系。工作环境可诱发人失误，以及反映该岗位人员职责缺陷等特性。由于人失误是不可避免的，因此，在生产中凭直觉、靠侥幸，是不能长期维持安全生产的。当编制操作程序和操作方法时，侧重地考虑了生产和产品条件，忽视人的能力与水平，有促使发生人失误的可能。

在伤亡事故分析中，将不安全行为定义为能造成事故的人为错误。认为那些没有造成事故的行为都是安全行为，显然是不准确的。另外，从实用的角度出发，将不安全行为定义为可能引起事故的、违反安全行为的行为。行为是否安全就凭借安全规程和经验来判断，但安全规程是在实践基础上总结出来的，不可能把所有的事情都包括进去，也会出现以前没有遇到的或者遇到过但没有总结出来的不安全行为。再则，不安全行为是人表现出来的，与人的心理特征相违背的非正常行为，人的不安全行为是导致事故的直接原因。行为安全管理模式理论认为，一切事故（事件）都是由于人的行为失误造成的，如能避免人的行为的失误就不会发生任何事故（事件）。实际上，按照人失误的定义，人的不安全行为也可以看作一种人失误。一般来说，不安全行为是操作者在生产过程中发生的、直接导致事故的人失误,是人失误的特例。人失误可能发生在从事计划、设计、制造、安装、维修等各项工作的各类人员身上。

人为的失误,或通常称之为"违章作业"的那些不安全动作,除和技术不熟练、作业标准和规章制度不完善有关外,指挥不力或违章指挥也是重要的有关因素,后者在大多数情况下是引起不安全动作的基本原因。而管理者发生的人失误是管理失误。所有的工业事故中都涉及一系列的管理失误,这些管理失误使得不安全行为得以存在和发展。现代安全理论认为,管理者发生的人失误是一种更加危险的人失误。

二、防止人失误技术措施

【问题】 防止人失误的技术措施有哪些?

从预防事故角度,可以从三个阶段采取技术措施防止人失误:

(1)控制、减少可能引起人失误的各种因素,防止出现人失误;

(2)在一旦发生人失误的场合,使人失误无害化,不至于引发事故;

(3)在人失误引起事故的情况下,限制事故的发展,减少事故的损失。

具体技术措施如下:

1. 用机器代替人

机器的故障率一般在 $10^{-4} \sim 10^{-6}$ 之间而人的故障率在 $10^{-2} \sim 10^{-3}$ 之间,机器的故障率远远小于人的故障率。因此在人容易失误的地方用机器代替人操作,可以有效地防止人失误。

2. 冗余系统

冗余系统是把若干元素附加于系统基本元素上来提高系统可靠性的方法,附加上去的元素称为冗余元素,含有冗余元素的系统称为冗余系统。其方法主要有:两人操作;人机并行;审查。

3. 耐失误设计

耐失误设计是通过精心的设计使人员不能发生失误或者发生了失误也不会带来事故等严重后果的设计。即:利用不同的形状或尺寸防止安装、连接操作失误;利用连锁装置防止人失误;采用紧急停车装置采取强制措施使人员不能发生操作失误;采取连锁装置使人失误无害化。

4. 警 告

包括:视觉警告(亮度、颜色、信号灯、标志等);听觉警告;气味警告;触觉警告。

5. 人、机、环境匹配

人、机、环境匹配问题主要包括人机动能的合理匹配、机器的人机学设计以及生产作业环境的人机学要求等。即:显示器的人机学设计;操纵器的人机学设计;生产环境的人机学要求。

三、防止人失误管理措施

【问题】 常见的防止人失误的管理措施有哪些？

在上述防止人失误措施的基础上，通过实施安全管理措施可以进一步减少人失误发生的可能性。对于那些一旦发生人失误可能导致严重后果的操作，安全管理措施尤其重要。下文介绍的就是在安全管理实践中行之有效的防止人失误的几项管理措施。

1. 作业审批

凡时间允许的情况下，危险作业应事先提出申请，经有关部门同意后办理审批手续。履行作业审批手续，可以保证操作者的资格、技术水平等个人因素符合作业要求，可以保证作业在有充分准备、足够的安全措施的情况下进行。以下作业均应考虑实施作业审批制度：

（1）在危险区域或不安全状态下作业；

（2）在易燃易爆区域的各类动火作业（如燃气管道的焊接作业）；

（3）接触危险物质的作业（如存在有毒气体、高温、辐射等）；

（4）高处作业（建筑施工现场进行各类脚手架搭拆作业、塔吊、施工电梯的装拆作业以及 2 m 以上其他高处悬空作业等）；

（5）缺氧或有毒的场所作业 （如容器内、下水井等）；

（6）爆破作业等。

2. 安全监护

进行重要的、一旦人失误会带来危险的作业时，由一人操作，一人在旁边监视操作情况及周围情况，可以及时发现问题及时解决，使失误被迅速纠正，避免造成严重后果。例如，矿井中运输人员用大型提升机要同时安排两名操作工，一人操作，一人监视，在电气系统检修时以及大型较复杂的设备大修时，均需要由安全管理人员进行安全监护。

3. 安全确认

安全确认是在进行某种操作之前，对操作对象、作业环境及即将进行的动作进行确认。通过安全确认，可以在操作之前发现及改正存在的异常情况或不安全问题，防止操作过程中发生人失误。日本企业较早地推行了安全确认活动，一要高声回答，二要配合动作，这对于克服工作中"犯困"现象极为有效，同时也取得了较好的防止人失误的效果。

4. 预防作业疲劳

预防疲劳的措施归纳起来有以下几个方面。

（1）合理安排休息时间。

① 工间暂歇。工间暂歇是指工作过程中短暂休息，例如操作中的暂时停顿。工间暂歇对保持工作效率有很大的帮助，它对保证大脑皮层的兴奋与抑制、耗损与恢复、

肌细胞的能量消耗与补充有良好的影响。心理学家认为，在操作中有短暂的间歇是很重要的，每个基本动作（操作单元）之间至少应该有零点几秒到几秒的间歇，以减轻员工工作的紧张程度。

② 工间休息。在劳动中，机体尤其是大脑皮层细胞会遭受耗损，与此同时，虽然也有部分恢复，若作业较长时间进行，则耗损会逐渐大于恢复，此时作业者的工作效率势必逐渐下降并导致失误率提高。若在工作效率开始下降或在明显下降之前及时安排工间休息，则不仅大脑皮层细胞的生理机能得到恢复，而且体内蓄积的氧债也会及时得到补偿，因而有利于保持一定的工作效率。心理学家指出：休息次数太少，对某些体力或心理负荷较大的作业来说，难以消除疲劳；而休息次数太多，会影响作业者对工作环境的适应性与中断对工作的兴趣，也会影响工作效率和造成工作中的分心。因此，工间休息必须根据作业的性质和条件而定。

③ 工余时间的休息。工作后生理上或多或少会有一些疲劳，因此注意工余时间的休息同样重要。要根据自身的具体情况适当合理地安排休息、学习和家务活动，而且应该适当地安排文娱和体育活动，例如郊游、摄影、培养盆栽等。

（2）合理安排作业休息制度，适当调整轮班工作制度。首先，调整轮班工作制度的周期，有研究表明，班次更迭过快，员工对昼夜生理节律改变的调节难以适应，势必使大部分员工始终处于不适应状态。其次，对轮班工作员工的休息给予充分照顾。最后，还应尽量关心轮班员工的膳食营养问题。

（3）改进操作方法，合理分配体力。正确选择作业姿势，使作业者处于一种合理的姿态。尽量降低由于单调的重复作业引发的不良影响，可以采取如下措施：通过播放音乐等手段克服单调乏味的作业；交换不同工作内容的作业岗位。

（4）改善环境条件及其他因素。改善工作环境，科学地安排环境色彩、环境装饰及作业场所布局，设置合理的温度、湿度，确保充足的光照，努力消除或降低作业现场存在的噪声、粉尘以及其他有毒有害物质，创造一个整洁有序的作业场地等，都对于减少疲劳有所帮助。

（5）建立合理的医疗监督制度。为工作人员建立一套医务档案，定期对其生理功能、心理功能进行检查。针对年龄较大、工龄较长且其心理功能和生理功能开始下降的劳动者，更应该加强诊断和治疗。企业可以和医院建立紧密联系，使工作人员能够经常得到简易的检查，了解其一段时间内休息是否充分、有无疲惫感等，预防控制由于疲劳而产生事故的隐患。

小 提 示

一、人因失误特点

人的失误有以下特点：

（1）重复性。人的失误常常会在不同，甚至相同的条件下重复出现，其根本原因之一是人的能力与外界需求的不匹配。人的失误不可能完全避免，但可以通过有效手段尽可能地减少。

（2）潜在性和不可逆转性。大量事实说明，这种潜在的失误一旦与某种激发条件相结合就会酿成难以避免的大祸。

（3）人的失误行为往往是情景环境驱使的。人在系统中的任何活动都离不开当时的情景环境，硬件的失效、虚假的显示信号和紧迫的时间压力等联合效应会极大地诱发人的不安全行为。

（4）人的行为的固有可变性。这种可变性是人的一种特性，也就是说，一个人在不借助外力的情况下不可能用完全相同的方式重复完成一项任务。

（5）可修复性。人的失误会导致系统的故障或失效，然而在许多情况下，在良好反馈装置或冗余条件下，人有可能发现先前的失误并给予纠正。

（6）人具有学习的能力。人能够通过不断地学习从而改进工作绩效。

二、人因失误的十大陷阱

① 时间压力；② 环境干扰；③ 任务繁重；④ 面临新情况；⑤ 休假后第一个工作日；⑥ 醒来、餐后半小时；⑦ 指令含糊或有误；⑧ 过于自信；⑨ 沟通不准确；⑩ 工作压力过重。

知识测验

1. 运行值班人员未及时发现检修后设备状态与工作许可时状态不一致，而由其他人员提出并加以纠正，有关运行值班人员按（　　　）论处。（单选题）

    A. 误操作   B. 误操作事故未遂

    C. 人员责任性事故   D. 严重违章

2. 关于人失误类型，以下说法错误的是：（　　　）。（单选题）

    A. 按人失误产生的原因可以把人失误分为随机失误、系统失误、偶发失误。

    B. 人因失误与人不安全行为两者不能等同。

    C. 通常情况下，一起事件的发生往往同时包含了不止一种类型的人因失误，涉及多道屏障或几个交叉管理过程。

    D. 失误后果的严重性与失误类型有关，一般来说技能型失误所造成的后果比技能型和知识型失误的后果轻微。

3. 按人因理论，人因失误指人员非故意的失误，下面不属于人因失误的是（　　　）。（单选题）

    A. 错误理解程序   B. 误用错误的程序

    C. 注意力分散导致失误   D. 急于交班故意不按程序执行

4. 人的固有局限性是导致人因失误的重要原因，下列不属于人的固有局限性导致人因失误的是（　　　）。（单选题）

    A. 精力被分散   B. 状态波动

    C. 自私自利，推卸责任   D. 一心二用

任务训练

1. 如何防止人的作业疲劳？
2. 可以采取哪些措施防止人失误？
3. 分析人的不安全行为与人失误的异同。

学习拓展

1.《人的不安全行为控制研究综述》（华北科技学院学报，2014 年第 7 卷）。
2.《人的失误理论研究进展》（中国安全科学学院，2006 年第 16 卷）。
3.《企业安全文化建设评价准则》（AQ/T 9005—2008）。

任务四　安全风险分级管控和隐患排查治理双重预防机制

学习目标

知识目标：了解安全风险分级管控和隐患排查治理双重预防机制的内涵。
能力目标：掌握双重预防机制建设的主要内容以及程序步骤。
素质目标：培养学生树立从源头上防范化解重大安全风险的安全意识，提高学生创新意识，更新安全管理理念。

思　　考

某大型机械制造企业，在生产过程中涉及大量的危险品和高风险作业。为了确保生产安全，企业决定构建双重预防机制。首先，该企业组织专业人员对生产现场进行全面风险评估，识别出可能存在的危险源和风险点，并按照风险等级进行分类。针对不同等级的风险，制订相应的预防措施和应急预案的同时，该企业还建立了双重预防机制的信息系统，通过实时监测和数据分析，对生产过程中的安全风险进行动态管理。一旦发现异常情况，系统会自动报警并启动相应的应急预案，确保及时处置风险。通过双重预防机制的建立，该企业的生产安全得到了有效保障，未发生任何重大安全事故。同时，该机制还提高了企业的安全管理水平，增强了员工的安全意识和应急处置能力。

思考 1：什么是双重预防机制？
思考 2：不同的企业建立双重预防机制的标准一致吗？

知识学习

国务院安委会办公室 2016 年 4 月印发《标本兼治遏制重特大事故工作指南》（安委办〔2016〕3 号，以下简称《指南》）以来，各省区市、各地区和各有关单位迅速贯彻、积极行动，结合实际大胆探索、扎实推进，初见成效。构建安全风险分级管控和隐患排查治理双重预防机制（以下简称双重预防机制），是遏制重特大事故的重要举措。

一、有关术语和定义

【问题1】 什么是安全风险分级管控？

1. 风险点

风险点是指伴随风险的部位、设施、场所和区域，以及在特定部位、设施、场所和区域实施的伴随风险的作业过程，或以上两者的组合。

2. 危险源

危险源是指可能导致人身伤害和（或）健康损害和（或）财产损失的根源、状态或行为，或它们的组合。

3. 风险

风险是指生产安全事故或健康损害事件发生的可能性和后果的组合。注：风险有两个主要特性，即可能性和严重性。可能性，是指事故（事件）发生的概率。严重性，是指事故（事件）一旦发生后，将造成的人员伤害和经济损失的严重程度。风险 = 可能性 × 严重性。

4. 风险评价

对危险源导致的风险进行评估，对现有控制措施的充分性加以考虑以及对风险是否可接受予以确认的过程。

5. 安全风险分级管控

按照风险不同级别、所需管控资源、管控能力、管控措施复杂及难易程度等因素而确定不同管控层级的风险管控方式。风险分级管控的基本原则是：风险越大，管控级别越高；上级负责管控的风险，下级必须负责管控，并逐级落实具体措施。

【问题2】 什么是隐患排查治理？

1. 安全生产事故隐患

安全生产事故隐患指生产经营单位违反安全生产法律、法规、规章、标准、规程和安全生产管理制度的规定，或者其他因素在生产经营活动中存在可能导致事故发生的物的危险状态、人的不安全行为和管理上的缺陷。

2. 隐患排查

隐患排查是指生产经营单位组织安全生产管理人员、工程技术人员和其他相关人员对本单位的事故隐患进行排查，并对排查出的事故隐患，按照事故隐患的等级进行登记，建立事故隐患信息档案。

3. 隐患分级

以隐患的整改、治理和排除的难度及其影响范围为标准进行分级，可以分为一般事故隐患和重大事故隐患。

4. 隐患治理

隐患治理指消除或控制隐患的活动或过程，对排查出的事故隐患，应当按照事故隐患的等级进行登记，建立事故隐患信息档案，并按照职责分工实施监控治理。

【问题3】　什么是双重预防机制？

所谓"双重预防机制"，是指以风险分级管控和隐患排查治理两种手段相结合的生产安全事故预防工作机制。在安全生产工作中既要防范风险，也要化解风险，既要排查隐患，又要处置隐患。通过构建并持续运行"双重预防机制"，要做到"把安全风险管控挺在隐患前面，把隐患排查治理挺在事故前面"，对预防生产安全事故意义重大。

二、双重预防机制建设内容

【问题1】　我国双重预防机制政策规定和发展概况

国务院安委办 2016 年印发《关于实施遏制重特大事故工作指南构建双重预防机制的意见》中首次提出构建双重预防机制，要求坚持风险预控、关口前移，全面推行安全风险分级管控，提升安全生产整体预控能力，夯实遏制重特大事故的坚强基础。

2016 年以来，应急管理部等监管部门接连发文，从双重预防机制建设目标、建设标准、建设路径等方面做了详细规定。危险化学品生产因其高危性，是双重预防机制建设重点关注目标，相关部门出台大量化工企业双重预防机制建设政策文件。如，应急管理部印发《危险化学品企业安全风险隐患排查治理导则》，详细规定了安全风险隐患排查方式及频次等内容。《危险化学品企业双重预防机制数字化建设工作指南（试行）》《危险化学品双重预防机制建设指导手册（2021 版）》等文件对双重预控体系建设工作推进机制、安全风险分级管控、隐患排查治理、信息化系统、激励约束机制、持续改进提升等做了明确规范。各地方也积极响应双重预防机制建设要求，纷纷出台各类政策文件推动双重预防体系建设。如，《江苏省化工企业安全生产信息化管理平台建设基本要求（试行）》、山东省《全省危险化学品安全生产信息化建设与应用工作方案（2021—2022 年）》等政策文件都有涉及双重预防体系建设。

尤值得注意的是，2021 年 6 月 10 日，第十三届全国人民代表大会常务委员会第二十九次会议通过了《全国人民代表大会常务委员会关于修改<中华人民共和国安全生产法>的决定》，双重预防机制被正式写入修改后的《中华人民共和国安全生产法》。这意味着风险分级管控与隐患排查治理双重预防机制被放到安全生产管理更高的位置，作为企业风险管控、保证安全生产的重要手段，将长期开展下去。

【问题2】　双重预防机制建设原则

1. 机制融合一体化

企业双重预防机制建设应与现行安全管理体系相融合，形成一体化安全管理体系，构建企业主体责任落实的长效机制，避免"一阵风"和"两张皮"现象，确保风险分级管控和隐患排查治理常态化。

2. 风险管理显性化

根据风险管控措施制定隐患排查任务并跟踪隐患排查治理情况，及时预警异常状况，确保风险处于受控状态，隐患及时治理。采用风险告知、安全承诺等可视化手段及信息化工具，实现生产现场安全风险隐患动态管理的直观展现。

3. 机制建设规范化

企业双重预防机制建设，有工作推进机制、风险分级管控和隐患排查治理、智能化信息平台、激励约束制度的要求，自主开展双重预防机制建设工作，确保机制建设的规范性。

4. 系统建设多元化

按照"政府引导，企业自主"的原则，企业可根据安全管理实际自主建设双重预防信息化平台，在满足个性化需求的基础上，应符合危险化学品企业双重预防机制数据交换规范要求，实现政府各级部门与企业之间数据互联互通、信息实时共享。

【问题3】 双重预防机制建设的主要内容

《危险化学品双重预防机制建设指导手册（2021版）》有详细说明：风险分级管控主要包括划分风险分析单元、辨识评估风险、制定管控措施、实施分级管控四部分。隐患排查治理主要包括明确隐患排查任务、开展隐患排查、隐患治理验收等。

1. 风险分级管控

（1）风险辨识。结合企业生产实际，合理划分辨识单元，对客观存在的生产工艺、设备设施、作业环境、人员行为和管理体系等方面存在的风险，进行全方位、全过程的辨识。

（2）风险分类。对辨识出的风险，综合考虑起因物、引起事故的诱导性原因、致害物、伤害方式等进行风险类别划分。

（3）风险评估。对不同类别的风险，采用"矩阵法""LEC法"等常见的评估方法，确定其风险等级，风险等级包括重大风险、较大风险、一般风险和低风险四个级别，相应地用红、橙、黄、蓝四种颜色标示。

（4）制定管控措施。针对风险辨识和风险评估的情况，依据相关法律、法规规章、标准，对每一处风险制定科学的管控措施。

（5）实施风险管控。综合考虑风险类别、等级、所属区域及部门等因素，对安全风险进行分级、分层、分类、分专业管理，逐一落实企业、车间、班组和岗位的风险管控责任，按照风险管控措施定期进行检查，校验管控措施是否失效，确保风险处于可控状态。

（6）风险公告警示。结合风险辨识、风险评估、风险管控措施制定等工作，制作包含主要风险、可能引发事故隐患类型、事故后果、管控措施、应急措施及事故报告方式等信息的岗位风险告知卡，并在相应区域、设备、岗位进行粘贴公告，确保所有从业人员了解所属区域、岗位的风险。

2. 隐患排查治理

（1）建立制度。结合企业实际，建立完善的隐患排查治理制度，明确隐患排查的事项、内容和频次，并将责任逐一分解落实，推动全员参与自主排查隐患。

（2）排查隐患。当风险管控措施失效时，风险则已演变为事故隐患。因此，要按照制度要求，定期开展隐患排查工作，及时发现风险管控措施失效形成的事故隐患。

（3）治理隐患。对排查出的隐患，要明确整改责任、整改措施、整改资金、整改时限和整改预案。能够当场立即整改的一般隐患，要当场进行整改，对无法当场立即整改的隐患，要制定隐患治理方案，并按方案在规定时间内完成整改。

（4）闭环验收。隐患整改期满后，要组织企业安全管理等部门的技术人员，对隐患整改情况进行闭环验收，确保隐患整改到位。

三、双重预防机制实施步骤

【问题1】 双重预防机制的建设目标是什么？

构建双重预防机制就是要在全社会形成有效管控风险、排查治理隐患、防范和遏制重特大事故的思想共识，推动建立企业安全风险自辨自控、隐患自查自治，政府领导有力、部门监管有效、企业责任落实、社会参与有序的工作格局，促使企业形成常态化运行的工作机制，政府及相关部门进一步明确工作职责，切实提升安全生产整体预控能力，夯实遏制重特大事故的坚实基础。

【问题2】 双重预防机制的基本工作思路是什么？

双重预防机制是构筑防范生产安全事故的两道防火墙。第一道是管风险，以安全风险辨识和管控为基础，从源头上系统辨识风险分级管控，努力把各类风险控制在可接受范围内，杜绝和减少事故隐患。第二道是治隐患，以隐患排查和治理为手段，认真排查风险管控过程中出现的缺失、漏洞和风险控制失效环节，坚决把隐患消灭在事故发生之前。可以说，安全风险管控到位就不会形成事故隐患，隐患一经发现得到及时治理就不可能酿成事故，要通过双重预防的工作机制，切实把每一类风险都控制在可接受范围内，把每一个隐患都治理在形成之初，把每一起事故都消灭在萌芽状态。

【问题3】 双重预防机制的建设程序是什么？

相关政策文件详细梳理了双重预防机制建设程序，主要包括成立组织机构、编制工作方案、开展人员培训、完善管理制度、划分风险分析单元、辨识评估风险、制定管控措施、实施分级管控、明确隐患排查任务、开展隐患排查、隐患治理验收、持续改进提升等（见图 2-1）。概而言之，双重预防机制建设需要在管理制度、方案规划、系统建设、执行优化等方面共同推进。

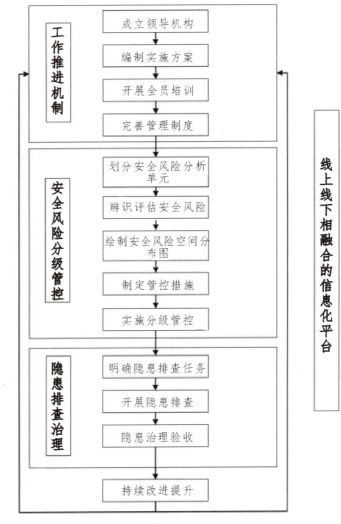

图 2-1　双重预防机制建设工作程序

小提示

一、双重预防机制与安全生产标准化的关系

双重预防机制是安全生产标准化的重要组成部分，《企业安全生产标准化基本规范》（GB/T 33000—2016）中第 5 个核心要求"5.5 安全风险管控及隐患排查治理"，正是双重预防机制的内容。近年来，双重预防机制建设相关政策文件只是把安全风险管控及隐患排查治理工作做了更详细、更严格、更科学的规范，企业需要在原安全生

产标准化的基础上进一步提升工作，而非另起炉灶，在安全生产标准化之外做一项全新工作。双重预防机制建设不能脱离安全生产标准化工作，二者应该是一体的。所以，安全生产信息化平台建设相关政策文件，也都把双重预防机制系统作为其中一部分。

二、双重预防机制信息化系统数据标准

企业应根据《危险化学品企业双重预防机制数字化建设数据交换规范》，开发或改造双重预防机制信息化系统。

三、双重预防机制信息化建设要注意的问题

双重预防机制建设会产生大量安全生产数据，要克服纸面化可能带来的形式化和静态化，利用信息化手段保障双重预防机制建设显得尤为重要。要利用信息化手段将安全风险清单和事故隐患清单电子化，建立并及时更新安全风险和事故隐患数据库；要绘制安全风险分布电子图，并将重大风险监测监控数据接入信息化平台，充分发挥信息系统自动化分析和智能化预警的作用。要充分利用已有的安全生产管理信息系统和网络综合平台，尽量实现风险管控和隐患排查信息化的融合，通过一体化管理避免信息孤岛，提升工作效率和运行效果。

知识测验

1. 双重预防机制是指（　　　）和（　　　）。（多选题）
   - A. 隐患排查治理
   - B. 安全标准化
   - C. 质量管理体系
   - D. 安全风险分级管控

2. 公司双重预防机制建设工作实施方案中要求成立两级工作领导小组，指的是哪两级？（　　　）（单选题）
   - A. 班组级、岗位级
   - B. 部门级、班组级
   - C. 公司级、部门级
   - D. 公司级、班组级

3. 安全风险等级从高到低依次用（　　　）四种颜色标示。（单选题）
   - A. 红、紫、黄、蓝
   - B. 红、橙、黄、蓝
   - C. 红、黄、蓝、绿
   - D. 红、蓝、橙、黄

4. 建立双重预防工作推进机制的程序不包括（　　　）。（单选题）
   - A. 成立领导小组
   - B. 实施全员培训
   - C. 编写实施方案
   - D. 明确风险管控层级

任务训练

1. 针对中小企业员工不多、技术力量不足，在构建双重预防机制时有没有简便的方法？
2. 双重预防机制的常态化运行机制主要体现在哪几个方面？

1. 国务院安委会办公室《关于实施遏制重特大事故工作指南构建双重预防机制的意见》（安委办〔2016〕11号）。

2.《烟花爆竹批发企业安全生产风险管控和隐患排查治理体系实施指南》（DB37/T 4696—2024）。

3.《危险化学品储存企业安全生产风险管控和隐患排查治理体系建设实施指南》（DB37/T 4695—2024）。

任务五　企业安全生产标准化

学习目标

知识目标：了解我国安全生产标准化建设的发展历程。

能力目标：掌握《企业安全生产标准化基本规范》的主要内容。

素质目标：培养学生创新意识和规范意识，增强职业素养和安全素养，践行安全管理理念。

思　考

2023年4月4日，晋江市西滨镇人民政府执法人员在对辖区内企业依法实施监督检查时，发现某企业未创建安全生产标准化，存在未如实记录安全生产教育和培训、未将事故隐患排查治理情况向从业人员通报、未按照规定制定生产安全事故应急预案或者未定期组织演练、未在有较大危险因素的生产经营场所和有关设施、设备上设置明显的安全警示标志的违法行为。执法人员依法对该企业进行立案调查。该企业违反了《中华人民共和国安全生产法》第九十七条、第九十九条规定，给予该企业处罚款人民币壹仟元整的行政处罚。

思考1：企业安全生产标准化建设有什么作用？

思考2：企业安全生产标准化建设如何实施？

知识学习

一、我国企业安全生产标准化建设历程

安全生产标准化在我国已经历了40余年的发展历程。20世纪80年代，冶金、机械、煤矿等领域率先开展了企业安全生产标准化活动，先后推行了设备设施标准化、作业现场标准化和行为标准化。随着人们对安全生产标准化认识的提高，特别是在20世纪末，职业安全健康管理体系引入我国，风险管理的方法逐渐被部分企业所接受，

从此使安全生产标准化发展为设备设施维护标准化、作业现场标准化、行为动作标准化、安全生产管理活动标准化等方面。

【问题1】　我国企业安全生产标准化建设发展历程

2004年，《国务院关于进一步加强安全生产工作的决定》（国发〔2004〕2号）提出了在全国所有的工矿、商贸、交通、建筑施工等企业普遍开展安全质量标准化活动的要求。国家安全生产监督管理总局发布了《关于开展安全质量标准化活动的指导意见》，煤矿、非煤矿山、危险化学品、冶金、机械、电力等行业、领域均开展了安全质量标准化创建工作。随后，除煤炭行业强调了煤矿安全生产状况与质量管理相结合外，其他多数行业逐步弱化了质量的内容，提出了安全生产标准化的概念。

2010年4月，国家安全生产监督管理总局以2010年第9号公告发布了《企业安全生产标准化基本规范》安全生产行业标准，标准编号为 AQ/T 9006-2010，自2010年6月1日起实施。

2010年，《国务院关于进一步加强企业安全生产工作的通知》（国发〔2010〕23号）明确要求全面开展安全达标。深入开展以岗位达标、专业达标和企业达标为内容的安全生产标准化建设，凡在规定时间内未实现达标的企业要依法暂扣其生产许可证、安全生产许可证，责令停产整顿；对整改逾期未达标的，地方政府要依法予以关闭。

2011年5月，《国务院安委会关于深入开展企业安全生产标准化建设的指导意见》（安委〔2011〕4号）要求：要建立健全各行业（领域）企业安全生产标准化评定标准和考评体系；严格把关，分行业（领域）开展达标考评验收；不断完善工作机制，将安全生产标准化建设纳入企业生产经营全过程，促进安全生产标准化建设的动态化、规范化和制度化，有效提高企业本质安全水平。

2011年，《国务院办公厅关于继续深化"安全生产年"活动的通知》（国办发〔2011〕11号）进一步明确推进安全达标，强化安全基层基础，要求有序推进企业安全标准化达标升级。各有关部门要加快制定完善有关标准，分类指导，分步实施，促进企业安全基础不断强化。

国务院办公厅印发的《安全生产"十二五"规划》提出，"十二五"期间安全生产主要任务之一是扎实开展安全生产风险管理和标准化建设。修订后的《中华人民共和国安全生产法》，通过立法方式将安全生产标准化纳入其中。提出生产经营单位必须遵守本法和其他有关安全生产的法律、法规，加强安全生产管理，建立、健全安全生产责任制和安全生产规章制度，改善安全生产条件，推进安全生产标准化建设，提高安全生产水平，确保安全生产。

2014年，国家安全监管总局关于印发《企业安全生产标准化评审工作管理办法（试行）的通知》（安监总办〔2014〕49号）中要求：各级安全监管部门要将企业安全生产标准化建设和隐患排查治理体系建设的年效果，作为实施分级分类监管的重要依据，实施差异化的管理，将未达到安全生产标准化等级要求的企业作为安全监管重点，加大执法检查力度，督促企业提高安全管理水平。

2015年，《国家安全监管总局关于深化工贸行业企业安全生产标准化建设的通知》

（安监总管〔2015〕55 号）中要求：各级安全监管部门要把企业标准化建设与日常监管、专项检查、"打非治违"等工作相结合，把企业自主创建、年度自评、自评报告公示情况作为分级分类监管的重要依据，有针对性地确定执法检查频次和处罚尺度。对未开展标准化建设的企业，加大执法力度，实施重点指导和监管，对其非法违法行为一律依法按规定上限处罚，以执法推动企业主动创建。

2016 年 12 月，中共中央、国务院印发《关于推进安全生产领域改革发展的意见》，明确提出要完善标准体系，加快安全生产标准制定修订和整合，建立以强制性国家标准为主体的安全生产标准体系。

2016 年 12 月 13 日，国家质检总局、国家标准委发布 2016 年第 23 号中国国家标准公告，批准发布了 GB/T 33000—2016《企业安全生产标准化基本规范》，该标准将于 2017 年 4 月 1 日实施。

《中华人民共和国国民经济和社会发展第十三个五年规划纲要》针对安全生产工作明确提出要"健全公共安全体系"。建立责任全覆盖、管理全方位、监管全过程的安全生产综合治理体系，构建安全生产长效机制。中共中央、国务院《关于推进安全生产领域改革发展的意见》要求：到 2020 年，安全生产监管体制机制基本成熟，法律制度基本完善，全国生产安全事故总量明显减少，职业病危害防治取得积极进展，重特大生产安全事故频发势头得到有效遏制，安全生产整体水平与全面建成小康社会目标相适应。到 2030 年，实现安全生产治理体系和治理能力现代化，全民安全文明素质全面提升，安全生产保障能力显著增强，为实现中华民族伟大复兴的中国梦奠定稳固可靠的安全生产基础。

2021 年，《国务院办公厅关于连续深化"安全生产年"活动的通知》（国办发〔2021〕11 号）要求：有序推进企业平安标准化达标升级。在工矿商贸和交通运输企业广泛开展以"企业达标升级"为主要内容的平安生产标准化创建活动，着力推动岗位达标、专业达标和企业达标。组织对企业安全生产状况进行安全标准化分级考核评价，评价结果向社会公开，并向银行业、证券业、保险业、担保业等主管部门通报，作为企业信用评级的重要参考依据。各有关部门要加快制定完善有关标准，分类指导，分步实施，促进企业安全基础不断强化。2021 年，《国务院安委会关于深化开展企业安全生产标准化建设的指导意见》（安委〔2021〕4 号）提出，在工矿商贸和交通运输行业（领域）深化开展平安生产标准化建设，重点突出煤矿、非煤矿山、交通运输、建筑施工、危急化学品、烟花爆竹、民用爆炸物品、冶金等行业（领域）。

【问题 2】"十四五"时期，对安全生产标准化建设提出哪些新要求？

"十四五"时期重点是加强安全生产标准体系建设。加强全国安全生产有关专业标准化技术委员会建设，健全以强制性标准为主体、推荐性标准为补充的安全生产标准体系，构建"排查有标可量、执法有标可依、救援有标可循"的安全生产标准化工作格局。加快推进安全生产强制性国家标准和行业标准精简整合，有效提高强制性国家标准的通用性和覆盖面。强化安全生产基础通用标准制定，加快急需短缺标准制修订，增加标准有效供给。加快电化学储能、氢能、煤化工、分布式光伏发电等新兴领域安全生产标准制修订。积极培育发展安全生产团体标准、企业标准，推动建立政府主导和社会各方参与制定安全生产标准的新模式。加强安全生产标准信息服务，便于生产经营单位和社会公众查阅下载安全生产国家、行业和地方标准文本。强化安全生产领域强制性国家标准宣贯培训和实施效果评估，建立安全生产标准"微课云平台"。

二、企业安全生产标准化建设的目标和重要意义

【问题 1】　企业安全生产标准化建设的目标是什么？

企业安全生产标准化建设的目标是：严格落实企业安全生产责任制，加强安全科学管理，实现企业安全管理的规范化。加强安全教育培训，强化安全意识、技术操作和防范技能杜绝"三违"。加大安全投入，提高专业技术装备水平，深化隐患排查治理，改进现场作业条件。通过安全生产标准化建设，实现岗位达标、专业达标和企业达标，各行业（领域）企业的安全生产水平明显提高，安全管理和事故防范能力明显增强。

【问题 2】　企业安全生产标准化建设有什么重要意义？

国务院安委会在《国务院安委会关于深入开展企业安全生产标准化建设的指导意见》（安委〔2011〕4 号）中指出，深入开展企业安全生产标准化建设的重要意义是：

第一，落实企业安全生产主体责任的必要途径。国家有关安全生产法律法规和规定明确要求，要严格企业安全管理，全面开展安全达标。企业是安全生产的责任主体，也是安全生产标准化建设的主体，要通过加强企业每个岗位和环节的安全生产标准化建设，不断提高安全管理水平，促进企业安全生产主体责任落实到位。

第二，强化企业安全生产基础工作的长效制度。安全生产标准化建设涵盖了增强人员安全素质、提高装备设施水平、改善作业环境、强化岗位责任落实等各个方面，是一项长期的、基础性的系统工程，有利于全面促进企业提高安全生产保障水平。

第三，政府实施安全生产分类指导、分级监管的重要依据。实施安全生产标准化建设考评，将企业划分为不同等级，能够客观真实地反映出各地区企业安全生产状况和不同安全生产水平的企业数量，为加强安全监管提供有效的基础数据。

第四，有效防范事故发生的重要手段。深入开展安全生产标准化建设，能够进一步规范从业人员的安全行为，提高机械化和信息化水平，促进现场各类隐患的排查治理，推进安全生产长效机制建设，有效防范和坚决遏制事故发生，促进全国安全生产状况持续稳定好转。

【问题 3】　安全生产标准化有哪些特点？

1. 管理方法的先进性

采用了国际通用的策划（Plan）、实施（Do）、检查（Check）、改进（Act）动态循环的 PDCA 现代安全管理模式。通过企业自我检查、自我纠正、自我完善这一动态循环的管理模式，能够更好地促进企业安全绩效的持续改进和安全生产长效机制的建立。

2. 内容的系统性

内容涉及安全生产的各个方面，从目标职责、制度化管理、教育培训、现场管理、安全风险管控、隐患排查治理、应急管理、事故查处和持续改进八个方面提出了比较全面的要求，而且这八个方面是有机、系统的结合，具备系统性和全面性。

3. 较强的可操作性

结合我国已经制定的标准化工作的做法和经验，对核心要素都提出了具体、细化的内容要求。企业在贯彻时，全员参与规章制度、操作规程的制定，并进行定期评估检查，这样使得规章制度、操作规程与企业的实际情况紧密结合，避免"两张皮"情况的发生，有较强的可操作性，便于企业实施。

4. 广泛的适用性

总结归纳了煤矿、危险化学品、金属非金属矿山、烟花爆竹、冶金、机械等已经颁布的行业安全生产标准化标准中的共性内容，提出了安全生产管理的共性基本要求，是各行业安全生产标准化的基本标准，既适应各行业安全生产工作的开展，又避免了自成体系的局面。

三、《企业安全生产标准化基本规范》的主要内容

《企业安全生产标准化基本规范》共分为范围、规范性引用文件、术语和定义、一般要求、核心要求五章。

【问题 1】《企业安全生产标准化基本规范》对企业的一般要求主要包括哪些内容？

1. 原　则

企业开展安全生产标准化工作，应遵循"安全第一、预防为主、综合治理"的方针，落实企业主体责任。以安全风险管理、隐患排查治理、职业病危害防治为基础，以安全生产责任制为核心，建立安全生产标准化管理体系，全面提升安全生产管理水平，持续改进安全生产工作，不断提升安全生产绩效，预防和减少事故的发生，保障人身安全健康，保证生产经营活动的有序进行。

2. 建立和保持

企业应采用"策划、实施、检查、改进"的"PDCA"动态循环模式，依据标准的规定，结合企业自身特点，自主建立并保持安全生产标准化管理体系；通过自我检查、自我纠正和自我完善，构建安全生产长效机制，持续提升安全生产绩效。

3. 自评和评审

企业安全生产标准化管理体系的运行情况，采用企业自评和评审单位评审的方式进行评估。

【问题 2】《企业安全生产标准化基本规范》对企业的核心技术要求主要包括哪些内容？

在核心要求这一部分，对目标职责、制度化管理、教育培训、现场管理、安全风险管控及隐患排查治理、应急管理、事故管理、持续改进八个方面的内容作了具体规定。

1. 目标职责

包括目标、机构和职责（机构设置、主要负责人及管理层职责）、全员参与、安全生产投入、安全文化建设、安全生产信息化建设。

2. 制度化管理

包括法律标准识别、规章制度、操作规程、文档管理（记录管理、评估、修订）。

3. 教育培训

包括教育培训管理、人员教育培训（管理人员、从业人员、外来人员）。

4. 现场管理

包括设备设施管理（设备设施建设、设备设施验收、设备设施运行、设备设施检维修、检测检验、设备设施拆除、报废）、作业安全（作业环境和作业条件、作业行为、岗位达标、相关方）、职业健康（基本要求、职业病危害告知、职业病危害项目申报、职业病危害检测与评价、警示标志）。

5. 安全风险管控及隐患排查治理

包括安全风险管理（安全风险辨识、安全风险评估、安全风险控制、变更管理）、重大危险源辨识与管理、隐患排查治理（隐患排查、隐患治理、验收与评估、信息记录、通报和报送）、预测预警。

6. 应急管理

包括应急准备、应急救援组织、应急预案、应急设施、装备、物资、应急演练、应急救援信息系统建设、应急处置、应急评估。

7. 事故管理

包括事故报告、调查和处理、管理。

8. 持续改进

包括绩效评定、持续改进。

【问题 3】 企业安全生产标准化建设的流程是什么？

1. 策划准备及制定目标

企业需成立安全生产标准化建设小组，并明确目标，全面保障安全生产标准化的建设落实。

2. 教育培训

安全生产标准化建设需要全员参与。教育培训要解决的就是领导层的认识以及执行层的理解。

3. 现状梳理

对企业安全管理情况、现场设备设施状况进行全面摸底，并根据企业自身情况及时调整目标，开展建设。

4. 管理文件制修订

结合现状摸底所发现的问题，准确判断管理文件亟待加强和改进的薄弱环节，并提出有关文件的制修订计划。

5. 实施运行及整改

企业要在日常工作中依据制修订的管理文件进行实际运行，并根据运行情况及时进行整改及完善。

6. 企业自评

经过一段时间的运行，应依据评定标准，开展自评工作，并结合发现的问题进行整改，着手准备评审申请材料。

7. 评审申请

企业要通过《安全生产标准化达标信息管理系统》完成评审申请工作，并与相关交通安全监管部门或评审组织单位联系。

8. 外部评审

接受外部评审单位的评审，针对问题，形成整改计划，及时进行整改，并配合评审单位上报有关评审材料。

小提示

开展安全生产标准化建设需要注意的几个问题：

（1）分清职责，明确谁该干什么。开展标准化建设必须克服形式主义，必须在动员全体从业人员的基础上，按照标准化建设的八项要素对应的部门职责层层分解下去，让每个部门、每个岗位、每个人员都有自己的职责，都知道"在我这个岗位上应该干什么"和"应该怎么干"，并将这项内容牢记于心，落实于行动之中，养成习惯，持之以恒。只有岗位达标才可能实现企业达标，没有岗位达标绝没有企业的安全标准化。

（2）建章立制，明确规范要求。建设标准化首先要明确什么是标准化，有哪些国家法律法规和标准需要我们去执行，这是最基本的。对照国家的法律法规标准修订完善本企业的安全管理制度，规范安全要求。企业自己的规章制度与国家的规范要求不一致，何谈标准化建设？

（3）自查自纠，检查自己干得怎么样。开展标准化建设必须从企业的现状分析入手，开展危险源辨识和风险识别控制，让每一个从业人员每天都熟悉每个岗位存在什么危险，知道如何去控制危险，从而预防和控制事故。

（4）过程监控，让干得怎么样有据可查。不少企业在创建标准化过程中，要么是养不成执行记录的习惯，无记录或记录空白，要么是记录简单，反映不出日常工作，检查了没有检查人员、检查时间、整改要求，整改与否没有下文；培训了不见培训结果；设施设备更新了没有相关的培训材料，没有变更文件等。

（5）要注重与企业的生产特点相适应。企业要立足本企业的生产特点，切实解决好思想认识问题，合理评定企业的安全状况，抓住制约本单位安全生产的主要矛盾，集中优势资源，有针对性地解决重点和难点问题，合理地确立考评目标。

知识测验

1. 近年来，各地安全监管部门对未开展标准化建设的企业，加大执法力度，实施重点指导和监管，对其非法违法行为一律依法按（　　　），以执法推动企业主动创建。（单选题）

A. 刑法规定执行　　　　　　　　B. 治安管理处罚
C. 规定上限处罚　　　　　　　　D. 安全生产法律规定处理

2. 安全生产标准化管理体系建设，企业需要树立体现安全生产（　　　）和"安全第一、预防为主、综合治理"方针，与企业安全生产实际、灾害治理相适应的安全生产理念。（单选题）

A. 法治意识　　　　　　　　　　B. 红线意识
C. 政治意识　　　　　　　　　　D. 大局意识

3. 企业开展安全生产标准化创建工作，应做好策划准备工作，成立安全生产标准化领导小组，发动宣传动员，应做到（　　　）的参与。（多选题）

A. 全员　　　　　　　　　　　　B. 全方位
C. 全过程　　　　　　　　　　　D. 企业全部流动的资金投入

4. 建立并保持安全生产标准化体系的难点有（　　　）。（多选题）

A. 企业主要负责人不熟悉标准化工作，安全基础管理薄弱，自创能力不足
B. 急功近利，急于求成，以形式达标评审为目的，采取"以包代建"
C. 企业达标创建与运行管理脱节，标准化工作存在"两张皮"现象
D. 宣传不足、培训不到位，岗位达标水平不高，使全员参与率不高

任务训练

1. 开展安全标准化建设工作的法律依据是什么？
2. 企业要如何开展安全标准化建设工作？

学习拓展

1.《企业安全生产标准化基本规范》（GB/T 33000—2016）。

2.《应急管理部关于印发〈企业安全生产标准化建设定级办法〉的通知》（应急〔2021〕83 号）。

危险作业事故预防

 **项目背景**

在企业生产中，常见的危险作业包括：吊装作业、高处作业、临时用电作业、动火作业、受限空间作业、破土作业、断路作业、盲板抽堵作业。危险作业具有作业过程风险大，事故易发、多发的特点，容易导致人身伤亡或设备损坏，造成严重的事故后果。据统计，约有40%以上的化工生产安全事故与从事危险作业有关。危险作业环节事故多发主要是由于企业危险作业管理制度执行不到位、作业前风险识别不清、作业过程中风险管控不到位以及监护人应急处置能力不足等原因。加强危险作业安全管理，完善事故预防措施，能够有效遏制由危险作业引起的重特大事故的发生。

任务一 吊装作业

学习目标

知识目标：了解吊装作业的概念、分级及其风险，掌握吊装作业的安全管理基本要求、作业人员安全管理要点、作业前中后的安全措施、《吊装安全作业票》管理要点。

能力目标：能够根据企业安全生产实际情况，制订针对性吊装作业安全管理措施，有效预防事故发生。

素质目标：引导学生牢固树立安全发展理念，强化学生依法规范吊装作业安全管理的思想，培养学生坚定安全管理工作必须坚持安全第一、预防为主、综合治理的方针。

思 考

2020年12月31日19时30分许，广东省东莞市某起重搬运服务企业发生一起起重伤害事故，汽车起重机操作人员徐某在吊装作业完成后，进行汽车起重机收臂过程中，吊钩和配重锤突然坠落，击中汽车起重机操作室，导致操作人员徐某和吊装辅助人员罗某受伤落地，徐某头部受伤躺在地上一动不动，旁边的罗某双脚受伤。随后现场人员马上拨打120，19点45分救护车到达现场对伤者徐某进行抢救，19点50分宣告徐某死亡。经调查，事故的直接原因是现场作业人员在光线不足、阵风6~7级、卷扬机收绳过快以及作业前未对汽车起重机限制器等安全装置进行检查的情况下违章操作，汽车起重机副钩由于惯性及逆风原因导致副钩及配重锤跳过限位器，破坏限位挡杆导致脱绳，造成副钩及配重锤击中操作室。事故的间接原因是事故发生企业未制定吊装作业方案、未严格落实吊装操作规程。

思考 1：吊装作业过程中，可能存在的风险有哪些？

思考 2：哪些吊装作业需要编制吊装方案？

知识学习

吊装作业是现代化工程建设常用的一种作业方式，能显著提升施工建设效率，但由于吊装机具多种多样、作业环境复杂，吊装作业潜在的风险较高，为了确保吊装作业的安全进行，必须采取一系列严格的安全管理措施。

一、吊装作业基础知识

【问题 1】 什么是吊装作业？

吊装作业是指利用各种吊装机具将设备、工件、器具、材料等吊起，使其发生位置变化的作业。

【问题 2】 吊装机具有哪些？

吊装机具是指桥式起重机、门式起重机、装卸机、缆索起重机、汽车起重机、轮胎起重机、履带起重机、铁路起重机、塔式起重机、门座起重机、桅杆起重机、升降机、电葫芦及简易起重设备和辅助用具。

【问题 3】 吊装作业一般如何分级？

吊装作业按吊装重物的质量分为三级：

（1）一级吊装作业吊装重物的质量大于 100 t。

（2）二级吊装作业吊装重物的质量大于等于 40 t 至小于等于 100 t。

（3）三级吊装作业吊装重物的质量小于 40 t。

二、吊装作业可能存在的风险

吊装机具多种多样，作业环境复杂，可能潜在的风险有：

（1）吊装作业现场有含危险物料的设备、管道，如操作不当，吊具或吊物碰撞设备、管道，可能会损坏设备、管道，并导致危险物料泄漏，继而再导致人员中毒、化学灼伤、火灾爆炸等事故。

（2）靠近高架电力线路进行吊装作业，如操作不当，吊具或吊物碰撞带电线路，存在人员触电、损坏电力线路、供电线路停电的风险。

（3）遇大雪、暴雨、大雾、六级及以上大风露天吊装作业时，存在因视线不清、湿滑、风大等原因导致多种起重伤害或吊物损坏的风险。

（4）起重机械、吊具、索具、安全装置等存在问题，吊具、索具未经计算随意使用等原因，存在吊装过程中吊具、索具等损坏，吊物坠落损坏的风险。

（5）未按规定负荷进行吊装、未进行试吊、吊车支撑不规范不稳，存在导致吊车倾覆的风险。

（6）利用管道、管架、电杆、机电设备等作吊装锚点，存在导致管道、管架、电杆、机电设备损坏，并可能引发其他次生事故的风险。

（7）吊物捆绑、紧固、吊挂不牢，吊挂不平衡，索具打结，索具不齐，斜拉重物，棱角吊物与钢丝绳之间无衬垫等情况，存在导致吊物坠落的风险。

（8）吊装过程中吊物及起重臂移动区域下方有人员经过或停留、吊物上有人，存在吊物坠落、物体打击并造成人员伤亡的风险。

（9）吊装操作人员、指挥人员不专业，操作不规范，存在导致多种起重事故的风险。

（10）吊机操作人员位于高处时，因行走不慎，存在高处坠落的风险。

三、吊装作业安全管理基本要求

（1）应按照国家标准规定对吊装机具进行日检、月检、年检。对检查中发现问题的吊装机具，应进行检修处理，并保存检修档案。检查应符合《起重机械安全规程　第1部分：总则》（GB/T 6067.1）的规定。

（2）吊装作业人员（起重机械操作人员、指挥人员）应持有有效的《特种作业人员操作证》，方可从事吊装作业指挥和操作。

（3）一级吊装作业和二级吊装作业应编制吊装作业方案；吊装物体质量虽不足40 t，但形状复杂、刚度小、长径比大、精密贵重，以及在作业条件特殊的情况下的三级吊装作业也应编制吊装作业方案。吊装作业方案应经审批。

（4）利用两台或多台起重机械吊运同一重物时，升降、运行应保持同步；各台起重机械所承受的载荷不得超过各自额定起重能力的80%。

【问题1】　吊装作业方案具体由哪个部门编制？

吊装作业方案应由吊装作业单位（含承包商）主责编制，吊物所属单位、吊装作业点所在单位配合编制。从事吊装作业的单位，一般情况下经常性地开展吊装作业，比较清楚吊装作业可能潜在的风险，编制的吊装方案应该更加全面。吊物所属单位清楚吊物的具体情况，可以协助吊装作业单位制定有针对性的吊装方案内容。吊装作业点所属单位更加了解作业点及周边区域可能潜在的风险，比如是否可能会有可燃、有毒气体的泄漏、作业点上方及周边是否有动力线、吊装作业点是否安全、可靠、承受力能否满足作业要求等，可以协助吊装作业单位制定相应的安全管控措施。

【问题2】　吊装作业方案应该包含哪些内容？

吊装方案一般应包括编制依据、工程概况、施工方法（也可包括吊装方法的选择）、施工步骤、施工风险分析、安全保证措施、应急预案、计算书（包括吊点受力分析、钢丝绳计算等）、吊装作业平面布置图、人员分工等内容。吊装作业方案内容不宜过长、过多，要抓住重点，简明扼要。应对吊装作业所有参与人员就吊装作业方案进行培训，使其了解方案的内容，掌握吊装作业可能潜在的风险、管控措施及应急措施。

【问题 3】 吊装作业方案应一般由哪个部门审批？

吊装作业方案一般由企业工程管理部门审核、企业分管领导审批。对于大型建设项目的吊装作业，作业方案的管理应由建设单位与施工单位协商后确定。

四、吊装作业前安全措施

（1）相关部门应对从事指挥和操作的人员进行资质确认。

（2）相关部门进行有关安全事项的研究和讨论，对安全措施落实情况进行确认。

（3）实施吊装作业单位的有关人员应对起重吊装机械和吊具进行安全检查确认，确保处于完好状态。

（4）实施吊装作业单位使用汽车吊装机械，要确认安装有汽车防火罩。

（5）实施吊装作业单位的有关人员应对吊装区域内的安全状况进行检查（包括吊装区域的划定、标识、障碍）。警戒区域及吊装现场应设置安全警戒标志，并设专人监护，非作业人员禁止入内。安全警戒标志应符合《安全标志及其使用导则》（GB 2894）的规定。

（6）实施吊装作业单位的有关人员应在施工现场核实天气情况。室外作业遇到大雪、暴雨、大雾及 6 级以上大风时，不应安排吊装作业。

五、吊装作业中安全措施

（1）吊装作业时应明确指挥人员，指挥人员应佩戴明显的标志，应佩戴安全帽。

（2）应分工明确、坚守岗位，并按规定的联络信号，统一指挥。指挥人员按信号进行指挥，其他人员应清楚吊装方案和指挥信号。

（3）正式起吊前应进行试吊，试吊中检查全部机具、地锚受力情况，发现问题应将工件放回地面，排除故障后重新试吊，确认一切正常，方可正式吊装。

（4）严禁利用管道、管架、电杆、机电设备等作吊装锚点。未经有关部门审查核算，不得将建筑物、构筑物作为锚点。

（5）吊装作业中，夜间应有足够的照明。室外作业遇到大雪、暴雨、大雾及六级以上大风时，应停止作业。

（6）吊装过程中，出现故障，应立即向指挥者报告，没有指挥令，任何人不得擅自离开岗位。

（7）起吊重物就位前，不许解开吊装索具。

（8）利用两台或多台起重机械吊运同一重物时，升降、运行应保持同步；各台起重机械所承受的载荷不得超过各自额定起重能力的 80%。

【问题】　吊装作业前试吊的注意事项有哪些？

吊装作业前不进行试吊，如果吊装物质量大、吊装物捆绑不牢、起重机械不稳，有可能发生起重机械倾倒、吊装物坠落，造成重大财力损失，甚至人员伤亡。所以大中型设备、构件吊装前应进行试吊。

试吊前参加吊装作业的人员应按岗位分工，严格检查吊耳、起重机械和索具的性能情况，确认符合方案要求后才可试吊。

试吊的程序：重物吊离地面 100 mm 后停止提升，检查吊车的稳定性、制动器的可靠性、重物的平衡性、绑扎的牢固性，确认无误后，方可继续提升。试吊时，指挥、司索人员及其他无关人员应远离作业点。

六、吊装作业人员安全管理要点

（1）按指挥人员所发出的指挥信号进行操作。对紧急停车信号，不论由何人发出，均应立即执行。

（2）司索人员应听从指挥人员的指挥，并及时报告险情。

（3）当起重臂吊钩或吊物下面有人，吊物上有人或浮置物时，不得进行起重操作。

（4）严禁起吊超负荷或重物质量不明和埋置物体；不得捆挂、起吊不明质量，与其他重物相连、埋在地下或与其他物体冻结在一起的重物。

（5）在制动器、安全装置失灵、吊钩防松装置损坏、钢丝绳损伤达到报废标准等情况下严禁起吊操作。

（6）应按规定负荷进行吊装，吊具、索具经计算选择使用，严禁超负荷运行。所吊重物接近或达到额定起重吊装能力时，应检查制动器，用低高度、短行程试吊后，再平稳吊起。

（7）重物捆绑、紧固、吊挂不牢，吊挂不平衡而可能滑动，或斜拉重物，棱角吊物与钢丝绳之间没有衬垫时不得进行起吊。

（8）不准用吊钩直接缠绕重物，不得将不同种类或不同规格的索具混在一起使用。

（9）吊物捆绑应牢靠，吊点和吊物的中心应在同一垂直线上。

（10）无法看清场地、无法看清吊物情况和指挥信号时，不得进行起吊。

（11）起重机械及其臂架、吊具、辅具、钢丝绳、缆风绳和吊物不得靠近高低压输电线路。在输电线路近旁作业时，应按规定保持足够的安全距离，不能满足时，应停电后再进行起重作业。

（12）停工和休息时，不得将吊物、吊笼、吊具和吊索吊在空中。

（13）在起重机械工作时，不得对起重机械进行检查和维修；在有载荷的情况下，不得调整起升变幅机构的制动器。

（14）下方吊物时，严禁自由下落（溜）；不得利用极限位置限制器停车。

（15）遇大雪、暴雨、大雾及六级以上大风时，应停止露天作业。

（16）用定型起重吊装机械（例如履带吊车、轮胎吊车、桥式吊车等）进行吊装作业时，应遵守该定型起重机械的操作规范。

【问题 1】 吊装作业的起重机械操作人员、指挥人员、司索人员、监护人员是否有资质要求？

依据《特种设备作业人员考核规则》（TSG Z6001）中起重机械作业人员考试大纲的范围要求，桥式起重机司机、门式起重机司机、塔式起重机司机、流动式起重机司机、门座式起重机司机、升降机司机、缆索式起重机操作人员及相应指挥人员需要取得"特种设备作业人员证"，从事起重机械司索作业人员、起重机械地面操作人员和遥控操作人员、桅杆式起重机和机械式停车设备的司机不需要取得"特种设备作业人员证"。

尽管从事起重机械司索作业人员、起重机械地面操作人员和遥控操作人员、桅杆式起重机和机械式停车设备的司机目前没有资质要求，但因吊装作业潜在风险较大，这些人员也应由固定的人员担任，且应至少经过企业内部吊装作业的有关专项培训并经考核合格后方能担任。

吊装作业时，指定的监护人员应经培训合格后，取得相应合格证书。

【问题2】 指挥人员和司索人员能否是同一人？

指挥人员和司索人员是否由同一人担任，取决于吊物质量和作业过程中风险情况。一般而言，吊装质量小于 10 t 的作业在确保措施可靠情况下，可以由同一人担任。对于需要编制吊装作业方案的作业，指挥人员与司索人员应各司其职，不应由同一个人担任。

七、吊装作业后安全措施

（1）将起重臂和吊钩收放到规定的位置，所有控制手柄均应放到零位，使用电气控制的起重机械，应断开电源开关。

（2）对在轨道上作业的起重机，应将起重机停放在指定位置有效锚定。

（3）吊索、吊具应收回放置到规定的地方，并对其进行检查、维护、保养。

（4）对接替工作人员，应告知设备存在的异常情况及尚未消除的故障。

八、"吊装安全作业票"管理要点

（1）吊装质量大于 10 t 的重物应办理"吊装安全作业票"，"吊装安全作业票"由相关管理部门负责管理。"吊装安全作业票"式样见表3-1。

表 3-1　"吊装安全作业票"式样

编号：

作业申请单位		作业单位		作业申请时间	年 月 日 时 分
吊装地点		吊具名称		吊物内容	
吊装作业人		司索人		监护人	
指挥人员		吊物质量（t）及作业级别			
风险辨识结果					
作业实施时间		自　年　月　日　时　分至　年　月　日　时　分止			

序号	安全措施	是否涉及	确认人
1	一、二级吊装作业已编制吊装作业方案，已经审查批准；吊装物体形状复杂、刚度小、长径比大、精密贵重，作业条件特殊的三级吊装作业，已编制吊装作业方案，已经审查批准		
2	吊装场所如有含危险物料的设备、管道时，应制定详细吊装方案，并对设备、管道采取有效防护措施，必要时停车，放空物料，置换后再进行吊装作业		
3	作业人员已按规定佩戴个体防护装备		
4	已对起重吊装设备、钢丝绳、揽风绳、链条、吊钩等各种机具进行检查，安全可靠		
5	已明确各自分工、坚守岗位，并统一规定联络信号		
6	将建筑物、构筑物作为锚点，应经所属单位工程管理部门审查核算并批准		
7	吊装绳索、揽风绳、拖拉绳等不应与带电线路接触，并保持安全距离		
8	不应利用管道、管架、电杆、机电设备等作吊装锚点		
9	吊物捆扎坚固，未见绳打结、绳不齐现象，棱角吊物已采取衬垫措施		
10	起重机安全装置灵活好用		
11	吊装作业人员持有有效的法定资格证书		
12	地下通信电（光）缆、局域网络电（光）缆、排水沟的盖板，承重吊装机械的负重量已确认，保护措施已落实		
13	起吊物的质量（t）经确认，在吊装机械的承重范围内		
14	在吊装高度的管线、电缆桥架已做好防护措施		
15	作业现场围栏、警戒线、警告牌、夜间警示灯已按要求设置		
16	作业高度和转臂范围内无架空线路		
17	在爆炸危险场所内的作业，机动车排气管已装阻火器		
18	露天作业，环境风力满足作业安全要求		
19	其他相关特殊作业已办理相应安全作业票		
20	其他安全措施： 编制人：		

安全交底人		接受交底人	
作业指挥意见			
	签字：　年　月　日　时　分		
所在单位意见			
	签字：　年　月　日　时　分		
审核部门意见			
	签字：　年　月　日　时　分		
审批部门意见			
	签字：　年　月　日　时　分		
完工验收			
	签字：　年　月　日　时　分		

（2）项目单位负责人从安全管理部门领取"吊装安全作业票"后，应认真填写各项内容，交作业单位负责人批准。需要编制吊装方案的吊装作业，应编制吊装方案，并将填好的"吊装安全作业票"与吊装方案一并报安全管理部门负责人批准。

（3）"吊装安全作业票"批准后，项目单位负责人应将"吊装安全作业票"交吊装指挥。吊装指挥及作业人员应检查"吊装安全作业票"，确认无误后方可作业。

（4）应按"吊装安全作业票"上填报的内容进行作业，严禁涂改、转借"吊装安全作业票"，变更作业内容，扩大作业范围或转移作业部位。

（5）对吊装作业审批手续齐全，安全措施全部落实，作业环境符合安全要求的，作业人员方可进行作业。

问题：采用专用吊具吊装重物，并按照设备操作规程对起重机械进行操作，是否还需要再办理"吊装安全作业票"？

需要办理"吊装安全作业票"。尽管采用专用吊具，并按操作规程对起重机械进行操作，但吊装作业属于高危作业，在吊装作业过程中潜在诸多的风险和不可控因素，稍有疏忽即可能导致事故的发生，所以要按规定办理"吊装安全作业票"。对于经常性地采用专用吊具重复吊装重物的作业，可由企业确定"吊装安全作业票"的有效期（比如3天、5天等），在有效期内不必每次吊装重复办理"吊装安全作业票"。

应结合吊装作业实际情况，对吊装作业进行危险源辨识，并采取相应的安全措施。安全作业票的各级审核、批准人员应对安全措施的落实情况进行逐级的核实确认，以保证作业安全进行。

小 资 料

一、起重吊装作业"十不吊"

（1）歪拉斜挂不吊。起吊的构件应确保在起重机吊杆顶和吊具的正下方，严禁斜拉、斜吊。

（2）超载不吊。严禁超载吊装和起吊质量大小不明的货物。

（3）吊物捆扎不牢不吊。起吊前应先检查吊物的平衡性和捆扎的牢固性，严禁起吊捆扎不牢的货物。

（4）指挥信号不明或违章指挥不吊。起吊时，应通过旗语或通用手势信号进行指挥，指挥信号不明时严禁起吊。

（5）棱刃物体无衬垫措施不吊。吊装有锋利棱角的物件时，必须垫以木板或麻袋等物，严禁吊运无防护措施的棱刃物件。

（6）重物上站人不吊。严禁在吊运的物件上行走或站立，不得用起重机载运人员上下。

（7）光线阴暗不吊。吊装作业夜间施工时必须有足够的照明，光线阴暗、视线不清时严禁起吊。

（8）安全装置失灵不吊。起重机的变幅指示器、限位开关等安全保护装置必须齐全完整、灵敏可靠，安全装置不齐全或动作不灵敏、失效者禁止进行起吊作业。

（9）埋在地下或压在下部的重物不吊。起吊要按顺序进行，严禁强行拉拔压在下部的货物。

（10）六级以上大风或大雪、暴雨、大雾等恶劣天气不吊。大雪、暴雨、大雾及六级以上风时，严禁在露天场所进行起重吊装作业。

二、吊装质量小于 10 t 的吊装作业安全管理要点

吊装质量小于 10 t 的吊装作业可不办理"吊装安全作业票"，但应进行风险分析，并确保措施可靠。这是考虑到部分企业吊装作业较多，部分企业还存在生产过程中通过吊装平板向高层平台运送物料的现象。如果要求所有的吊装作业全部都要办理"吊装安全作业票"，肯定会给企业带来较大的工作量，不便于作业的实施。同时部分吊装作业因吊物质量较小等原因，潜在的风险也较小，所以以便于企业的实际操作，吊装质量小于 10 t 的作业可不办理"吊装安全作业票"。这并不是代表企业可以对吊装质量小于 10 t 的吊装作业不用去关注、不用去规范严格管理。尽管吊物质量小，但万一发生吊物坠落等事件，同样可能会造成人员伤害甚至死亡、财产损失的风险，尤其是在吊运危险物料时，可能会因包装物从高处坠落，受撞击或产生静电造成物料泄漏甚至引发人员中毒、化学灼伤以及火灾爆炸等。所以吊装质量小于 10 t 的吊装作业同样应进行规范管理，但管理要求由企业自行确定。

对于吊装质量小于 10 t 的吊装作业管理，建议采用如下两种方式：

（1）企业再细化办理吊装作业票的范围，比如吊装质量大于等于 2 t 的作业，或明确其他特殊情况的吊装作业，需办理吊装作业票。

（2）企业可以在其他作业任务单等记录中，记录所采取的吊装安全措施。

知识测验

1. 按吊装重物的质量分级，吊装重物质量大于等于 40 t 至小于等于 100 t 属于（　　）。（单选题）

  A. 一级吊装作业　　　　　　　　B. 二级吊装作业

  C. 三级吊装作业　　　　　　　　D. 四级吊装作业

2. 下列关于吊装作业安全管理基本要求的说法，错误的是（　　）。（单选题）

  A. 应按照国家标准规定对吊装机具进行日检、月检、年检

  B. 吊装作业人员（起重机械操作人员、指挥人员）应持有有效的《特种作业人员操作证》，方可从事吊装作业指挥和操作

  C. 吊装物体质量虽不足 40 t，可以不编制吊装作业方案

  D. 利用两台或多台起重机械吊运同一重物时，升降、运行应保持同步；各台起重机械所承受的载荷不得超过各自额定起重能力的 80%。

3. 下列关于吊装作业前安全措施的说法，错误的是（　　　）。（单选题）

    A. 相关部门应对从事指挥和操作的人员进行资质确认

    B. 室外作业遇到大雪、暴雨、大雾及四级以上大风时，不应安排吊装作业

    C. 实施吊装作业单位使用汽车吊装机械，要确认安装有汽车防火罩

    D. 相关部门进行有关安全事项的研究和讨论，对安全措施落实情况进行确认

4. 下列关于吊装作业中安全措施的说法，错误的是（　　　）。（单选题）

    A. 吊装作业时应明确指挥人员，指挥人员应佩戴明显的标志，应佩戴安全帽

    B. 起吊重物就位前，不许解开吊装索具

    C. 严禁利用管道、管架、电杆、机电设备等作吊装锚点

    D. 正式起吊前可根据实际情况，选择是否进行试吊

5. 下列关于"吊装安全作业票"管理的说法，错误的是（　　　）。（单选题）

    A. 吊装质量 5 t 的重物必须办理"吊装安全作业票"

    B. 需要编制吊装方案的吊装作业，应编制吊装方案，并将填好的"吊装安全作业票"与吊装方案一并报安全管理部门负责人批准

    C. 吊装指挥及作业人员应检查"吊装安全作业票"，确认无误后方可作业

    D. 严禁涂改、转借"吊装安全作业票"，变更作业内容，扩大作业范围或转移作业部位

任务训练

根据以下事故案例，对该吊装作业进行风险分析，并制定相应事故预防措施。

2022 年 8 月 19 日，某公司空压机过滤器到货，用 81 t 汽车吊停在货车尾部卸载。将第二件空气过滤器主体吊出货车开始下落时，箱体主体在西南角蹭挂货车右边车箱上方，箱体急速向一方偏甩，同时汽车吊车头翘起，吊物迅速下落，将站在吊物旋转半径内的任某砸住，经抢救无效死亡。事故原因是：吊车司机对吊物质量确认不清，估计偏轻，违章冒险操作；起重作业管理不善，没有配备专业起重指挥及司索工；卸货位置不当，作业半径内有人员。

学习拓展

1.《起重机械安全评估规范　通用要求》（GB/T 41510—2022）。

2.《生产区域吊装作业安全规范》（HG 30014—2013）。

3.《化学品生产单位吊装作业安全规范》（AQ 3021—2008）。

任务二　高处作业

学习目标

知识目标：了解高处作业的概念、分级及其风险，掌握高处作业前中后的安全措施、"高处安全作业票"管理要点。

能力目标：能够根据企业安全生产实际情况，制订针对性高处作业安全管理措施，有效预防事故发生。

素质目标：引导学生牢固树立安全发展理念，强化学生依法规范高处作业安全管理的思想，培养学生良好的安全意识、风险意识、责任意识。

思　考

2022 年 9 月 16 日 7 时 10 分许，重庆某机械配件有限公司新建厂房工程在建工地发生一起高处坠落事故，造成 1 人死亡，直接经济损失 120 万元。经调查事故直接原因为：作业人员冯某未取得特种作业操作证（高处作业），违章冒险进行高处作业；事故地点钢架结构屋顶钢梁未按规定搭设水平通道，也没有在钢梁一侧设置连续的安全绳（钢丝绳），以致冯某在高处作业时无处系挂固定安全带。事故间接原因为：企业对特种作业人员资格审查把关不严；企业对作业现场安全隐患排查治理不到位；企业对危险作业安全管理缺位。

思考 1：高处作业过程中，可能存在的风险有哪些？

思考 2：高处坠落防护措施有哪些？

知识学习

高处坠落一直是建筑施工行业易发、多发的事故，按照住房和城乡建设部近年的统计，此类事故在建筑施工行业事故总量中占比基本保持在 50% 以上。因此，做好高处作业安全管理，对于预防高处坠落事故发生、控制建筑施工行业事故总量具有重要意义。

一、高处作业基础知识

【问题 1】　什么是高处作业？

高处作业是指在坠落高度基准面 2 m 或 2 m 以上有可能坠落的高处进行的作业。

【问题 2】　什么是坠落基准面？

坠落基准面是指从作业位置到最低坠落着落点的水平面。

【问题 3】　高处作业一般如何分级？

根据《高处作业分级》（GB/T 3608），按照作业高度 h 一般可分为 4 个区段：

（1）$2\ \text{m} \leqslant h \leqslant 5\ \text{m}$。

（2）$5\ \text{m} < h \leqslant 15\ \text{m}$。

（3）$15\ \text{m} < h \leqslant 30\ \text{m}$。

（4）$h > 30\ \text{m}$。

二、高处作业可能存在的风险

高处作业活动面小，四周临空，风力大，且垂直交叉作业多，是一项十分复杂、危险的工作，稍有疏忽，就将造成严重事故。高处作业过程中，最可能的事故风险是高处坠落，其次是物件打击、机械伤害。根据具体的作业情况，可能的风险还有坍塌、触电、火灾爆炸、中毒窒息、灼烫等。具体分析如下：

1. 导致高处坠落的危险、有害因素

（1）人的不安全行为。

① 不具备高处作业资格（条件）的人员从事高处作业。

② 从事高处作业的人员没有定期体检，患高血压、心脏病、贫血病、癫痫病，其他不适合从事高处作业的人员从事高处作业。

③ 未经现场安全人员同意擅自拆除安全防护设施。

④ 不按规定的通道上下进入作业面，而是随意攀爬阳台、吊车臂架等非规定通道。

⑤ 拆除脚手架、井字架、塔吊或模板支撑系统时无专人监护且未按规定设置可靠防护设施。

⑥ 高空作业时不按要求穿戴好个人劳动防护用品（安全帽、安全带、防滑鞋）等。

⑦ 人的操作失误，例如：在洞口、临边作业时因踩空、踩滑而坠落；在转移作业地点时因没有系好安全带或安全带系挂不牢而坠落；在安装建筑构件时，因作业人员配合失误而导致坠落。

⑧ 注意力不集中；身体条件差或情绪不稳定等。

（2）物的不安全状态。

高处作业安全防护设施材质强度不够、安装不良、磨损老化等，主要表现为：

① 防护栏杆的钢管、扣件等材料壁厚不足、腐蚀，扣件不合格而折断、变形。

② 吊篮脚手架钢丝绳因摩擦、锈蚀而破断导致吊篮倾斜、坠落。

③ 施工脚手板因强度不够而弯曲变形、折断。

（3）管理上的缺陷。

① 选派有高处作业禁忌证的人员进行高处作业。

② 生产组织过程不合理，存在交叉作业或超时作业现象。

③ 高处作业安全管理规章制度及岗位安全责任制未建立或不完善。

④ 高处作业施工现场无安全生产监督管理人员，未定期进行安全检查。

（4）环境因素。

① 作业现场能见度不足、光线差。

② 在五级强风或大雨、雪、雾天气从事露天高处作业。

③ 平均气温等于或低于 5 ℃ 的作业环境。

④ 接触冷水温度等于或低于 12 ℃ 的作业。

⑤ 作业场地有冰、雪、霜、油、水等易滑物。

⑥ 摆动，立足处不是平面或只有很小的平面，即任一边小于 500 mm 的矩形平面、

直径小于 500 mm 的圆形平面或具有类似尺寸的其他形状的平面，致使作业者无法维持正常姿势。

⑦ 存在有毒气体或空气中含氧量低于 19.5%（体积分数）的作业环境。

⑧ 可能引起各种灾害事故的作业环境。

2. 导致坍塌的危险、有害因素

在作业过程中，脚手架超过自身的强度极限或因结构稳定性破坏，可能导致作业过程中的坍塌事故。

3. 导致触电的危险、有害因素

（1）在作业过程中，作业活动范围与危险电压带电体的距离小于安全距离，存在人员触电的危险。

（2）在作业过程中，使用电焊机、电动工具设备，而未遵守有关安全操作规程或使用电气工器具的安全措施不到位，存在人员触电的危险。

4. 导致火灾爆炸的危险、有害因素

在高处作业过程中，作业环境存在可燃性气体、蒸气、粉尘等与空气混合形成的爆炸性混合物，而作业人员未穿戴防静电的劳动防护用品或使用能产生火花的工、机具产生火花，进而导致火灾爆炸。

5. 导致中毒窒息的危险、有害因素

在作业过程中，作业点处由于泄漏、放空等产生有毒、有害气体，如氮气、硫化氢、一氧化碳等，且没有可靠的防护措施或人员撤离不及时，会导致高处作业人员中毒、窒息。

6. 导致灼烫的危险、有害因素

（1）在作业过程中，作业人员因距离火焰或高温物体较近，且未采取可靠的安全防护措施，可能导致火焰烧伤、高温物体烫伤。

（2）作业过程中，若接触酸、碱、盐、有机物等，可导致化学灼伤。

三、高处作业前安全措施

（1）进行高处作业前，应针对作业内容，进行危险辨识，制订相应的作业程序及安全措施。将辨识出的危害因素写入"高处安全作业票"，并制订出对应的安全措施。

（2）进行高处作业时，除执行相关规范外，应符合国家现行的有关高处作业及安全技术标准的规定。

（3）作业单位负责人应对高处作业安全技术负责并建立相应的责任制。

（4）高处作业人员及搭设高处作业安全设施的人员，应经过专业技术培训及专业考试合格，持证上岗，并应定期进行体格检查。对患有职业禁忌证（如高血压、心脏

病、贫血病、癫痫病、精神疾病等）、年老体弱、疲劳过度、视力不佳及其他不适于高处作业的人员，不得进行高处作业。

（5）从事高处作业的单位应办理"高处安全作业票"，落实安全防护措施后方可作业。

（6）"高处安全作业票"审批人员应赴高处作业现场检查确认安全措施后，方可批准高处作业。

（7）高处作业中的安全标志、工具、仪表、电气设施和各种设备，应在作业前加以检查，确认其完好后投入使用。

（8）高处作业前要制定高处作业应急预案，内容包括：作业人员紧急状况时的逃生路线和救护方法，现场应配备的救生设施和灭火器材等。有关人员应熟知应急预案的内容。

（9）在紧急状态下（有下列情况下进行的高处作业的）应执行单位的应急预案：

① 遇有六级以上强风、浓雾等恶劣气候下的露天攀登与悬空高处作业；

② 在临近有排放有毒、有害气体、粉尘的放空管线或烟囱的场所进行高处作业时，作业点的有毒物浓度不明。

（10）高处作业前，作业单位现场负责人应对高处作业人员进行必要的安全教育，交代现场环境和作业安全要求以及作业中可能遇到意外时的处理和救护方法。

（11）高处作业前，作业人员应查验"高处安全作业票"，检查验收安全措施落实后方可作业。

（12）高处作业人员应按照规定穿戴符合国家标准的劳动保护用品，安全带符合《安全带》（GB 6095）的要求，安全帽符合《安全帽》（GB 2811）的要求等。作业前要检查。

（13）高处作业前，作业单位应制定安全措施并填入"高处安全作业票"内。

（14）高处作业使用的材料、器具、设备应符合有关安全标准要求。

（15）高处作业用的脚手架的搭设应符合国家有关标准。高处作业应根据实际要求配备符合安全要求的吊笼、梯子、防护围栏、挡脚板等。跳板应符合安全要求，两端应捆绑牢固。作业前，应检查所用的安全设施是否坚固、牢靠。夜间高处作业应有充足的照明。

（16）供高处作业人员上下用的梯道、电梯、吊笼等要符合有关标准要求；作业人员上下时要有可靠的安全措施。固定式钢直梯和钢斜梯，应符合《固定式钢直梯安全技术条件》（GB 4053.1）和《固定式钢斜梯安全技术条件》（GB 4053.2）的要求，便携式木梯和便携式金属梯，应符合《便携式木梯安全要求》（GB 7059）和《便携式金属梯安全要求》（GB 12142）的要求。

（17）便携式木梯和便携式金属梯梯脚底部应坚实，不得垫高使用。踏板不得有缺档。梯子的上端应有固定措施。立梯工作角度以 75°±5°为宜。梯子如需接长使用，应有可靠的连接措施，且接头不得超过 1 处。连接后梯梁的强度，不应低于单梯梯梁的强度。折梯使用时上部夹角以 35°～45°为宜，铰链应牢固，并应有可靠的拉撑措施。

四、高处作业中安全措施

（1）高处作业应设监护人对高处作业人员进行监护，监护人应坚守岗位。

（2）作业中应正确使用防坠落用品与登高器具、设备。高处作业人员应系用与作业内容相适应的安全带，安全带应系挂在作业处上方的牢固构件上或专为挂安全带用的钢架或钢丝绳上，不得系挂在移动或不牢固的物件上，不得系挂在有尖锐棱角的部位。安全带不得低挂高用。系安全带后应检查扣环是否扣牢。

（3）作业场所有坠落可能的物件，应一律先行撤除或加以固定。高处作业所使用的工具、材料、零件等应装入工具袋，上下时手中不得持物。工具在使用时应系安全绳，不用时放入工具袋中。不得投掷工具、材料及其他物品。易滑动、易滚动的工具、材料堆放在脚手架上时，应采取防止坠落措施。高处作业中所用的物料，应堆放平稳，不妨碍通行和装卸。作业中的走道、通道板和登高用具，应随时清扫干净；拆卸下的物件及余料和废料均应及时清理运走，不得任意乱置或向下丢弃。

（4）雨天和雪天进行高处作业时，应采取可靠的防滑、防寒和防冻措施。凡水、冰、霜、雪均应及时清除。对进行高处作业的高耸建筑物，应事先设置避雷设施。遇有六级以上强风、浓雾等恶劣气候，不得进行特级高处作业、露天攀登与悬空高处作业。暴风雪及台风暴雨后，应对高处作业安全设施逐一加以检查，发现有松动、变形、损坏或脱落等现象，应立即修理完善。

（5）在临近有排放有毒、有害气体、粉尘的放空管线或烟囱的场所进行高处作业时，作业点的有毒物浓度应在允许浓度范围内，并采取有效的防护措施。在应急状态下，按应急预案执行。

（6）带电高处作业应符合《用电安全导则》（GB/T 13869）的有关要求。高处作业涉及临时用电时应符合《施工现场临时用电安全技术规范》（JCJ 46）的有关要求。

（7）高处作业应与地面保持联系，根据现场配备必要的联络工具，并指定专人负责联系。尤其是在危险化学品生产、储存场所或附近有放空管线的位置高处作业时，应为作业人员配备必要的防护器材（如空气呼吸器、过滤式防毒面具或口罩等），应事先与车间负责人或工长（值班主任）取得联系，确定联络方式，并将联络方式填入"高处安全作业票"的补充措施栏内。

（8）不得在不坚固的结构（如彩钢板屋顶、石棉瓦、瓦棱板等轻型材料等）上作业，登不坚固的结构作业前，应保证其承重的立柱、梁、框架的受力能满足所承载的负荷，应铺设牢固的脚手板，并加以固定，脚手板上要有防滑措施。

（9）作业人员不得在高处作业处休息。

（10）高处作业与其他作业交叉进行时，应按指定的路线上下，不得上下垂直作业，如果需要垂直作业时应采取可靠的隔离措施。

（11）在采取地（零）电位或等（同）电位作业方式进行带电高处作业时，应使用绝缘工具或穿均压服。

（12）发现高处作业的安全技术设施有缺陷和隐患时，应及时解决；危及人身安全时，应停止作业。

（13）因作业必需临时拆除或变动安全防护设施时，应经作业负责人同意，并采取相应的措施，作业后应立即恢复。

（14）防护棚搭设时，应设警戒区，并派专人监护。

【问题 1】 高处作业时，如何防范高空触电危险？

高处作业时，如果作业场所附近有架空电力线路，就有可能当作业员作业时因身体部位或金属工器具接触到电线而造成人员触电事故。因此高处作业时，作业位置必须要与危险电压带电体保持足够的距离，同时作业人员还应穿绝缘鞋，必要时戴绝缘手套或停电后再作业。

为防范高空作业触电危险，高处作业活动范围与危险电压带电体应保持安全距离，见表 3-2。

表 3-2　高处作业活动范围与危险电压带电体的距离

危险电压带电体的电压等级/kV	≤10	35	63～110	220	330	500
距离/m	1.7	2.0	2.5	4.0	5.0	6.0

【问题 2】 高处作业时，如何使用安全带？如何使用安全绳、生命线？

高处作业时，安全带不得系挂在尖锐棱角或有可能转动的部位，并应高挂低用，下部应有安全空间和净距，当净距不足时，安全带可短系使用，但不得打结使用。在不具备安全带系挂条件时，应增设生命线、速差防坠器、安全绳自锁器等安全措施。垂直移动宜使用速差防坠器、安全绳自锁器；水平移动拉设生命绳。安全带的质量标准和检验周期，应符合现行国家标准《坠落防护 安全带》（GB 6095）的规定。安全绳与生命线的质量应符合《坠落防护 安全绳》（GB 24543）、《坠落防护 水平生命线装置》（GB 38454）的要求。

生命线、安全绳的选用及使用要求如下：

（1）生命线必须拉直，呈自然状态时下垂弯度底点与水平约必须小于 10 cm。

（2）生命线卡扣螺丝必须拧紧，保护套必须安装到位。

（3）手扶水平生命线仅作为高处作业特殊情况下，为高空作业人员行走时的扶绳，严禁作安全带悬挂点使用。应经常检查固定端或固定点有否松动现象，钢丝绳有否损伤和腐蚀、断股现象。

（4）每段生命线长度小于 20 m，同层每条生命绳间距小于 2 m。

（5）严格禁止把亚麻绳作为安全绳来使用。

（6）如果安全绳的长度超过了 3 m，一定要加装缓冲器，以保证高空作业人员的安全。

（7）两个人不能同时使用一条安全绳。

五、高处作业后安全措施

（1）高处作业完工后，作业现场清扫干净，作业用的工具、拆卸下的物件及余料和废料应清理运走。

（2）脚手架、防护棚拆除时，应设警戒区，并派专人监护。拆除脚手架、防护棚时不得上部和下部同时施工。

（3）高处作业完工后，临时用电的线路应由具有特种作业操作证书的电工拆除。

（4）高处作业完工后，作业人员要安全撤离现场，验收人在"高处安全作业票"（见表 3-3）上签字。

六、"高处安全作业票"管理要点

（1）2 m≤h≤5 m 的高处作业和在坡度大于 45°的斜坡上面的高处作业，由车间负责审批。

（2）5 m＜h≤15 m 和 15 m＜h≤30 m 的高处作业及下列情形的高处作业由车间审核后，报厂相关主管部门审批。

① 在升降（吊装）口、坑、井、池、沟、洞等上面或附近进行高处作业。

② 在易燃、易爆、易中毒、易灼伤的区域或转动设备附近进行高处作业。

③ 在无平台、无护栏的塔、釜、炉、罐等化工容器、设备及架空管道上进行高处作业。

④ 在塔、釜、炉、罐等设备内进行高处作业。

⑤ 在临近有排放有毒、有害气体、粉尘的放空管线或烟囱及设备高处作业。

（3）h＞30 m 的高处作业及下列情形的高处作业，由单位安全部门审核后，报主管安全负责人审批。

① 在阵风风力为六级（风速 10.8 m/s）及以上情况下进行的强风高处作业。

② 在高温或低温环境下进行的异温高处作业。

③ 在降雪时进行的雪天高处作业。

④ 在降雨时进行的雨天高处作业。

⑤ 在室外完全采用人工照明进行的夜间高处作业。

⑥ 在接近或接触带电体条件下进行的带电高处作业。

⑦ 在无立足点或无牢靠立足点的条件下进行的悬空高处作业。

表 3-3 "高处安全作业票"式样

编号：

作业申请单位		作业申请时间	年 月 日 时 分
作业地点		作业内容	
作业高度		高处作业级别	
作业单位		监护人	
作业人		作业负责人	
关联的其他特殊作业及安全作业票编号			
风险辨识结果			
作业实施时间	自 年 月 日 时 分至 年 月 日 时 分止		

序号	安全措施	是否涉及	确认人
1	作业人员身体条件符合要求		
2	作业人员着装符合作业要求		
3	作业人员佩戴符合标准要求的安全帽、安全带，有可能散发有毒气体的场所携带正压式空气呼吸器或面罩备用		
4	作业人员携带有工具袋及安全绳		
5	现场搭设的脚手架、防护网、围栏符合安全规定		
6	垂直分层作业中间有隔离设施		
7	梯子、绳子符合安全规定		
8	轻型棚的承重梁、柱能承重作业过程最大负荷的要求		
9	作业人员在不承重物处作业所搭设的承重板稳定牢固		
10	采光、夜间作业照明符合作业要求		
11	30 m 以上高处作业时，作业人员已配备通信、联络工具		
12	作业现场四周已设警戒区		
13	露天作业，风力满足作业安全要求		
14	其他相关特殊作业已办理相应安全作业票		
15	其他安全措施： 编制人：		

安全交底人		接受交底人	
作业负责人意见		签字： 年 月 日 时 分	
所在单位意见		签字： 年 月 日 时 分	
审核部门意见		签字： 年 月 日 时 分	
审批部门意见		签字： 年 月 日 时 分	
完工验收		签字： 年 月 日 时 分	

（4）作业负责人应根据高处作业的分级和类别向审批单位提出申请，办理"高处安全作业票"。"高处安全作业票"一式3份，1份交作业人员，1份交作业负责人，1份交安全管理部门留存，保存期1年。

（5）"高处安全作业票"有效期7天，若作业时间超过7天，应重新审批。对于作业期较长的项目，在作业期内，作业单位负责人应经常深入现场检查，发现隐患及时整改，并做好记录。若作业条件发生重大变化，应重新办理"高处安全作业票"。

【问题1】 使用移动式登高车作业，是否需要办理高处作业票？

使用移动式登高车作业，需要办理高处作业票。

移动式登高作业车一般有两种：一种是机械式，如车载登高梯；另一种是非机械式，如靠人力推动的登高梯。移动式登高作业车尽管人员在站立处设有防护栏或防护筐，大大降低人员坠落的风险，但其他风险仍然不可避免，所以仍需要通过办理作业票进行风险管控。对于专业消防人员在应急救援时使用消防云梯，不在此范围内。

【问题2】 在脚手架上作业是否需要办理高处作业票？

搭设的脚手架满足国家相关标准且按照GB/T 3608—2008《高处作业分级》的要求，作业位置至相应坠落基准面的垂直距离中的最大值不到高处作业分级标准的，可以不办理高处作业票，否则应办理高处作业票。

小资料

一、安全带的使用要求

《坠落防护 安全带》（GB 6095）对安全带的使用提出的要求有：

（1）标准适用于体重及负重之和不大于100 kg的使用者，不适用于体育运动、消防等用途。

（2）安全带与身体接触的一面不应有突出物，结构应平滑。安全带可同工作服合为一体，但不应封闭在衬里内，以便穿脱时检查和调整。安全带按《坠落防护 安全带系统性能测试方法》（GB/T 6096）规定的方法进行模拟人穿戴测试，腋下和大腿内侧不应有绳、带以外的物品，不应有任何部件压迫喉部、生理器官。

（3）坠落悬挂安全带的安全绳同主带的连接点应固定于佩戴者后背、后腰或胸前，不应位于腋下、腰侧或腹部。

（4）围杆作业安全带、区域限制安全带、坠落悬挂安全带可组合使用，各部件应相互浮动并有明显标志。

二、安全绳的使用要求

《坠落防护 安全绳》（CB 24543）对安全绳的使用要求有：

（1）安全绳所有零部件应顺滑，无材料或制造缺陷，无尖角或锋利边缘。

（2）织带式和纤维绳式安全绳绳体在构造上和使用过程中不应打结。

（3）使用织带式和纤维绳式安全绳，接近焊接、切割、热源等场所时，应对安全绳进行隔热保护。

（4）钢丝绳式安全绳绳体在构造上和使用过程中不应扭结，盘绕直径不宜过小。

（5）使用钢丝绳式安全绳在腐蚀性环境中工作时，应有防腐措施。

（6）钢丝绳式安全绳接近热源工作时，应选用具有特级韧性石棉芯钢丝绳或具有钢芯的钢丝绳。

知识测验

1. 高处作业是指在坠落高度基准面（　　　）有可能坠落的高处进行的作业。（单选题）

    A. 1 m 或 1 m 以上　　　　　　　　B. 2 m 或 1 m 以上

    C. 1 m 或 2 m 以上　　　　　　　　D. 2 m 或 2 m 以上

2. 下列关于高处作业前安全措施的说法，错误的是（　　　）。（单选题）

    A. 进行高处作业前，应针对作业内容，进行危险辨识，制定相应的作业程序及安全措施

    B. 从事高处作业的单位应办理"高处安全作业票"，落实安全防护措施后方可作业

    C. 高处作业人员应按照规定穿戴符合国家标准的劳动保护用品

    D. 高处作业人员在高处作业现场检查确认安全措施后，口头告知"高处安全作业票"审批人员后，审批人员方可批准高处作业

3. 下列关于高处作业中安全措施的说法，错误的是（　　　）。（单选题）

    A. 高处作业应设监护人对高处作业人员进行监护，监护人应坚守岗位

    B. 长时间工作时，作业人员可以在高处作业处临时休息

    C. 作业中应正确使用防坠落用品与登高器具、设备

    D. 发现高处作业的安全技术设施有缺陷和隐患时，应及时解决；危及人身安全时，应停止作业

4. 下列关于高处作业后安全措施的说法，错误的是（　　　）。（单选题）

    A. 高处作业完工后，作业现场清扫干净，作业用的工具、拆卸下的物件及余料和废料应清理运走

    B. 脚手架、防护棚拆除时，应设警戒区，并派专人监护

    C. 高处作业完工后，临时用电的线路应由作业人员及时拆除

    D. 高处作业完工后，作业人员要安全撤离现场，验收人在"高处安全作业票"上签字

5. 下列关于"高处安全作业票"管理的说法，错误的是（　　　）。（单选题）

A."高处安全作业票"有效期5天

B. 对于作业期较长的项目，在作业期内，作业单位负责人应经常深入现场检查，发现隐患及时整改，并做好记录

C. 若作业条件发生重大变化，应重新办理"高处安全作业票"

D."高处安全作业票"一式三份，一份交作业人员，一份交作业负责人，一份交安全管理部门留存，保存期1年

任务训练

结合以下事故案例，对该高处作业进行风险分析，并制定相应事故预防措施。

2023年8月15日7时许，山东菏泽市某县某地E区项目12号楼发生一起高处作业吊篮倾覆较大生产安全事故，造成5人高处坠落死亡，直接经济损失约726万元。事故经过：2023年8月15日上午6时20分许，真石漆粉刷班组长苏某安排郝某、卞某2人进行某地E项目E12号楼外墙外立面真石漆修补作业，安排杨某、刁某、景某3人进行某地E项目E12号楼屋面修补作业。6时40分许，郝某、杨某等5名作业人员在未佩戴使用安全带的情况下乘坐使用吊篮。6时50分许吊篮提升至26层时，东侧工作钢丝绳断裂，吊篮倾覆，在吊篮旋转、倾覆过程中5名搭乘人员先后从吊篮脱离坠落至地面。经调查，事故直接原因为：

（1）高处作业吊篮工作钢丝绳断裂。东侧工作钢丝绳锈蚀、破损严重，呈现大量断丝，已达到报废标准，受力时达到极限承载力断裂。

（2）安全锁未能有效锁住安全钢丝绳。安全钢丝绳在安全锁内于夹绳锁块外侧穿过，穿绳方法错误，安全锁无效，无法起到安全保护作用。

（3）违规超员搭乘高处作业吊篮。杨某、刁某、景某等5人违反规定，搭乘高处作业吊篮作业。

（4）高处作业吊篮搭乘人员未佩戴使用安全带。吊篮内搭乘人员均未佩戴使用安全带，吊篮平台倾覆过程中脱离吊篮坠落。

学习拓展

1.《建筑施工高处作业安全技术规范》（JGJ 80—2016）。

2.《高处作业分级》（GB/T 3608—2008）。

3.《化学品生产单位高处作业安全规范》（AQ 3025—2008）。

任务三　临时用电作业

学习目标

知识目标：了解临时用电的概念及其风险，掌握临时用电作业安全要求、用电线路安全要求以及用电设备安全要求。

能力目标：能够根据企业安全生产需要，完成临时用电作业安全设计，有效预防事故发生。

素质目标：引导学生牢固树立安全发展理念，强化学生依法规范临时用电作业安全管理的思想，培养学生坚定安全管理工作必须坚持安全第一、预防为主、综合治理的方针。

思 考

2012 年 7 月 21 日，在上海某建设实业发展中心承包的某学林苑 4#房工地上，水电班班长朱某、副班长蔡某，安排普工朱某、郭某二人为一组到 4#房东单元 4~5 层开凿电线管墙槽工作。下午 1 时上班后，朱、郭二人分别随身携带手提切割机、榔头、凿头、开关箱等作业工具继续作业。朱某去了 4 层，郭某去了 5 层。当郭某在东单元西套卫生间墙槽时，由于操作不慎，切割机切破电线，使郭某触电。14 时 20 分左右，木工陈某路过东单元西套卫生间，发现郭某躺倒在地坪上，不省人事。事故发生后，项目部立即叫来工人宣某、曲某将郭某送往医院，经抢救无效死亡。

思考 1：造成本次事故发生的原因有哪些？

思考 2：临时用电作业安全管理的要求是什么？

知识学习

一、临时用电定义及安全风险

【问题 1】 什么是临时用电？

根据《危险化学品企业特殊作业安全规范》（GB 30871—2022）规定，临时用电作业是指正式运行的电源上所接的非永久性用电。

【问题 2】 临时用电作业安全风险有哪些？

1. 触 电

触电是电击伤的俗称，通常是指人体直接触及电源或高压电经过空气或其他导电介质传递电流通过人体时引起的组织损伤和功能障碍，重者发生心跳和呼吸骤停。触电类型分为单相触电和两相触电。

2. 电气火灾风险

电气火灾一般是指由于电气线路、用电设备、器具以及供配电设备出现故障性释放的热能，如高温、电弧、电火花以及非故障性释放的能量，在具备燃烧条件下引燃本体或其他可燃物而造成的火灾。

电气火灾主要由设备线路绝缘老化破损、短路、过负荷、线路接触不良、保护不符要求等引起。

二、临时用电安全要求

【问题 1】 临时用电作业安全要求是什么？

根据《危险化学品企业特殊作业安全规范》（GB 30871—2022）规定，临时用电作业安全要求有：

（1）在运行的火灾爆炸危险性生产装置，罐区和具有火灾爆炸危险场所内不应接临时电源，确需时应对周围环境进行可燃气体检测分析，分析结果应符合《危险化学品企业特殊作业安全规范》（GB 30871—2022）5.3.2 的规定。

（2）各类移动电源及外部盲备电源，不应接入电网。

（3）在开关上接引、拆除临时用电线路时，其上级开关应断电、加锁，并挂安全警示标牌，接、拆线路作业时，应有监护人在场。

（4）临时用电应设置保护开关，使用前应检查电气装置和保护设施的可靠性。所有的临时用电均应设置接地保护。

（5）临时用电设备和线路应按供电电压等级和容量正确配置使用，所用的电器元件应符合国家相关产品标准及作业现场环境要求，临时用电电源施工、安装应符合 GB 50194 的有关要求，并有良好的接地。

（6）临时用电还应满足如下要求：

① 火灾爆炸危险场所应使用相应防爆等级的电气元件，并采取相应的防爆安全措施；

② 临时用电线路及设备应有良好的绝缘，所有的临时用电线路应采用耐压等级不低于 500 V 的绝缘导线；

③ 临时用电线路经过火灾爆炸危险场所以及有高温、振动、腐蚀、积水及产生机械损伤等区域，不应有接头，并应采取相应的保护措施；

④ 临时用电架空线应采用绝缘铜芯线，并应架设在专用电杆或支架上，其最大弧垂与地面距离，在作业现场不低于 25 m，穿越机动车道不低于 5 m；

⑤ 沿墙面或地面敷设电缆线路应符合下列规定：

——电缆线路敷设路径应有醒目的警告标志；

——沿地面明敷的电缆线路应沿建筑物墙体根部敷设，穿越道路或其他易受机械损伤的区域，应采取防机械损伤的措施，周围环境应保持干燥；

——在电缆敷设路径附近，当有产生明火的作业时，应采取防止火花损伤电缆的措施。

⑥ 对需埋地敷设的电缆线路应设有走向标志和安全标志。电缆埋地深度不应小于 0.7 m，穿越道路时应加设防护套管；

⑦ 现场临时用电配电盘、箱应有电压标志和危险标志，应有防雨措施，盘、箱、门应能牢靠关闭并上锁管理；

⑧ 临时用电设施应安装符合规范要求的漏电保护器，移动工具、手持式电动工具应逐个配置漏电保护器和电源开关。

（7）未经批准，临时用电单位不应向其他单位转供电或增加用电负荷，以及变更用电地点和用途。

（8）临时用电时间一般不超过 15 天，特殊情况不应超过 30 天；用于动火、受限空间作业的临时用电时间应和相应作业时间一致；用电结束后，用电单位应及时通知供电单位拆除临时用电线路。

【问题 2】 铺设的临时用电线路有哪些安全要求？

（1）所有的临时用电线路必须采用相应耐压等级的电缆。

① 额定电压等级不低于 500 V 的绝缘导线。

② 三相四线制配电的电缆线路和动力、照明合一的配电箱（盘）应采用五芯电缆。

③ 单相用电设备应采用三芯电缆。

④ 三相动力设备应采用四芯电缆。

（2）应设置保护开关，使用前应检查电气装置和保护措施。

① 所有的临时用电都应有接地保护，接地电阻值应满足《施工现场临时用电安全技术规范》的要求。接地线和零线应分开设置。

② 接地线要求：

电动机械：不小于 2.5 mm² 绝缘多股铜线。

手持电动工具：不小于 1.5 mm² 绝缘多股铜线。

电缆截面：≤16 mm² 的电缆，接地线最小截面 5 mm²；>16～35 mm² 的电缆，接地线最小截面 16 mm²。

（3）潮湿区域、户外的临时用电设备及临时建筑内的电源插座应安装漏电保护器，在每次使用之前应使用试验按钮进行测试。

（4）配电箱应保持整洁、接地良好。

【问题 3】 使用的用电设备有哪些安全要求？

（1）移动工具、手持工具等用电设备应有各自的电源开关，必须实行"一机一闸"制，严禁两台或两台以上用电设备（含插座）使用同一开关。

（2）在水下或潮湿环境中使用电气设备或电动工具，作业前应由电气专业人员对其绝缘进行测试。带电零件与壳体之间，基本绝缘不得小于 2 MΩ，加强绝缘不得小于 7 MΩ。

（3）使用潜水泵时应确保电机及接头绝缘良好，潜水泵引出电缆到开关之间不得有接头，并设置非金属材质的提泵拉绳。

（4）使用手持电动工具应满足如下安全要求：

① 设备外观完好，标牌清晰，各种保护罩（板）齐全；

② 在一般作业场所，应使用Ⅱ类工具，若使用Ⅰ类工具时，应装设额定漏电动作电流不大于 30 mA、动作时间不大于 0.1 s 的漏电保护器；

③ 在潮湿作业场所或金属构架上等导电性能良好的作业场所，应使用Ⅱ类或Ⅲ类工具；

④ 在狭窄场所，如锅炉、金属管道内，应使用Ⅲ类工具；若使用Ⅱ类工具，应装设额定漏电动作电流不大于 15 mA、动作时间不大于 0.1 s 的漏电保护电器；

⑤ Ⅲ类工具的安全隔离变压器、Ⅱ类工具的漏电保护器及Ⅱ、Ⅲ类工具的控制箱和电源联结器等应放在容器外或作业点处，同时应有人监护。

Ⅰ类手持电动工具：手持电动工具防触电保护包括基本绝缘（带电部件与壳体的绝缘）和金属外壳保护接地。

Ⅱ类手持电动工具：手持电动工具防触电保护包括基本绝缘，双重绝缘或加强绝缘。铭牌有"回"标示符号。

Ⅲ类手持电动工具：手持电动工具供电电压为安全电压，内部不产生不安全电压。

（5）临时照明应满足如下安全要求：

① 现场照明应满足所在区域安全作业亮度、防爆、防水等要求。

注意：灯具的相线必须经开关控制，不得将相线直接引入灯具。

② 使用合适的灯具和带护罩的灯座，防止意外接触或破裂。

③ 使用不导电材料悬挂导线。

④ 行灯电源电压不超过 36 V，灯泡外部有金属保护罩。在潮湿和易触及带电体场所的照明电源电压不得大于 24 V，在特别潮湿场所、导电良好的地面、锅炉或金属容器内的照明电源电压不得大于 12 V。

三、临时用电作业票管理要点

（1）由临时用电单位提出申请，生产单位负责人组织电气专业人员对临时用电施工组织设计进行审核，对临时用电安全措施和用电设备进行检查并签字确认后，生产单位负责人批准。

（2）作业内容、作业条件、作业环境等改变时，应重新办理作业许可证。

（3）临时用电结束后，临时用电单位应及时通知生产单位按照临时用电施工组织设计中的拆除方案拆除临时用电线路。线路拆除后，生产单位应指派电气专业人员进行检查验收，并签字确认。临时用电单位和生产单位负责人签字关闭临时用电许可证。

"临时用电安全作业票"见表3-4。

表 3-4 "临时用电安全作业票"式样

编号：

申请单位		作业申请时间	年　月　日　时　分	
作业地点		作业内容		
电源接入点及许可用电功率		工作电压		
用电设备名称及额定功率		监护人		用电人	
作业人		电工证号		
作业负责人		电工证号		
关联的其他特殊作业及安全作业票编号				
风险辨识结果				

可燃气体分析（运行的生产装置、罐区和具有火灾爆炸危险场所）				
分析时间	时　分	时　分	分析点	
可燃气体检测结果			分析人	
作业实施时间	自　年　月　日　时　分至　年　月　日　时　分			

序号	安全措施	是否涉及	确认人
1	作业人员持有电工作业操作证		
2	在防爆场所使用的临时电源、元器件和线路达到相应的防爆等级要求		
3	上级开关已断电、加锁，并挂安全警示标牌		
4	临时用电的单相和混用线路要求按照 TN-S 三相五线制方式接线		
5	临时用电线路如架高敷设，在作业现场敷设高度应不低于2.5 m，跨越道路高度应不低于 5 m		
6	临时用电线路如沿墙面或地面敷设，已沿建筑物墙体根部敷设，穿越道路或其他易受机械损伤的区域，已采取防机械损伤的措施；在电缆敷设路径附近，已采取防止火花损伤电缆的措施		
7	临时用电线路架空进线不应采用裸线		
8	暗管埋设及地下电缆线路敷设时，已备好"走向标志"和"安全标志"等标志桩，电缆埋深要求大于 0.7 m		
9	现场临时用配电盘、箱配备有防雨措施，并可靠接地		
10	临时用电设施已装配漏电保护器，移动工具、手持工具已采取防漏电的安全措施（一机一闸一保护）		
11	用电设备、线路容量、负荷符合要求		
12	其他相关特殊作业已办理相应安全作业票		
13	作业场所已进行气体检测且符合作业安全要求		
14	其他安全措施： 　　　　　　　　　　　　　　　　　　　编制人：		

安全交底人		接受交底人	
作业负责人意见		签字：　　　年　　月　　日　　时　　分	
用电单位意见		签字：　　　年　　月　　日　　时　　分	
配送电单位意见		签字：　　　年　　月　　日　　时　　分	
完工验收		签字：　　　年　　月　　日　　时　　分	

小 资 料

一、临时用电作业"十不准"

（1）电工未持相应特种作业操作证的，不准上岗工作。

（2）未持相应特种作业操作证的人员，不准进行安装、维修、拆除临时用电设备及线路的作业。

（3）电气设备周围不准存放易燃易爆物品、污染和腐蚀介质。

（4）不准利用大地做相线或零线。

（5）PE 线上不准装设开关或熔断器。

（6）不准使用未装设电源隔离开关及短路、过载、漏电保护电器的配电柜。

（7）临时用电线路不准将线缆拖地使用。

（8）发现有接头裸露或破皮漏电时，非专业电工不准擅自处理。

（9）不准将漏电保护器直接代替电闸开关使用。

（10）漏电保护器发生掉闸时，未查明原因不准强行合闸。

二、临时用电线路安装

（1）使用周期在 1 个月以上的临时用电线路，应采用架空方式安装。架空方式安装要求：

① 架空线路应架设在专用电杆或支架上。

② 架空线路严禁架设在树木、脚手架及临时设施上。

③ 在架空线路上不得进行接头连接，如果必须接头，则需进行结构支撑，确保接头不承受拉、张力。

④ 临时架空线最大弧垂与地面距离，在施工现场不低于 4 m，穿越机动车道不低于 6 m。

⑤ 在起重机等大型设备进出的区域内不允许使用架空线路。

（2）使用周期在 1 个月以下的临时用电线路，可采用架空或地面走线的方式。

① 所有地面走线应设走向标识和安全标识。

② 避免敷设在可能施工的区域内。

③ 当位于交通繁忙区域或有重型设备经过的区域时，应用混凝土预制件对其进行保护，并设置安全警示标识。

注意：防护套管内径不应小于电缆外径的 1.5 倍。

（3）临时用电线路经过有高温、振动、腐蚀、积水及机械损伤等危害的部位，不得有接头，并应采取相应的保护措施。

知识测验

1. 临时用电电源应安装（　　　　），在每次使用之前应利用试验按钮进行测试。（单选题）

　　A. 接地　　　　　　B. 接零　　　　　　C. 安全闭锁　　　　D. 漏电保护器

2. 移动式电动工具和手持式电动工具使用完毕后，必须在（　　　　）将电源断开。（单选题）

　　A. 用电侧　　　　　B. 电源侧　　　　　C. 上游侧　　　　　D. 下游侧

3. 架空线最大弧垂与地面距离，在作业现场不低于（　　　　）。（单选题）

　　A. 2.0 m　　　　　B. 2.5 m　　　　　C. 3.0 m　　　　　D. 3.5 m

4. 室外的临时用电配电箱应设有（　　　　），有防雨、防潮措施。遇到强雷雨天气，应暂停临时用电作业。（单选题）

　　A. 绝缘垫板　　　　B. 安全锁具　　　　C. 防盗报警　　　　D. 监控设施

任务训练

根据以下事故案例，完成事故原因分析，并提出事故防范措施。

某广告公司负责布展汽车展销会，其间，连日下雨，会展场地大量积水导致无法铺设地毯。为此，该公司负责人决定在场地打孔安装潜水泵排水。民工张某等人便使用外借的电镐进行打孔作业，当打完孔将潜水泵放置孔中准备排水时，发现没电了。负责人余某安排电工王某去配电箱检查原因，张某跟着前去，将手中电镐交给一旁的民工裴某。裴某手扶电镐赤脚站立积水中。王某用电笔检查配电箱，发现 B 相电源连接的空气开关输出端带电，便将电镐、潜水泵电源插座的相线由与 A 相电源相连的空气开关输出端更换到与 B 相电源相连的空气开关的输出端上，并合上与 B 相电源相连的空气开关送电。手扶电镐的裴某当即触电倒地，后经抢救无效死亡。

学习拓展

1.《危险化学品企业特殊作业安全规范》（GB 30871—2022）。

2.《建筑与市政施工现场安全卫生与职业健康通用规范》（GB 55034—2022）。

3.《施工现场临时用电安全技术规范》（JGJ 46—2005）。

任务四　动火作业

学习目标

知识目标：了解动火作业的概念及其分级，掌握动火作业安全管理要求。

能力目标：能够根据企业安全生产实际情况，制定针对性动火作业安全管理措施，有效预防事故发生。

素质目标：引导学生牢固树立安全发展理念，强化学生依法规范动火作业安全管理的思想，培养学生良好的安全意识、风险意识、责任意识。

思　考

2023 年 4 月 18 日 12 时 50 分，北京市丰台区某医院发生重大火灾事故，造成 29 人死亡、42 人受伤，直接经济损失 3831.82 万元。经国务院事故调查组调查认定，这是一起因事发医院违法违规实施改造工程、施工安全管理不力、日常管理混乱、火灾隐患长期存在，施工单位违规作业、现场安全管理缺失，加之应急处置不力，地方党委、政府和有关部门职责不落实而导致的重大生产安全责任事故。

思考 1：为什么要管理动火作业？

思考 2：如何管理动火作业？

知识学习

一、动火作业定义及分级

【问题 1】　什么是动火作业？

根据《危险化学品企业特殊作业安全规范》（GB 30871—2022）规定，动火作业是指在直接或间接产生明火的工艺设施以外的禁火区内从事可能产生火焰、火花或炽热表面的非常规作业。

注：包括使用电焊、气焊（割）喷灯、电钻、砂轮、喷砂机等进行的作业。

【问题 2】　动火作业是如何分级的？

固定动火区外的动火作业分为特级动火、一级动火和二级动火三个级别；遇节假日、公休日、夜间或其他特殊情况，动火作业应升级管理。

1. 特级动火作业

在火灾爆炸危险场所处于运行状态下的生产装置设备，管道、储罐、容器等部位上进行的动火作业（包括带压不置换动火作业）；存有易燃易爆介质的重大危险源罐区防火堤内的动火作业。

2. 一级动火作业

在火灾爆炸危险场所进行的除特级动火作业以外的动火作业，管廊上的动火作业按一级动火作业管理。

3. 二级动火作业

除特级动火作业和一级动火作业以外的动火作业。

生产装置或系统全部停车，装置经清洗、置换、分析合格并采取安全隔离措施后，根据其火灾、爆炸危险性大小，经危险化学品企业生产负责人或安全管理负责人批准，动火作业可按二级动火作业管理。

特级、一级动火安全作业票有效期不应超过 8 h；二级动火安全作业票有效期不应超过 72 h。

二、动火作业安全要求

【问题 1】 动火作业需要落实哪些基本措施？

（1）动火作业应有专人监护，作业前应清除动火现场及周围的易燃物品，或采取其他有效安全防火措施，并配备消防器材，满足作业现场应急需求。

（2）凡在盛有或盛装过助燃或易燃易爆危险化学品的设备、管道等生产和储存设施及规定的火灾爆炸危险场所中生产设备上的动火作业，应将上述设备设施与生产系统彻底断开或隔离，不应以水封或仅关闭阀门代替盲板作为隔断措施。

（3）拆除管线进行动火作业时，应先查明其内部介质危险特性、工艺条件及其走向，并根据所要拆除管线的情况制定安全防护措施。

（4）动火点周围或其下方如有可燃物、电缆桥架、孔洞、窨井、地沟、水封设施、污水井等，应检查分析并采取清理或封盖等措施；对于动火点周围 15 m 范围内有可能泄漏易燃、可燃物料的设备设施，应采取隔离措施；对于受热分解可产生易燃易爆、有毒有害物质的场所，应进行风险分析并采取清理或封盖等防护措施。

（5）在有可燃物构件和使用可燃物做防腐内衬的设备内部进行动火作业时，应采取防火隔绝措施。

（6）在作业过程中可能释放出易燃易爆、有毒有害物质的设备上或设备内部动火时，动火前应进行风险分析，并采取有效的防范措施，必要时应连续检测气体浓度，发现气体浓度超限报警时，应立即停止作业；在较长的物料管线上动火，动火前应在彻底隔绝区域内分段采样分析。

（7）在生产、使用、储存氧气的设备上进行动火作业时，设备内氧含量不应超过 23.5%（体积分数）。

（8）在油气罐区防火堤内进行动火作业时，不应同时进行切水、取样作业。

（9）动火期间，距动火点 30 m 内不应排放可燃气体；距动火点 15 m 内不应排放可燃液体；在动火点 10 m 范围内，动火点上方及下方不应同时进行可燃溶剂清洗或喷漆作业；在动火点 10 m 范围内不应进行可燃性粉尘清扫作业。

（10）在厂内铁路沿线 25 m 以内动火作业时，如遇装有危险化学品的火车通过或停留时，应立即停止作业。

（11）特级动火作业应采集全过程作业影像，且作业现场使用的摄录设备应为防爆型。

（12）使用电焊机作业时，电焊机与动火点的间距不应超过 10 m，不能满足要求时应将电焊机作为动火点进行管理。

（13）使用气焊、气割动火作业时，乙炔瓶应直立放置，不应卧放使用；氧气瓶与乙炔瓶的间距不应小于 5 m，二者与动火点间距不应小于 10 m，并应采取防晒和防倾倒措施；乙炔瓶应安装防回火装置。

（14）作业完毕后应清理现场，确认无残留火种后方可离开。

（15）遇五级风以上（含五级风）天气，禁止露天动火作业；因生产确需动火，动火作业应升级管理。

（16）涉及可燃性粉尘环境的动火作业应满足 GB 15577 要求。

【问题 2】 动火作业前需要对气体进行分析，其要求是什么？气体环境合格的判定指标是什么？

1. 动火作业前进行气体分析的要求

（1）气体分析的检测点要有代表性，在较大的设备内动火，应对上、中、下（左、中，右）各部位进行检测分析。

（2）在管道、储罐、塔器等设备外壁上动火，应在动火点 10 m 范围内进行气体分析，同时还应检测设备内气体含量；在设备及管道外环境动火，应在动火点 10 m 范围内进行气体分析。

（3）气体分析取样时间与动火作业开始时间间隔不应超过 30 min。

（4）特级、一级动火作业中断时间超过 30 min，二级动火作业中断时间超过 60 min，应重新进行气体分析；每日动火前均应进行气体分析；特级动火作业期间应连续进行监测。

2. 动火分析合格判定指标

（1）当被测气体或蒸气的爆炸下限大于或等于 4%时，其被测浓度应不大于 0.5%（体积分数）；

（2）当被测气体或蒸气的爆炸下限小于 4%时，其被测浓度应不大于 0.2%（体积分数）。

【问题 3】 特级动火作业有什么特殊要求？

特级动火作业除应符合动火作业上述的规定外，还应符合以下规定：

（1）应预先制订作业方案，落实安全防火防爆及应急措施；

（2）在设备或管道上进行特级动火作业时，设备或管道内应保持微正压；

（3）存在受热分解爆炸、自爆物料的管道和设备设施上不应进行动火作业；

（4）生产装置运行不稳定时，不应进行带压不置换动火作业。

【问题 4】 怎么管理固定动火区？

固定动火区的设定应由危险化学品企业审批后确定，设置明显标志；应每年至少对固定动火区进行一次风险辨识，周围环境发生变化时，危险化学品企业应及时辨识，重新划定。

固定动火区的设置应满足以下安全条件要求：

（1）不应设置在火灾爆炸危险场所；

（2）应设置在火灾爆炸危险场所全年最小频率风向的下风或侧风方向，并与相邻企业火灾爆炸危险场所满足防火间距要求；

（3）距火灾爆炸危险场所的厂房、库房、罐区、设备、装置、窨井、排水沟、水封设施等不应小于 30 m；

（4）室内固定动火区应以实体防火墙与其他部分隔开，门窗外开，室外道路畅通；

（5）位于生产装置区的固定动火区应设置带有声光报警功能的固定式可燃气体检测报警器；

（6）固定动火区内不应存放可燃物及其他杂物，应制订并落实完善的防火安全措施，明确防火责任人。

三、"动火作业许可证"管理要点

（1）特殊动火、一级动火和二级动火的"动火作业许可证"应以明显标记加以区分。

（2）"动火作业许可证"的办理和使用要求。

① 办证人应按"动火作业许可证"的项目逐项填写，不得空项；根据动火等级，按规定的审批权限进行办理。

② 办理好"动火作业许可证"后，动火作业负责人应到现场检查动火作业安全措施落实情况，确认安全措施可靠并向动火人和监火人交代安全注意事项后，方可批准开始作业。

③ "动火作业许可证"实行一个动火点和一张动火证的动火作业管理。

④ "动火作业许可证"不得随意涂改和转让，不得异地使用或扩大使用范围。

⑤ "动火作业许可证"一式三联，作业证由办理部门、动火作业人和监火人各执1 份，动火作业证办理部门的作业证应存档备查，保存期至少为 1 年。

（3）"动火作业许可证"的审批。

① 特殊动火作业的"动火作业许可证"由主管厂长或总工程师审批。

② 一级动火作业的"动火作业许可证"由主管安全（防火）部门审批。

③ 二级动火作业的"动火作业许可证"由动火点所在车间主管负责人审批。

（4）"动火作业许可证"的有效期限。

① 特殊动火作业和一级动火作业的"动火作业许可证"有效期不超过 8 h。

② 二级动火作业的"动火作业许可证"有效期不超过 72 h，每日动火前应进行动火分析。

③ 动火作业超过有效期限，应重新办理"动火作业许可证"。

"动火安全作业票"详见表 3-5。

表 3-5　"动火安全作业票"式样

编号：

作业申请单位			作业申请时间		年 月 日 时 分
作业内容			动火地点及动火部位		
动火作业级别	特级□ 一级□ 二级□		动火方式		
动火人及证书编号					
作业单位			作业负责人		
气体取样分析时间	月 日 时 分		月 日 时 分		月 日 时 分
代表性气体					
分析结果/%					
分析人					
关联的其他特殊作业及安全作业票编号					
风险辨识结果					
动火作业实施时间	自 年 月 日 时 分至 年 月 日 时 分止				

序号	安全措施	是否涉及	确认人
1	动火设备内部构件清洗干净，蒸汽吹扫或水洗、置换合格，达到动火条件		
2	与动火设备相连接的所有管线已断开，加盲板（　　）块，未采取水封或仅关闭阀门的方式代替盲板		
3	动火点周围及附近的空洞、窨井、地沟、水封设施、污水井等已清除易燃物，并已采取覆盖、铺沙等手段进行隔离		
4	油气罐区动火点同一防火堤内和防火间距内的油品储罐未进行脱水和取样作业		
5	高处作业已采取防火花飞溅措施，作业人员佩戴必要的个体防护装备		
6	在有可燃物构件和使用可燃物做防腐内衬的设备内部动火作业，已采取防火隔绝措施		
7	乙炔气瓶直立放置，已采取防倾倒措施并安装防回火装置；乙炔气瓶、氧气瓶与火源间的距离不应小于 10 m，两气瓶相互间距不应小于 5 m		
8	现场配备灭火器（　　）台，灭火毯（　　）块，消防蒸汽带或消防水带（　　）		
9	电焊机所处位置已考虑防火防爆要求，且已可靠接地		
10	动火点周围规定距离内没有易燃易爆化学品的装卸、排放、喷漆等可能引起火灾爆炸的危险作业		
11	动火点 30 m 内垂直空间未排放可燃气体；15 m 内垂直空间未排放可燃液体；10 m 范围内及动火点下方为同时进行可燃溶剂清洗或喷漆等作业，10 m 范围内未见有可燃性粉尘清扫作业		
12	已开展作业危害分析，制定相应的安全风险管控措施，交叉作业已明确协调人		
13	用于连续检测的移动式可燃气体检测仪已配备到位		
14	配备的摄录设备已到位，且防爆级别满足安全要求		
15	其他相关特殊作业已办理相应安全作业票，作业现场四周已设立警戒区		
16	其他安全措施：　　　　　　　　　　　　编制人：		

安全交底人			接受交底人		
监护人					

作业负责人意见	
	签字：　　　　　年　　月　　日　　时　　分
所在单位意见	
	签字：　　　　　年　　月　　日　　时　　分
安全管理部门意见	
	签字：　　　　　年　　月　　日　　时　　分
动火审批人意见	
	签字：　　　　　年　　月　　日　　时　　分
动火前，岗位当班班长验票情况	
	签字：　　　　　年　　月　　日　　时　　分
完工验收	
	签字：　　　　　年　　月　　日　　时　　分

小 资 料

一、动火作业注意事项

1. 逐级落实安全责任制

严格施工场所的安全管理，逐级落实安全责任制，人员分工职责明确，加强对进场施工操作人员的审查，在安全措施上严格把好关。

2. 营业场所严禁焊接作业

正在营业、使用的人员密集场所，禁止进行电焊、气焊、气割、砂轮切割、油漆等具有火灾危险的施工、维修作业。

3. 作业人员必须持证上岗

施工单位必须使用经国家正式培训考试合格的动火操作人员，并且焊割的作业项目要与其取得的特殊工种操作证中具备的资格证相符。

4. 作业前清理可燃物

作业前，应把周围的可燃物移至安全地点，如无法移动可用不燃材料盖封。

5. 作业时配备灭火器材

进行现场焊接、切割、烘烤或加热等动火作业应配备灭火器材，并应设置动火监护人。

6. 作业结束彻底消除火种

施工作业结束后要立即消除火种，彻底清理工作现场，并进行一段时间的监护，没有问题再离开现场，做到不留隐患。

二、电焊气割作业"八不准"

（1）无特种作业操作证的人员不准焊割。

（2）凡属一、二、三级动火范围的焊割，未经办理动火审批手续不准焊割。

（3）焊工不了解焊割现场周围情况不准焊割。

（4）焊工不了解焊件内部是否安全时不准焊割。

（5）各种装过可燃气体、易燃液体和有毒物质的容器，在未经彻底清洗、排除危险性前不准焊割。

（6）可燃材料作保温层、冷却层、隔热设备的部位，或火星能飞溅的地方，未采取切实可靠的安全措施之前不准焊割。

（7）焊割部位附近易燃易爆物品，在未作清理或未采取有效的安全措施之前不准焊割。

（8）与外单位相连的部位，在没有弄清有无险情，或明知存在危险而未采取有效的安全措施之前不准焊割。

知识测验

1. 某化工企业春节复工前，利用生产装置设备多在停产状态便于维护维修，召集各车间维修班提前上岗 1 周，在检维修期间涉及动火作业的，均办理了"动火作业许可证"，下列动火作业和动火作业分级的说法正确的是（　　）。（单选题）

　A. 入料斗经过清理采取了安全隔离措施后，按二级动火作业办理许可证

　B. 反应釜经清洗置换，进出料两端均加装盲板隔离后，按一级动火作业办理许可证

　C. 厂区管廊上进行火焰矫正，按一级动火作业办理许可证

　D. 为避免浪费，某生产状态下苯原料储罐未进行清洗置换，采取了安全隔离措施后，按一级动火作业办理许可证

2. 动火点附近如有阴井、地沟、水封等应进行检查，并根据现场的具体情况采取相应的安全防火措施，距动火点（　　）m 内所有的漏斗、排水口、各类井口、地沟等应封严盖实，确保安全。（单选题）

　A. 10　　　　　　B. 15　　　　　　C. 20　　　　　　D. 25

3. 动火期间距动火点（　　）m 内不得有低闪点易燃液体泄漏和排放各类可燃气体。

　A. 10　　　　　　B. 20　　　　　　C. 30　　　　　　D. 40

4. 2019 年 4 月 15 日，某制药企业在停机状态下对冻粉针剂生产车间冷媒系统管道进行改造，需进行动火作业。根据《危险化学品企业特殊作业安全规范》（GB 30871—2022），关于动火作业安全要求的说法，正确的是（　　）。（单选题）

　A. 在动火点 10 m 范围内不应同时进行喷漆作业

　B. 切割所用的氧气瓶、乙炔瓶距动火点距离不应小于 5 m

　C. 电焊机与动火点的间距不应超过 15 m

　D. 氧气瓶、乙炔瓶之间的距离不应小于 10 m

5. 根据《危险化学品企业特殊作业安全规范》（GB 30871—2022），下列特级动火作业要求说法错误的是（　　）。（单选题）

　A. 应预先制订作业方案，落实安全防火防爆及应急措施

　B. 在设备或管道上进行特级动火作业时，设备或管道内应保持常压

　C. 存在受热分解爆炸、自爆物料的管道和设备设施上不应进行动火作业

　D. 生产装置运行不稳定时，不应进行带压不置换动火作业

任务训练

根据以下事故案例，分析焊割动火作业的火灾危险性并制订焊割动火作业的火灾事故预防措施。

2022 年 11 月 21 日，河南安阳某商贸有限公司厂房发生火灾，造成 42 人遇难，2

人受伤，直接经济损失 12311 万元。经过调查认定，这起特别重大火灾事故是由于企业老板在没有任何防护、没有任何培训、没有取得焊工证的情况下冒险作业违章电焊，高温的电焊火花掉落在货架上，先是引燃了聚氨酯泡沫填缝剂的纸质外包装，最后造成了聚氨酯泡沫填缝剂爆炸燃烧。

学习拓展

1.《特种作业人员安全技术培训考核管理规定》（国家安全生产监督管理总局令第80 号第二次修正）。

2.《地下矿山动火作业安全管理规定》（国家矿山安全监察局 2023 年第 28 次局务会议审议通过）。

3.《建设工程施工现场消防安全技术规范》（GB 50720—2011）。

4.《建筑防火通用规范》（GB 55037—2022）。

5.《建筑灭火器配置设计规范》（GB 50140—2005）。

任务五　受限空间作业

学习目标

知识目标：了解受限空间作业的概念、分类及主要风险，掌握受限空间作业的安全管理基本要求、安全防护设备设施、过程风险管控措施和"受限空间安全作业票"管理要点。

能力目标：能够根据企业安全生产实际情况，判断受限空间的类型，辨识受限空间作业的危险有害因素，制定受限空间作业的过程风险管控措施，有效预防此类事故发生。

素质目标：引导学生牢固树立安全发展理念，强化学生依法依规受限空间作业安全管理的思想，培养学生坚定安全管理工作必须坚持安全第一、预防为主、综合治理的方针。

思　考

2019 年 2 月 15 日，广东省东莞市某纸业有限公司环保部主任安排 2 名车间主任组织 7 名工人对污水调节池（事故应急池）进行清理作业。当晚 23 时许，3 名作业人员吸入硫化氢后中毒晕倒，池外人员见状立刻呼喊救人。先后有 6 人下池施救，其中5 人中毒晕倒在池中，1 人感觉不对自行爬出。经公司内部组织救援共救出 5 人，消防救援人员赶到后救出其余 3 人。事故造成 7 人死亡、2 人受伤，直接经济损失约 1200万元。事后，该公司法定代表人、生产部负责人、人事行政部经理、安全管理人员、环保部主任和污水处理班班长等 6 名涉事人员被移送司法机关处理，该公司受到行政处罚。

思考 1：受限空间作业过程中，可能存在的风险有哪些？

思考 2：受限空间作业的过程管控措施有哪些？

知识学习

受限空间作业一般存在活动空间小、工作场所狭窄、通风不畅、照明不良，导致作业人员出入困难等问题，特别是有些受限空间残存有毒有害物质，危险性非常高，且一旦发生事故后难以施救。因此，必须加强受限空间作业的安全管理。

一、受限空间作业基础知识

【问题 1】 什么是受限空间作业？

受限空间作业是指人员进入或探入受限空间进行的作业。

《危险化学品企业特殊作业安全规范》（GB 30871）将受限空间定义为：进出口受限，通风不良，可能存在易燃易爆、有毒有害物质或缺氧，对进入人员的身体健康和生命安全构成威胁的封闭、半封闭设施及场所。

【问题 2】 受限空间有哪些？

受限空间分为地下受限空间、地上受限空间和密闭设备三类：

（1）地下受限空间，如地下室、地下仓库、地下工程、地下管沟、暗沟、隧道、涵洞、地坑、深基坑、废井、地窖、检查井室、沼气池、化粪池、污水处理池等。

（2）地上受限空间，如酒糟池、发酵池、腌渍池、纸浆池、粮仓、料仓等。

（3）密闭设备，如船舱、贮（槽）罐、车载槽罐、反应塔（釜）、窑炉、炉膛、烟道、管道及锅炉等。

二、受限空间作业安全风险

【问题 1】 受限空间安全风险有哪些？

受限空间作业存在的主要安全风险包括中毒、缺氧窒息、燃爆以及淹溺、高处坠落、触电、物体打击、机械伤害、灼烫、坍塌、高温高湿等。在某些环境下，上述风险可能共存，并具有隐蔽性和突发性。

1. 中　毒

受限空间内存在或积聚有毒气体，作业人员吸入后会引起化学性中毒，甚至死亡。受限空间中有毒气体可能的来源包括：受限空间内存储的有毒物质的挥发，有机物分解产生的有毒气体，进行焊接、涂装等作业时产生的有毒气体，相连或相近设备、管道中有毒物质的泄漏等。有毒气体主要通过呼吸道进入人体，再经血液循环，对人体的呼吸、神经、血液等系统及肝脏、肺、肾脏等脏器造成严重损伤。

引发受限空间作业中毒风险的典型物质有：硫化氢、一氧化碳、苯和苯系物、氰化氢、磷化氢等。

2. 缺氧窒息

空气中氧含量的体积分数约为 20.9%，氧含量低于 19.5%时就是缺氧。缺氧会对人体多个系统及脏器造成影响，甚至使人致命。受限空间内缺氧主要有两种情形：一是由于生物的呼吸作用或物质的氧化作用，受限空间内的氧气被消耗导致缺氧；二是受限空间内存在二氧化碳、甲烷、氮气、氩气、水蒸气和六氟化硫等单纯性窒息气体，排挤氧空间，使空气中氧含量降低，造成缺氧。

引发受限空间作业缺氧风险的典型物质有二氧化碳、甲烷、氮气、氩气等。

3. 燃 爆

受限空间中积聚的易燃易爆物质与空气混合形成爆炸性混合物，若混合物浓度达到其爆炸极限，遇明火、化学反应放热、撞击或摩擦火花、电气火花、静电火花等点火源时，就会发生燃爆事故。

受限空间作业中常见的易燃易爆物质有甲烷、氢气等可燃性气体以及铝粉、玉米淀粉、煤粉等可燃性粉尘。

4. 淹 溺

作业过程中突然涌入大量液体，以及作业人员因发生中毒、窒息、受伤或不慎跌入液体中，都可能造成人员淹溺。发生淹溺后人体常见的表现有：面部和全身青紫、烦躁不安、抽筋、呼吸困难、吐带血的泡沫痰、昏迷、意识丧失、呼吸心搏停止。

5. 高处坠落

许多受限空间进出口距底部超过 2 m，一旦人员未佩戴有效坠落防护用品，在进出受限空间或作业时有发生高处坠落的风险。高处坠落可能导致四肢、躯干、腰椎等部位受冲击而造成重伤致残，或是因脑部或内脏损伤而致命。

6. 触 电

受限空间作业过程中使用电钻、电焊等设备可能存在触电的危险。当通过人体的电流超过一定值（感知电流）时，人就会产生痉挛，不能自主脱离带电体；当通过人体的电流超过 50 mA，就会使人呼吸和心脏停止而死亡。

7. 物体打击

受限空间外部或上方物体掉入受限空间内，以及受限空间内部物体掉落，可能对作业人员造成人身伤害。

8. 机械伤害

受限空间作业过程中可能涉及机械运行，如未实施有效关停，人员可能因机械的意外启动而遭受伤害，造成外伤性骨折、出血、休克、昏迷，严重的会直接导致死亡。

9. 灼　烫

受限空间内存在的燃烧体、高温物体、化学品（酸、碱及酸碱性物质等）、强光、放射性物质等因素可能造成人员烧伤、烫伤和灼伤。

10. 坍　塌

受限空间在外力或重力作用下，可能因超过自身强度极限或因结构稳定性破坏而引发坍塌事故。人员被坍塌的结构体掩埋后，会因压迫导致伤亡。

11. 高温高湿

作业人员长时间在温度过高、湿度很大的环境中作业，可能会导致人体机能严重下降。高温高湿环境可使作业人员感到热、渴、烦、头晕、心慌、无力、疲倦等不适感，甚至导致人员发生热衰竭、失去知觉或死亡。

【问题 2】　怎么辨识受限空间作业安全风险？

1. 气体危害辨识方法

对于中毒、缺氧窒息、气体燃爆风险，主要从受限空间内部存在或产生、作业时产生和外部环境影响三个方面进行辨识。

（1）内部存在或产生的风险。

① 受限空间内是否储存、使用、残留有毒有害气体以及可能产生有毒有害气体的物质，导致中毒。

② 受限空间是否长期封闭、通风不良，或内部发生生物有氧呼吸等耗氧性化学反应，或存在单纯性窒息气体，导致缺氧。

③ 受限空间内是否储存、残留或产生易燃易爆气体，导致燃爆。

（2）作业时产生的风险。

① 作业时使用的物料是否会挥发或产生有毒有害、易燃易爆气体，导致中毒或燃爆。

② 作业时是否会大量消耗氧气，或引入单纯性窒息气体，导致缺氧。

③ 作业时是否会产生明火或潜在的点火源，增加燃爆风险。

（3）外部环境影响产生的风险。

与受限空间相连或接近的管道内单纯性窒息气体、有毒有害气体、易燃易爆气体扩散、泄漏到受限空间内，导致缺氧、中毒、燃爆等风险。

对于中毒、缺氧窒息和气体燃爆风险，使用气体检测报警仪进行针对性的检测是最直接有效的方法。检测后，各类气体浓度评判标准如下：

① 有毒气体浓度应低于《工作场所有害因素职业接触限值第 1 部分：化学有害因素》（GBZ 2.1—2019）规定的最高容许浓度或短时间接触容许浓度，无上述两种浓度值的，应低于时间加权平均容许浓度。

② 氧气含量（体积分数）应在 19.5% ～ 23.5%。

③ 可燃气体浓度应低于爆炸下限的 10%。

2. 其他安全风险辨识方法

（1）对淹溺风险，应重点考虑受限空间内是否存在较深的积水，作业期间是否可能遇到强降雨等极端天气导致水位上涨。

（2）对高处坠落风险，应重点考虑受限空间深度是否超过 2 m，是否在其内进行高于基准面 2 m 的作业。

（3）对触电风险，应重点考虑受限空间内使用的电气设备、电源线路是否存在老化破损。

（4）对物体打击风险，应重点考虑受限空间作业是否需要进行工具、物料传送。

（5）对机械伤害，应重点考虑受限空间内的机械设备是否可能意外启动或防护措施失效。

（6）对灼烫风险，应重点考虑受限空间内是否有高温物体或酸碱类化学品、放射性物质等。

（7）对坍塌风险，应重点考虑处于在建状态的受限空间边坡、护坡、支护设施是否出现松动，或受限空间周边是否有严重影响其结构安全的建（构）筑物等。

（8）对掩埋风险，应重点考虑受限空间内是否存在谷物、泥沙等可流动固体。

（9）对高温高湿风险，应重点考虑受限空间内是否温度过高、湿度过大等。

三、受限空间作业安全防护设备设施

为确保受限空间作业安全，单位应根据受限空间作业环境和作业内容，配备受限空间作业安全防护设备设施。

（1）呼吸防护用具：防毒面具、长管呼吸器、正压式空气呼吸器、紧急逃生呼吸器等；

（2）防坠落用具：安全带、安全绳、自锁器、缓冲器、三脚架等；

（3）安全器具：通风设备、照明设备、通信设备、安全梯等；

（4）其他防护用品：安全帽、防护服、防护眼镜、防护手套。

四、受限空间作业安全管理基本要求

1. 建立健全受限空间作业安全管理制度

为规范受限空间作业安全管理，存在受限空间作业的单位应建立健全受限空间作业安全管理制度和安全操作规程。安全管理制度主要包括安全责任制度、作业审批制度、作业现场安全管理制度、相关从业人员安全教育培训制度、应急管理制度等。受限空间作业安全管理制度应纳入单位安全管理制度体系统一管理，可单独建立也可与相应的安全管理制度进行有机融合。在制度和操作规程内容方面：一方面要符合相关法律法规、规范和标准要求，另一方面要充分结合本单位受限空间作业的特点和实际情况，确保具备科学性和可操作性。

2. 辨识受限空间并建立健全管理台账

存在受限空间作业的单位应根据受限空间的定义，辨识本单位存在的受限空间及其安全风险，确定受限空间数量、位置、名称、主要危险有害因素、可能导致的事故及后果、防护要求、作业主体等情况，建立受限空间管理台账并及时更新。

3. 设置安全警示标志或安全告知牌

对辨识出的受限空间作业场所，应在显著位置设置安全警示标志或安全告知牌，以提醒人员增强风险防控意识并采取相应的防护措施。

4. 开展相关人员受限空间作业安全专项培训

单位应对受限空间作业分管负责人、安全管理人员、作业现场负责人、监护人员、作业人员、应急救援人员进行专项安全培训。参加培训的人员应在培训记录上签字确认，单位应妥善保存培训相关材料。

5. 配置受限空间作业安全防护设备设施

为确保受限空间作业安全，单位应根据受限空间作业环境和作业内容，配备气体检测设备、呼吸防护用品、坠落防护用品、其他个体防护用品、通风设备、照明设备、通信设备以及应急救援装备等。单位应加强设备设施的管理和维护保养，并指定专人建立设备台账，负责维护、保养和定期检验、检定和校准等工作，确保处于完好状态，发现设备设施影响安全使用时，应及时修复或更换。

6. 制定应急救援预案并定期演练

单位应根据受限空间作业的特点，辨识可能的安全风险，明确救援工作分工及职责、现场处置程序等，按照《生产安全事故应急预案管理办法》（应急管理部令第 2号）和《生产经营单位生产安全事故应急预案编制导则》（GB/T 29639—2020），制订科学、合理、可行、有效的受限空间作业安全事故专项应急预案或现场处置方案，定期组织培训，确保受限空间作业现场负责人、监护人员、作业人员以及应急救援人员掌握应急预案内容。

五、受限空间作业过程风险管控

1. 作业审批

企业应严格执行受限空间作业审批制度。审批内容应包括但不限于是否制订作业方案、是否配备经过专项安全培训的人员、是否配备满足作业安全需要的设备设施等。审批负责人应在审批单上签字确认，未经审批不得擅自开展受限空间作业。且作业前应对作业环境进行安全风险辨识，分析存在的危险有害因素，提出消除、控制危害的措施，编制详细的作业方案。

2. 作业准备

（1）安全交底。

作业现场负责人应对实施作业的全体人员进行安全交底，告知作业内容、作业过程中可能存在的安全风险、作业安全要求和应急处置措施等。交底后，交底人与被交底人双方应签字确认。

（2）设备检查。

作业前应对安全防护设备、个体防护用品、应急救援装备、作业设备和用具的齐备性和安全性进行检查，发现问题应立即修复或更换。当受限空间可能为易燃易爆环境时，设备和用具应符合防爆安全要求。

（3）封闭作业区域及安全警示。

各企业应在作业现场设置围挡，封闭作业区域，并在进出口周边显著位置设置安全警示标志或安全告知牌。占道作业的，应在作业区域周边设置交通安全设施。夜间作业的作业区域周边显著位置应设置警示灯，人员应穿着高可视警示服。

（4）打开出入口。

作业人员站在受限空间外上风侧，打开进出口进行自然通风。可能存在爆炸危险的，开启时应采取防爆措施；若受进出口周边区域限制，作业人员开启时可能接触受限空间内涌出的有毒有害气体的，应佩戴相应的呼吸防护用品。

（5）安全隔离。

存在可能危及受限空间作业安全的设备设施、物料及能源时，应采取封闭、封堵、切断能源等可靠的隔离（隔断）措施，并上锁挂牌或设专人看管，防止无关人员意外开启或移除隔离设施。

（6）清除置换。

受限空间内盛装或残留的物料对作业存在危害时，应在作业前对物料进行清洗、清空或置换。

（7）初始气体检测。

作业前应在受限空间外上风侧，使用泵吸式气体检测报警仪对受限空间内气体进行检测。受限空间内仍存在未清除的积水、积泥或物料残渣时，应先在受限空间外利用工具进行充分搅动，使有毒有害气体充分释放。检测应从出入口开始，沿人员进入受限空间的方向进行。垂直方向的检测由上至下，至少进行上、中、下三点检测，水平方向的检测由近至远，至少进行进出口近端点和远端点两点检测。

（8）强制通风。

经检测，受限空间内气体浓度不合格的，必须对受限空间进行强制通风。强制通风时应注意：

① 作业环境存在爆炸危险的，应使用防爆型通风设备。

② 应向受限空间内输送清洁空气，禁止使用纯氧通风。

③ 受限空间仅有 1 个进出口时，应将通风设备出风口置于作业区域底部进行送风。受限空间有 2 个或 2 个以上进出口、通风口时，应在临近作业人员处进行送风，远离作业人员处进行排风，且出风口应远离受限空间进出口，防止有害气体循环进入受限空间。

④ 受限空间设置固定机械通风系统的，作业过程中应全程运行。

（9）再次检测。

对受限空间进行强制通风一段时间后，应再次进行气体检测。检测结果合格后方可作业；检测结果不合格的，不得进入受限空间作业，必须继续进行通风，并分析可能造成气体浓度不合格的原因，采取更具针对性的防控措施。

（10）人员防护。

气体检测结果合格后，作业人员在进入受限空间前还应根据作业环境选择并佩戴符合要求的个体防护用品与安全防护设备，主要有安全帽、全身式安全带、安全绳、呼吸防护用品、便携式气体检测报警仪、照明灯和对讲机等。

3. 安全作业

（1）实时监测与持续通风。

作业过程中，应采取适当的方式对受限空间作业面进行实时监测。监测方式有两种：一种是监护人员在受限空间外使用泵吸式气体检测报警仪对作业面进行监护检测；另一种是作业人员自行佩戴便携式气体检测报警仪对作业面进行个体检测。除实时监测外，作业过程中还应持续进行通风。当受限空间内进行涂装作业、防水作业、防腐作业以及焊接等动火作业时，应持续进行机械通风。

（2）作业监护。

监护人员应在受限空间外全程持续监护，不得擅离职守，主要做好两方面工作：

第一，跟踪作业人员的作业过程，与其保持信息沟通，发现受限空间气体环境发生不良变化、安全防护措施失效和其他异常情况时，应立即向作业人员发出撤离警报，并采取措施协助作业人员撤离。

第二，防止未经许可的人员进入作业区域。

（3）异常情况紧急撤离受限空间。

作业期间发生下列某一种情况时，作业人员应立即中断作业，撤离受限空间：作业人员出现身体不适；安全防护设备或个体防护用品失效；气体检测报警仪报警；监护人员或作业现场负责人下达撤离命令；其他可能危及安全的情况。

4. 作业完成

受限空间作业完成后，作业人员应将全部设备和工具带离受限空间，清点人员和设备，确保受限空间内无人员和设备遗留后，关闭进出口，解除本次作业前采取的隔离、封闭措施，恢复现场环境后安全撤离作业现场。

六、受限空间作业事故应急救援

笔者对近年来受限空间作业事故进行分析发现：盲目施救问题非常突出，近80%的事故由于盲目施救导致伤亡人数增多，在受限空间作业事故致死人员中超过50%的为救援人员。因此，必须杜绝盲目施救，避免伤亡扩大。

事故发生后，作业现场负责人、监护人员立即停止作业，了解受伤人员状态，组织开展安全施救，禁止未经培训、未佩戴个体防护装备的人员进入受限空间施救。作业现场负责人及时向本单位报告事故情况，必要时拨打119或120电话报警或向其他专业救援力量求救，单位负责人按照有关规定报告事故信息。作业现场负责人、监护人员根据救援需要设置警戒区域（包括通风排放口），设立明显警示标志，严禁无关人员和车辆进入警区域。

【问题1】 受限空间作业事故应急救援方式有哪些？

当作业过程中出现异常情况时，作业人员在还具有自主意识的情况下，应采取积极主动的自救措施。作业人员可使用隔绝式紧急逃生呼吸器等救援逃生设备，提高自救成功效率。如果作业人员自救逃生失败，应根据实际情况采取非进入式救援或进入式救援方式。

1. 非进入式救援

非进入式救援是指救援人员在受限空间外，借助相关设备与器材，安全快速地将受限空间内受困人员移出受限空间的一种救援方式。非进入式救援是一种相对安全的应急救援方式，但需至少同时满足以下两个条件：

（1）受限空间内受困人员佩戴了全身式安全带，且通过安全绳索与受限空间外的挂点可靠连接。

（2）受限空间内受困人员所处位置与受限空间进出口之间通畅、无障碍物阻挡。

2. 进入式救援

当受困人员未佩戴全身式安全带，也无安全绳与受限空间外部挂点连接，或因受困人员所处位置无法实施非进入式救援时，就需要救援人员进入受限空间内实施救援。进入式救援是一种风险很大的救援方式，一旦救援人员防护不当，极易出现伤亡扩大。

实施进入式救援，要求救援人员必须采取科学的防护措施，确保自身防护安全、有效。同时，救援人员应经过专门的受限空间救援培训和演练，能够熟练使用防护用品和救援设备设施，并确保能在自身安全的前提下成功施救。若救援人员未得到足够防护，不能保障自身安全，则不得进入受限空间实施救援。

【问题2】 受限空间作业事故应急救援注意事项

一旦发生受限空间作业事故，作业现场负责人应及时向本单位报告事故情况，在分析事发受限空间环境危害控制情况、应急救援装备配置情况以及现场救援能力等因素的基础上，判断可否采取自主救援以及采取何种救援方式。若现场具备自主救援条件，应根据实际情况采取非进入式或进入式救援，并确保救援人员人身安全；若现场不具备自主救援条件，应及时拨打119和120，依靠专业救援力量开展救援工作，决不允许强行施救。受困人员脱离受限空间后，应迅速被转移至安全、空气新鲜处，进行正确、有效的现场救护，以挽救人员生命，减轻伤害。

1. 个体防护

救援人员必须正确穿戴个体防护装备开展救援行动。

2. 安全隔离

受限空间内存在可能危及救援人员安全的设备设施、有毒有害物质输入，电能、高温物料及其他危险能量输入等情况，采取可靠的隔离（隔断）措施。

3. 持续通风

使用机械通风设备向受限空间内输送清洁空气，通风排放口远离作业处，直至救援行动结束。当受限空间内含有易燃易爆气体或粉尘时，使用防爆型通风设备；含有毒有害气体时，通风排放口采取有效隔离防护措施。

七、"受限空间安全作业票"管理要点

（1）"受限空间安全作业票"一式四联：第一联为存根；第二联由作业现场负责人持有，作业时随身携带；第三联由监护人持有，监护时随身携带；第四联存放在受限空间作业点所在的操作控制室或岗位。"受限空间安全作业票"式样见表3-6。

（2）受限空间安全作业票有效时间不超过24 h。特殊情况超过时限的应办理作业延期手续。

（3）特殊受限空间安全作业票由公司安全管理部门存档；一级受限空间安全作业证由所在车间存档。保存期限为1年。

表 3-6 "受限空间安全作业票"式样

受限空间所在单位			受限空间名称			原有介质名称		
作业内容								
作业时间		自 年 月 日 时 分至 年 月 日 时 分止						
作业单位现场负责人			监护人员姓名			工种		
作业人员姓名								
涉及的其它特殊作业					安全教育人			
分析	分析项目	有毒介质	可燃气体	氧含量	时间		部位	分析人
	分析数据							

危害辨识			
序号	安全措施	选项	确认人
1	对进入受限空间危险性进行分析		
2	所有与受限空间联系的阀门、管线加盲板隔离,列出盲板清单,落实了盲板抽堵负责人		
3	设备经过置换、吹扫、蒸煮		
4	设备打开通风孔进行自然通风,温度适宜人员作业;必要时采用强制通风或佩戴隔离正压防护面具,不得用通氧气或富氧空气的方法补充氧		
5	相关设备进行处理,带搅拌机的设备已切断电源,电源开关处加锁或挂"禁止合闸"标志牌,设专人监护		
6	检查受限空间内部已具备作业条件,作业时(无需要/已采用)防爆工具		
7	检查受限空间进出口通道,无阻碍人员进出的障碍物		
8	分析盛装过可燃有毒液体、气体的受限空间内可燃、有毒有害气体含量		
9	作业人员、监护人员清楚受限空间内存在的危险有害因素,明确作业风险,如内部附件、集渣坑等		
10	作业监护措施:消防器材( )、救生绳( )、救生三脚架( )、气防装备( )		
11	其他安全措施: 编制人:		

申请单位意见	设备(工程)部门意见
签字: 年 月 日 时 分	签字: 年 月 日 时 分
生产(技术)部门意见	安全管理部门意见
签字: 年 月 日 时 分	签字: 年 月 日 时 分
审批人意见	签字: 年 月 日 时 分
作业前,岗位当班班长验票	签字: 年 月 日 时 分

完工验收	完工时间:年月日时分	动火所在单位	签字:	动火单位	签字:

小 资 料

一、受限空间作业发包管理

将受限空间作业发包的，承包单位应具备相应的安全生产条件，即应满足受限空间作业安全所需的安全生产责任制、安全生产规章制度、安全操作规程、安全防护设备、应急救援装备、人员资质和应急处置能力等方面的要求。

发包单位对发包作业安全承担主体责任。发包单位应与承包单位签订安全生产管理协议，明确双方的安全管理职责，或在合同中明确约定各自的安全生产管理职责。发包单位应对承包单位的作业方案和实施的作业进行审批，对承包单位的安全生产工作统一协调、管理，定期进行安全检查，发现安全问题的，应当及时督促整改。承包单位对其承包的受限空间作业安全承担直接责任，应严格按照受限空间作业安全要求开展作业。

二、受限空间作业监护者职责

作业监护者职责如下：

（1）监护者必须有较强的责任心，熟悉作业区域的环境、工艺情况，能及时判断和处理异常情况。

（2）监护者应对安全措施落实情况进行检查，发现落实不好或安全措施不完善时，有权提出暂不进行作业。

（3）监护者应和作业人员拟定联络信号。在出入口处保持与作业人员的联系，发现异常，应及时制止作业，并立即采取救护措施。

（4）监护者应熟悉应急预案，掌握和熟练使用配备的应急救护设备、设施、报警装置等，并坚守岗位。

（5）监护者应携带"安全审批表"并负责保管、记录有关问题。

（6）警告并劝离未经许可试图进入受限空间作业区域的人员。

知识测验

1. 从事受限空间作业时，现场人员必须严格执行（   ）的原则，对受限空间有毒有害气体含量进行检测并全程监测，做好实时检测记录。（单选题）

    A. 边检测、边作业　　　　　　　B. 先作业、后检测

    C. 先检测、后作业　　　　　　　D. 先搅动、后检测

2. 受限空间管理单位安全职责包括（   ）。（单选题）

    A. 建立健全受限空间安全生产规章制度

    B. 辨识本单位存在的受限空间，确定受限空间的数量、位置以及存在的危害因素等，建立受限空间基本情况台账，并及时更新

C. 监督受限空间作业单位的作业情况，及时制止、纠正不安全行为，并督促作业单位进行整改

D. 以上均包括

3. 受限空间作业出现异常情况时，作业者应选择呼吸防护用品（　　　）作为自救呼吸器。（单选题）

A. 防毒面具

B. 防尘口罩

C. 紧急逃生呼吸器

D. 自吸式长管呼吸器

4. 生产部门应在受限空间进入点附近设置醒目的警示标志，并告知作业者（　　　），防止未经许可人员进入作业现场。（多选题）

A. 存在不安全因素

B. 存在的危险有害因素和防控措施

C. 防控措施

D. 检查空间内有害气体及易燃物质

任务训练

根据以下事故案例，对该受限空间作业进行风险分析，并制订相应风险管控措施。

上海某市政工程有限公司将繁昌经济开发区污水管网修复工程项目中部分辅助工程安排给黄山分公司施工，黄山分公司又口头安排给宁波某环境工程有限公司施工。2020年5月1日11时左右，该宁波环境工程有限公司在繁昌经济开发区污水管网非开挖修复二期工程维修施工过程中，因水枪枪头位置不当需要下井调整，1名施工人员仅穿戴防水衣和安全帽即下井作业，随后晕倒。现场另外2人发现后下井施救并晕倒，发生中毒窒息事故，最终造成3人死亡，直接经济损失400万元。

学习拓展

1.《工贸企业有限空间作业安全规定》（应急管理部令第13号）。

2.《缺氧危险作业安全规程》（GB 8958—2006）。

3.《危险化学品企业特殊作业安全规范》（GB 30871—2022）。

任务六　动土作业

学习目标

知识目标：了解动土作业的概念及主要风险，掌握动土作业的安全管理基本要求、过程风险管控措施和"动土安全作业票"管理要点。

能力目标：能够根据企业安全生产实际情况，分析动土作业可能导致的风险，制订动土作业的安全管理措施，有效预防此类事故发生。

素质目标：引导学生牢固树立安全发展理念，强化学生依法依规动土作业安全管理的思想，培养学生坚定安全管理工作必须坚持安全第一、预防为主、综合治理的方针。

思　　考

2010 年 7 月 28 日 10 时 11 分左右，扬州某建设配套工程有限公司，在江苏省南京市栖霞区迈桥街道的原南京某塑料厂旧址平整拆迁土地过程中，挖掘机挖穿了地下丙烯管道，丙烯泄漏后遇到明火发生爆燃。截至 7 月 31 日，事故已造成 13 人死亡、120 人住院治疗（重伤 14 人）。事故还造成周边近两平方千米范围内的 3000 多户居民住房及部分商店玻璃、门窗不同程度破碎，建筑物外立面受损，少数钢架大棚坍塌。经调查，事故的直接原因是个体拆除施工队擅自组织开挖地下管道、现场盲目指挥，挖穿了地下丙烯管道，导致液态丙烯大量泄漏，丙烯气体迅速扩散与空气形成爆炸性混合物，遇明火引发爆燃；事故的间接原因是：违规组织实施拆除工程；塑料厂在地块权属未变更的情况下，对在本厂区内丙烯管道上方的野蛮挖掘作业未加制止；南京某塑胶化工有限公司在发现塑料厂厂区内有机械施工作业，可能危及其所属的地下丙烯输送管道的安全时，未能有效制止，对地下丙烯输送管道的位置和走向指认不清，未能有效制止事故发生。

思考 1：动土作业过程中，可能存在的风险有哪些？
思考 2：动土作业过程中，有哪些安全防护措施？

知识学习

一、吊装作业基础知识

【问题 1】　什么是动土作业？

动土作业是指挖土、打桩、钻探、坑探、地锚入土深度在 0.5 m 以上；使用推土机、压路机等施工机械进行填土或平整场地等可能对地下隐蔽设施产生影响的作业。

【问题 2】　土方挖掘设备有哪些？

土方挖掘设备包括挖掘机、推土机、铲车、压路机等。

【问题 3】　地下隐蔽工程有哪些？

地下隐蔽工程主要包括地下敷设的管线、电缆等。管线包括循环水管线、新鲜水管线、消防水管线、泡沫管线、污水管线、工艺介质管线等，电缆包括动力电缆、照明电缆、通信电缆、网络光纤等。

动土作业前如果没有查明作业地点地下可能存在的隐蔽工程情况而贸然施工，可能会对地下隐蔽工程造成破坏，并继而导致可燃有毒介质泄漏并引发火灾爆炸、人员中毒，造成企业停电、网络或通信中断等。

二、动土作业可能存在的风险

动土作业过程中，可能存在的风险主要有以下三类：

（1）火灾爆炸、触电、停电、人员中毒等风险。破坏地下的电缆（通信、动力、监控等）、管线（消防水、工艺水、污水、危化品介质等）等地下隐蔽设施，并进而引发触电、区域停电、危险介质泄漏、人员中毒、火灾爆炸、装置停车等事故。

（2）坍塌风险。未设置固壁支撑、水渗入作业层面等情况造成塌方，导致人员受困。

（3）机械伤害风险。使用机械挖掘或两人以上同时挖土时相距较近，造成人员意外机械伤害。

三、动土作业安全要求

1. 动土作业许可管理

动土证由动土所在单位办理，水、电、气、工艺设备、消防、安全管理等部门审核或会签，工程管理部门审批。

2. 动土作业安全措施

（1）作业前，应检查工器具、现场支撑是否牢固、完好，发现问题应及时处理。

（2）作业现场应根据需要设置护栏、盖板和警告标志，夜间应悬挂警示灯。

（3）在动土开挖前，应先做好地面和地下排水，防止地面水渗入作业层面造成塌方。

（4）作业前，作业单位应了解地下隐蔽设施的分布情况，作业临近地下隐蔽设施时，应使用适当工具人工挖掘，避免损坏地下隐蔽设施；如暴露出电缆、管线以及不能辨认的物品时，应立即停止作业，妥善加以保护，报告动土审批单位，经采取保护措施后方可继续作业。

3. 其他安全要求

（1）机械开挖时，应避开构筑物、管线，在距管道边 1 m 范围内应采用人工开挖；在距直埋管线 2 m 范围内宜采用人工开挖，避免对管线或电缆造成影响。

（2）动土作业人员在沟（槽、坑）下作业应按规定坡度顺序进行，使用机械挖掘时，人员不应进入机械旋转半径内；深度大于 2 m 时，应设置人员上下的梯子等能够保证人员快速进出的设施；两人以上同时挖土时应相距 2 m 以上，防止工具伤人。

（3）动土作业区域周围发现异常时，作业人员应立即撤离作业现场。

（4）在生产装置区、罐区等危险场所动土时，监护人员应与所在区域的生产人员建立联系，当生产装置区、罐区等场所突然排放有害物质时，监护人员应立即通知作业人员停止作业，迅速撤离现场。

（5）在生产装置区、罐区等危险场所动土时，遇有埋设的易燃易爆，有毒有害介质管线，窨井等可能引起燃烧、爆炸、中毒、窒息危险，且挖掘深度超过 1.2 m 时，应执行受限空间作业相关规定。

（6）动土作业结束后，应及时回填土石，恢复地面设施。

四、挖掘坑、井、沟等作业要求

【问题 1】　挖掘坑、井、沟时的注意事项有哪些？

（1）挖掘土方应自上而下逐层挖掘，不应采用挖底脚的办法挖掘；使用的材料，挖出的泥土应堆在距坑、槽、井、沟边沿至少 1 m 处，堆土高度不应大于 1.5 m；挖出的泥土不应堵塞下水道和窨井。

（2）不应在土壁上挖洞攀登。

（3）不应在坑、槽、井、沟上端边沿站立、行走。

（4）应视土壤性质、湿度和挖掘深度设置安全边坡或固壁支撑；作业过程中应对坑、槽、井、沟边坡或固壁支撑架随时检查，特别是雨雪后和解冻时期，如发现边坡有裂缝、疏松或支撑有折断、走位等异常情况时，应立即停止作业，并采取相应措施。

（5）在坑、槽、井、沟的边缘安放机械、铺设轨道及通行车辆时，应保持适当距离，采取有效的固壁措施，确保安全。

（6）在拆除固壁支撑时，应从下而上进行；更换支撑时，应先装新的，后拆旧的。

（7）不应在坑、槽、井、沟内休息。

【问题 2】　机械开挖动土作业有哪些要求？

（1）机械开挖时，应避开构筑物、管线，在距管道边 1 m 范围内应采用人工开挖；在距直埋管线 2 m 范围内宜采用人工开挖，避免对管线或电缆造成影响。

（2）使用机械挖掘时，人员不应进入机械旋转半径内。

五、"动土安全作业票"管理要点

（1）"动土安全作业票"由作业单位提出申请，属地车间负责组织作业安全制订风险防范措施并办理"动土安全作业票"，经公司有关水、电、汽、工艺、设备、安全、消防等部门会签，由属地厂长或者工程部门负责人批准。"动土安全作业票"式样见表3-7。以上相关负责人不能履行审批职责的，由其上级领导审批。

表 3-7　"动土安全作业票" 式样

申请单位		申请人		作业证编号					
监护人									
作业时间	自　年　月　日　时　分始至　年　月　日　时　分止								
作业地点									
作业单位									
涉及的其他特殊作业									
作业范围、内容、方式（包括深度、面积、并附件图）： 签字：　　　　年　月　日　时　分									

危害辨识					确认人
序号	安全措施				
1	作业人员作业前已进行了安全教育				
2	作业地点处于易燃易爆场所，需要动火时已办理了动火证				
3	地下电力电缆已确认保护措施已落实				
4	地下通讯电（光）缆，局域网络电（光）缆已确认保护措施已落实				
5	地下供排水、消防管线、工艺管线已确认保护措施已落实				
6	已按作业方案图规划线和立桩				
7	动土地点有电线、管道等地下设施，已向作业单位交待并派人监护；作业时轻挖，未使用铁棒、铁镐或抓斗等机械工具				
8	作业现场围栏、警戒线、警告牌夜间警示灯已按要求设置				
9	已进行放坡处理和固壁支撑				
10	人员出入口和撤离安全措施已落实：A. 梯子；B. 修坡道				
11	道路施工作业已报：交通、消防、安全监督部门、应急中心				
12	备有可燃气体检测仪、有毒介质检测仪				
13	现场夜间有充足照明：A. 36 V、24 V、12 V 防水型灯；B. 36 V、24 V、12 V 防爆型灯				
14	作业人员已佩戴防护器具				
15	动土范围内无障碍物，并已在总图上做标记				
16	其他安全措施：　　　　　　　　　　编制人：				

实施安全教育人			
申请单位意见		签字：　　　　年　月　日　时　分	
作业单位意见		签字：　　　　年　月　日　时　分	
有关水、电、汽、工艺、设备、消防、安全等部门会签意见		签字：　　　　年　月　日　时　分	
审批部门意见		签字：　　　　年　月　日　时　分	

（2）安全措施的确认需在与本次作业中有关的主要安全措施对应项内签字确认，不涉及的项目由其他安全措施中属地管理人员和作业单位补充安全管理措施，由作业单位签字确认并履行补充的安全措施。

（3）"动土安全作业票"一式三联，第一联为存根，第二联作业现场展示，属地单位留存，第三联属地单位主控室或生产岗位公示。

（4）一个施工点、一个施工周期内办理一张作业许可证。

（5）"动土安全作业票"保存期为1年。

小 资 料

一、动土作业"十不准"

（1）未经审批同意，未进行危害辨识的，不准动土作业。

（2）无现场作业监护人员的，不准动土作业。

（3）作业工具有缺陷、现场支撑不牢固的，不准动土作业。

（4）作业现场未设置防护栏、盖板和警示标志的，不准动土作业。

（5）未做好地面和地下排水，未采取防止地面水下渗措施的，不准动土作业。

（6）地下电力电缆、通信线路、给排水管等各类管线未落实保护措施的，不准动土作业。

（7）作业人员个体防护装备佩戴不到位的，不准动土作业。

（8）动土作业场所未落实安全撤离措施的，不准动土作业。

（9）作业现场出现六级以上强风及暴雨、大雪、大雾等恶劣气候时，不准动土作业。

（10）未对作业现场可能存在的易燃易爆或有毒有害物质进行检测的，不准动土作业。

二、动土作业时堆土管理方面的要求

动土作业时堆土管理方面规定：使用的材料、挖出的泥土应堆在距坑、槽、井、沟边沿至少1m处，堆土高度不应大于1.5 m；挖出的泥土不应堵塞下水道和窨井。

对距离提出这些要求，主要是考虑到如果堆土过高、距离边沿过近、土量较大，存在堆土滑坡导致将沟内作业人员掩埋的风险。挖出的泥土不应堵塞下水道和窨井也是防止动土作业时顾此失彼，影响正常排水。

知识测验

1. 挖土、打桩、钻探、坑探、地锚入土深度在（　　　）以上；使用推土机、压路机等施工机械进行填土或平整场地等可能对地下隐蔽设施产生影响的作业称为动土作业。（单选题）

A. 0.2 m

B. 0.5 m

C. 1 m

D. 1.5 m

2. 动土作业机械开挖时，应避开构筑物、管线，在距管道边（　　　）m 范围内应采用人工开挖；在距直埋管线（　　　）m 范围内宜采用人工开挖，避免对管线或电缆造成影响。（单选题）

A. 1，1　　　　　　　　　　　　B. 1，2

C. 2，2　　　　　　　　　　　　D. 2，3

3. 在动土作业中深度超过（　　　）m 需要办理动土安全作业证。（单选题）

A. 0.5　　　　　　　　　　　　B. 1

C. 1.5　　　　　　　　　　　　D. 2

4. 动土作业时，使用的材料、挖出的泥土应堆在 距坑、槽、井、沟边沿至少（　　　）m 处，堆土高度不应大于（　　　）m；挖出的泥土不应堵塞下水道和窖井。（单选题）

A. 1，1.5　　　　　　　　　　　B. 1，2

C. 1.5，2　　　　　　　　　　　D. 1.5，2

任务训练

根据以下事故案例，对该动土作业进行风险分析，并制定相应风险管控措施。

2018 年 8 月 21 日，宁波市象山县某加油站旁施工工地发生塌方，有 3 名工人被坍塌的泥石埋没。据了解，事故现场为加油站输油管改造施工现场，总面积 60 m²，土质为中性细沙土，塌方体积为 20 m³。当时有 3 名工人正在底部进行施工作业，突然一侧墙面发生坍塌，3 名工人当场被塌方的土堆石块埋压。经抢救，其中 1 人不治身亡。经调查，事故直接原因是罐池壁防护措施不力。

学习拓展

1.《化学品生产单位动土作业安全规范》（AQ 3023—2008）。

2.《生产区域动土作业安全规范》（HG 30016—2013）。

3.《危险化学品企业特殊作业安全规范》（GB 30871—2022）。

任务七　断路作业

学习目标

知识目标：了解断路作业的概念及主要风险，掌握断路作业的安全要求、安全管理措施和"断路安全作业票"管理要点。

能力目标：能够根据企业安全生产实际情况，分析断路作业可能导致的风险，制定断路作业的安全管理措施，有效预防此类事故发生。

素质目标：引导学生牢固树立安全发展理念，强化学生依法依规断路作业安全管理的思想，培养学生坚定安全管理工作必须坚持安全第一、预防为主、综合治理的方针。

思　考

2019 年 5 月 10 日晚上 7 点左右，杭州市萧山区某个道路施工工地，由于施工现场没有设立警示标识和防护围挡，一名 2 岁孩童不慎跌进了一根地下管道内，不幸身亡。经调查，事故的直接原因是施工单位未按照规定，设置警示标识和防护围挡。

思考 1：断路作业过程中，可能存在的风险有哪些？

思考 2：断路作业的安全措施有哪些？

知识学习

一、断路作业基础知识

【问题】　什么是断路作业？

断路作业是指生产区域内，交通主、支路与车间引道上进行工程施工、吊装、吊运等各种影响正常交通的作业。

二、断路作业可能存在的风险

作业过程中存在的较大危险因素分为六种：

（1）断路作业前，作业单位未办理作业审批手续，作业申请单位没有会同本单位相关主管部门制定交通组织方案。

（2）作业单位和生产单位未对作业现场和作业过程中可能存在的危险、有害因素进行辨识，制定相应的安全措施。

（3）断路作业单位未根据需要在断路的路口和相关道路上设置交通警示标志等设施。

（4）在道路上进行定点作业，没有现场交通指挥人员指挥交通。

（5）在夜间或雨、雪、雾天进行断路作业未设置道路作业警示灯。

（6）断路作业结束后，作业单位未清理现场，申请断路单位未检查核实，并报告有关部门恢复交通。

以上作业过程中存在较大危险因素可能导致：在路面上进行施工作业，影响道路安全通行；人员或车辆误入断路作业区，导致人员伤害或车辆受损；没有合适的警告标示或疏导分流，导致其他车辆发生交通事故；如果断路作业涉及动火、临时用电、受限空间、吊装等作业时，还易发生人员伤亡及触电、火灾爆炸、中毒窒息等事故。

三、断路作业安全要求

1. 断路作业许可管理

断路证由断路所在单位办理，消防、安全管理部门审核或会签，工程管理部门审批。

2. 断路作业安全措施

（1）作业前，作业单位应会同企业相关部门制定交通组织方案，应能保证消防车和其他重要车辆的通行，并满足应急救援要求。

（2）作业单位应根据需要在断路的路口和相关道路上设置交通警示标志，在作业区域附近设置路栏、道路作业警示灯、导向标等交通警示设施。

（3）在道路上进行定点作业，白天不超过 2 h、夜间不超过 1 h 即可完工的，在有现场交通指挥人员指挥交通的情况下，只要作业区域设置了相应的交通警示设施，可不设标识牌。

（4）在夜间或雨、雪、雾天进行断路作业时设置道路作业警示灯。

（5）作业结束后，作业单位应清理现场，撤除作业区域、路口设置的路栏、道路作业警示灯、导向标等交通警示设施，并与企业检查核实，报告有关部门恢复交通。

四、断路作业安全管理措施

（1）断路作业前，作业单位应办理作业审批手续，并由相关责任人签名确认。同一作业涉及动火、进入受限空间、盲板抽堵、高处作业、吊装、临时用电、动土、断路中的两种或两种以上时，除应同时执行相应的作业要求外，还应同时办理相应的作业审批手续。作业申请单位应会同本单位相关主管部门制定交通组织方案，方案应能保证消防车和其他重要车辆的通行，并满足应急救援要求。

（2）作业前，作业单位和生产单位应对作业现场和作业过程中可能存在的危险、有害因素进行辨识，制定相应的安全措施。应对参加作业的人员进行安全教育，主要内容如下：

① 有关作业的安全规章制度。

② 作业现场和作业过程中可能存在的危险、有害因素及应采取的具体安全措施。

③ 作业过程中所使用的个体防护器具的使用方法及使用注意事项。

④ 事故的预防、避险、逃生、自救、互救等知识。

⑤ 相关事故案例和经验、教训。

（3）作业前，生产单位应进行如下工作：

① 对设备、管线进行隔绝、清洗、置换，并确认满足动火、进入受限空间等作业安全要求。

② 对放射源采取相应的安全处置措施。

③ 对作业现场的地下隐蔽工程进行交底。

④ 腐蚀性介质的作业场所配备人员应急冲洗水源。

⑤ 夜间作业的场所设置满足要求的照明装置。

⑥ 会同作业单位组织作业人员到作业现场，了解和熟悉现场环境，进一步核实安全措施的可靠性，熟悉应急救援器材的位置及分布。

（4）作业前，作业单位对作业现场及作业涉及的设备、设施、工器具等进行检查，并使之符合如下要求：

① 作业现场消防通道、行车通道应保持畅通；影响作业安全的杂物应清理干净。

② 作业现场的梯子、栏杆、平台、箅子板、盖板等设施应完整、牢固，采用的临时设施应确保安全。

③ 作业现场可能危及安全的坑、井、沟、孔洞等应采取有效防护措施，并设警示标志，夜间应设警示红灯；需要检修的设备上的电器电源应可靠断电，在电源开关处加锁并加挂安全警示牌。

④ 作业使用的个体防护器具、消防器材、通信设备、照明设备等应完好。

⑤ 作业使用的脚手架、起重机械、电气焊用具、手持电动工具等各种工器具应符合作业安全要求；超过安全电压的手持式、移动式电动工器具应逐个配置漏电保护器和电源开关。

（5）断路作业单位应根据需要在断路的路口和相关道路上设置交通警示标志，在作业区附近设置路栏、道路作业警示灯、导向标等交通警示设施。

（6）在道路上进行定点作业，白天不超过 2 h、夜间不超过 1 h 即可完工的，在有现场交通指挥人员指挥交通的情况下，只要作业区设置了相应的交通警示设施，即白天设置了锥形交通路标或路栏，夜间设置了锥形交通路标或路栏及道路作业警示灯，可不设标志牌。

（7）断路作业结束后，作业单位应清理现场，撤除作业区、路口设置的路栏、道路作业警示灯、导向标等交通警示设施。应恢复作业时拆移的盖板、箅子板、扶手、栏杆、防护罩等安全设施的安全使用功能；将作业用的工器具、脚手架、临时电源、临时照明设备等及时撤离现场；将废料、杂物、垃圾、油污等清理干净。申请断路单位应检查核实，并报告有关部门恢复交通。

【问题 1】 企业在什么情况下应该办理断路作业票？

在企业生产区域内，交通主、支路与车间引道上进行工程施工、吊装、吊运等作业，致使道路有效宽度不足，可能会影响正常交通尤其影响消防、急救等救援车辆正常通行时，均应办理断路作业票。对于作业时占用半幅道路，另半幅能正常通行情况下，如果可供通行的半幅道路有效宽度足以满足消防等救援车辆正常通行时，可不需办理断路作业票。办理断路作业票的目的，就是要将断路信息及时通知有关部门，主要是应急救援部门，这些部门应做好相应的车辆行驶路线安排，一旦厂区内发生紧急情况需要救援车辆出动时，可及时调整应急救援路线，避开占用的道路，采取绕行其他道路的方式，以免影响救援行动。

【问题 2】 在夜间或雨、雪、雾天进行断路作业应设置道路作业警示灯，警示灯设置要求有哪些？

（1）采用安全电压。

（2）设置高度应离地面 1.5 m，不低于 1.0 m。

（3）其设置应能反映作业区的轮廓。

（4）应能发出至少自 150 m 处清晰可见的连续、闪烁或旋转的红光。

五、"断路安全作业票"管理要点

（1）办理好的"断路安全作业票"，第一联交断路作业单位持有，第二联由断路所在单位保存，第三联留给工程管理部门备案，"断路安全作业票"式样见表3-8。

表 3-8 "断路安全作业票"式样

申请单位		申请人		作业证编号	
作业单位					
涉及相关单位（部门）					
断路原因					
断路时间	自　年　月　日　时　分始至　年　月　日　时　分止				
断路地段示意图及相关说明： 签字：　　　年　月　日　时　分					
危害辨识					
序号	安全措施				确认人
1	作业前，制定交通组织方案（附后），并已通知相关部门或单位				
2	作业前，在断路的路口和相关道路上设置交通警示标志，在作业区附近设置路栏、道路作业警示灯、导向标等交通警示设施				
3	夜间作业设置警示灯				
4	其他安全措施： 编制人：				
实施安全教育人					
申请单位意见	签字：　　　年　月　日　时　分				
作业单位意见	签字：　　　年　月　日　时　分				
有关水、电、汽、工艺、设备、消防、安全等部门会签意见 签字：　　　年　月　日　时　分					

（2）一个作业点、一个作业周期应办理一张断路安全作业证。

（3）在断路安全作业证规定的时间内没有完成断路作业时，由断路作业申请单位提前重新办理安全作业证。

（4）断路作业应按断路安全作业证的内容进行实施，严禁涂改转借断路安全作业证，严禁变更作业内容和扩大作业范围或转移作业部位。

（5）需要注意的是，如果断路作业涉及动火、临时用电、受限空间、吊装等作业时，应办理相应的安全作业证。

（6）"断路安全作业票"应至少保存一年。

小 资 料

一、断路作业"十不准"

（1）未经审批同意，不准断路作业。

（2）无现场作业监护人员的，不准断路作业。

（3）未制定作业方案的，不准断路作业。

（4）作业方案未能保证消防车等重要车辆通行的，不准断路作业。

（5）作业方案未通知相关部门或单位的，不准断路作业。

（6）未在断路的路口和相关道路上设置安全警示标志的，不准断路作业。

（7）未在作业区附近设置路栏、道路作业警示灯、导向标等安全警示设施的，不准断路作业。

（8）夜间作业未设置警示红灯的，不准断路作业。

（9）道路作业警示灯不符合作业环境要求的，不准断路作业。

（10）存在其他特殊作业时，未办理相应的作业审批手续的，不准断路作业。

知识测验

1. 断路作业单位应根据需要在断路的路口和相关道路上设置（　　　），在作业区附近设置路栏、道路作业警示灯、导向标等交通警示设施。（单选题）

　　A. 路障　　　　　　　　　　B. 交通警示标志

　　C. 标语　　　　　　　　　　D. 告知牌

2. 在夜间或雨、雪、雾天进行断路作业应设置道路作业警示灯，警示灯设置错误的是（　　　）。（单选题）

　　A. 采用 220 V 电压

　　B. 设置高度应离地面 1.5 m，不低于 1.0 m

　　C. 其设置应能反映作业区的轮廓

　　D. 应能发出至少自 150 m 以外清晰可见的连续、闪烁或旋转的红光。

3. 在道路上进行定点断路作业，白天不超过（　　　）h、夜间不超过 1 h 即可完工的，在有现场交通指挥人员指挥交通的情况下，只要作业区设置了相应的交通警示设施，即白天设置了锥形交通路标或路栏，夜间设置了锥形交通路标或路栏及道路作业警示灯，可不设标志牌。（单选题）

　　A. 1　　　　　　　　　　　　B. 2

　　C. 3　　　　　　　　　　　　D. 4

4. 断路作业结束后,(   )应检查核实,并报告有关部门恢复交通。(单选题)

    A. 作业人员   B. 审批单位

    C. 申请断路单位   D. 监护人

任务训练

根据以下事故案例,对该断路作业进行风险分析,并制定相应安全管理措施。

2015 年 3 月 24 日,浙江某建设公司挖土项目的负责人朱某联系租用的一台小型"日立"挖掘机于 15 时左右进场,准备第二天开始绍兴高新技术创业服务中心(三期)工程围护桩压顶梁的施工。3 月 25 日 7 时许,挖掘机司机余某和小工车某到达工地现场,于 8 点左右开始自东向西围护桩压顶梁施工的挖沟工作。10 点左右,业主方在巡查过程中发现该挖掘机未经申报擅自施工,遂发出书面监理通知书,要求及时整改,落实人员抓紧申报。在业主和施工单位的监督下,余某和车某停止了作业,但两家公司离开现场后,两人又开始擅自挖掘作业。午饭后在项目部管理人员未上班的情况下,两人又提前进行挖掘工作。12 时 50 分左右,司机余某发现挖掘机将沟内作业的车某的安全帽勾出,感觉出事了,立即下车去沟内观察,发现车某被挖掘机挖斗所碰,已受伤倒地,工地附近凿桩人员赵某见状后立即报 120,120 急救人员到达后确认车某已死亡并报了 110。造成事故的直接原因是:挖掘机司机余某在视觉存在盲区无现场人员指挥的情况下盲目进行挖掘作业,小工车某安全意识淡薄,在未确认安全距离的情况下,冒险进入挖掘机回转半径内施工,最终导致事故发生。

学习拓展

1.《化学品生产单位断路作业安全规范》(AQ 3024—2008)。

2.《安全标志及其使用导则》(GB 2894—2008)。

任务八　盲板抽堵作业

学习目标

知识目标:了解盲板抽堵作业的概念及主要风险,掌握盲板抽堵作业的安全基本要求、安全管理措施和"盲板抽堵安全作业票"管理要点。

能力目标:能够根据企业安全生产实际情况,分析盲板抽堵作业可能导致的风险,制定盲板抽堵作业的安全管理措施,有效预防此类事故发生。

素质目标:引导学生牢固树立安全发展理念,强化学生依法依规盲板抽堵作业安全管理的思想,培养学生坚定安全管理工作必须坚持安全第一、预防为主、综合治理的方针。

思　考

2021 年 5 月 29 日，某石化公司烯烃联合装置裂解炉停车检修期间，在完成裂解炉进料管线氮气吹扫后，未关闭管线盲板上、下游阀门，相关人员在未完成"盲板抽堵作业许可证"签发流程，未对裂解炉进料管线盲板上、下游阀门状态进行现场确认的情况下，即开展抽盲板作业。同时，作业人员打开了轻石脑油进料界区阀门，造成轻石脑油从盲板未封闭的法兰处高速泄漏，泄漏的轻石脑油气化后发生爆燃，造成 1 人死亡、5 人重伤、8 人轻伤。经调查，事故的直接原因是该石化公司烯烃部 2 号乙烯装置（老区）在停车检修期间，完成管线氮气吹扫置换后，未关闭 7 号裂解炉进料管线 45 号盲板上、下游阀门。相关人员在未完成"盲板抽堵作业许可证"签发流程，未对 7 号裂解炉进料管线 45 号盲板上、下游阀门状态进行现场确认的情况下，即开展抽盲板作业。同时，作业人员打开了轻石脑油进料界区阀门，造成轻石脑油自 45 号盲板未封闭的法兰处高速泄漏，气化后发生爆燃。

思考 1：受限空间作业过程中，可能存在的风险有哪些？

思考 2：受限空间作业的过程管控措施有哪些？

知识学习

盲板抽堵作业涉及设备抢修、检修及设备开停工过程中，设备、管道内可能存有物料（气、液、固态）及一定温度、压力情况时的盲板抽堵，或设备、管道内物料经吹扫、置换、清洗后的盲板抽堵。盲板抽堵作业风险性较大，且存在较复杂的技术性。因此，必须加强盲板抽堵作业的安全管理。

一、断路作业基础知识

【问题 1】　什么是盲板抽堵作业？

盲板抽堵作业是指在设备、管道上安装或拆卸盲板的作业。

【问题 2】　什么是盲板，它的作用及分类有哪些？

盲板（blind ram）的正规名称叫法兰盖（flange cover），有的也叫作盲法兰或者管堵。它是中间不带孔的法兰，用于封堵管道口。所起到的功能和封头及管帽是一样的，只不过盲板密封是一种可拆卸的密封装置，而封头的密封是不准备再打开的。

盲板从外观上看，一般分为板式平板盲板、8 字盲板、插板、垫环（插板和垫环互为盲通）。盲板起隔离、切断作用，和封头、管帽、焊接堵头所起的作用是一样的。由于其密封性能好，对于需要完全隔离的系统，一般都作为可靠的隔离手段。板式平板盲板就是一个带柄的实心的圆，用于通常状况下处于隔离状态的系统。而 8 字盲板，形状像 8 字，一端是盲板，另一端是节流环，但直径与管道的管径相同，并不起节流作用。8 字盲板，使用方便，需要隔离时，使用盲板端，需要正常操作时，使用节流环端，同时也可用于填补管路上盲板的安装间隙。另一个特点就是标识明显，易于辨认安装状态。

二、盲板抽堵作业可能存在的风险

1. 中毒窒息

在初始打开存有有毒有害介质管线上的导淋或阀门法兰口时容易中毒窒息。

2. 火灾爆炸

在存有易燃易爆介质的管线设备，因安全处置不彻底，未使用防爆铜质工具拆卸螺栓，敲击管线或设备产生火花、作业人员未穿防静电服产生静电火花、通风不良易聚积可燃物质、未使用防爆照明引火灾发生爆炸。

3. 物体打击

在高空进行盲板作业时，使用打击扳手，大锤、其他工具若没有防坠绳易坠落，攀登高空时，未使用工具袋、手中拿工具、拆卸螺栓。未使用盛螺栓盆盲板、未放至安全位置滑脱等容易坠落易造成物体打击。

4. 高处坠落

在高空进行盲板作业时，未搭设合格操作平台，作业时未系挂合格安全带，作业人员未经体检有禁忌证者登高作业，使用梯子未固定，临边孔洞未防护进行盲板作业容易发生坠落。

5. 灼 烫

在盲板作业时，管线设备内介质温度超过 60 ℃ 或低于零下 – 10 ℃ 容易灼烫伤或冻伤。拆卸阀门连接法兰螺栓或打开导淋时，防护不到位容易出现管线或设备内的残余介质灼烫的危险。

6. 触 电

在盲板作业时使用电动工具，在易燃易爆区未使用防爆工具，电源箱配置不合格未设二次接地、未使用防爆照明，使用电动工具及电源箱的电源线不符合要求，有老化、破损、未采取绝缘保护等容易引发触电事故的危害。

三、盲板抽堵作业安全要求

1. 盲板抽堵作业许可管理

盲板抽堵作业实行一块盲板一张作业证的管理方式。盲板抽堵安全作业证由生产车间（分厂）负责填写，盲板抽堵作业单位审核或会签、单位生产部门审批。

2. 盲板抽堵作业安全措施

（1）作业前，生产车间（分厂）应预先绘制盲板位置图，对盲板进行统一编号，并设专人统一指挥作业。

（2）在不同企业共用的管道上进行盲板抽堵作业，作业前应告知上下游相关单位。

（3）作业单位应根据管道内介质的性质、温度、压力和管道法兰密封面的口径等选择相应材料，强度、口径和符合设计、制造要求的盲板及垫片。

（4）作业单位应按位置图进行盲板抽堵作业，并对每个盲板进行标识，标牌编号应与盲板位置图上的盲板编号一致，企业应逐一确认并做好记录。

（5）作业前，应降低系统管道压力至常压，保持作业现场通风良好，并设专人监护。

（6）在火灾爆炸危险场所进行盲板抽堵作业时，作业人员应穿防静电工作服、工作鞋，并使用防爆工具；距盲板抽堵作业地点 30 m 内不应有动火作业。

（7）在强腐蚀性介质的管道、设备上进行盲板抽堵作业时，作业人员应采取防止酸碱化学灼伤的措施。

（8）在介质温度较高或较低、可能造成人员烫伤或冻伤的管道、设备上进行盲板抽堵作业时，作业人员应采取防烫、防冻措施。

（9）在有毒介质的管道、设备上进行盲板抽堵作业时，作业人员应按 GB 39800.1 的要求选用防护用具。在涉及硫化氢、氯气氨气、一氧化碳及氰化物等毒性气体的管道、设备上进行作业时，除满足上述要求外，还应佩戴移动式气体检测仪。

（10）不应在同一管道上同时进行两处或两处以上的盲板抽堵作业。

（11）同一盲板的抽、堵作业，应分别办理盲板抽、堵安全作业票，一张安全作业票只能进行一块盲板的一项作业。

（12）盲板抽堵作业结束，由作业单位和企业专人共同确认。

【问题1】　盲板的选用要求是什么？

（1）盲板应按管道内介质的性质、压力、温度选用适合的材料。高压盲板应按设计规范设计、制造并经超声波探伤合格。

（2）盲板的直径应依据管道法兰密封面直径制作，厚度应经强度计算。

（3）一般盲板应有一个或两个手柄，便于辨识、抽堵，8 字盲板可不设手柄。

（4）应按管道内介质性质、压力、温度选用合适的材料做盲板垫片。

【问题2】　盲板设置注意事项有哪些？

（1）在满足工艺要求的前提下，尽可能少设盲板。

（2）所设置的盲板必须注明正常开启或正常关闭。

（3）盲板所设置的部位在切断阀的上游还是下游，应根据切断效果，安全和工艺要求来决定。

四、盲板抽堵作业安全管理措施

（1）作业前，作业单位和生产单位应对作业现场和作业过程中可能存在的危险、有害因素进行辨识，制定相应的安全措施。

（2）作业前，应对参加作业的人员进行安全教育，主要内容如下：

① 有关作业的安全规章制度；

② 作业现场和作业过程中可能存在的危险、有害因素及应采取的具体安全措施；

③ 作业过程中所使用的个体防护器具的使用方法及使用注意事项；

④ 事故的预防、避险、逃生、自救、互救等知识；

⑤ 相关事故案例和经验、教训。

（3）作业前，生产单位应进行如下工作：

① 对设备、管线进行隔绝、清洗、置换，并确认满足动火、进入盲板抽堵等作业安全要求；

② 对放射源采取相应的安全处置措施；

③ 对作业现场的地下隐蔽工程进行交底；

④ 腐蚀性介质的作业场所配备人员应急冲洗水源；

⑤ 夜间作业的场所设置满足要求的照明装置；

⑥ 会同作业单位组织作业人员到作业现场，了解和熟悉现场环境，进一步核实安全措施的可靠性，熟悉应急救援器材的位置及分布。

（4）作业前，作业单位对作业现场及作业涉及的设备、设施、工器具等进行检查，并使之符合如下要求：

① 作业现场消防通道、行车通道应保持畅通；影响作业安全的杂物应清理干净；

② 作业现场的梯子、栏杆、平台、箅子板、盖板等设施应完整、牢固，采用的临时设施应确保安全；

③ 作业现场可能危及安全的坑、井、沟、孔洞等应采取有效防护措施，并设警示标志，夜间应设警示红灯；需要检修的设备上的电器电源应可靠断电，在电源开关处加锁并加挂安全警示牌；

④ 作业使用的个体防护器具、消防器材、通信设备、照明设备等应完好；

⑤ 作业使用的脚手架、起重机械、电气焊用具、手持电动工具等各种工器具应符合作业安全要求；超过安全电压的手持式、移动式电动工器具应逐个配置漏电保护器和电源开关。

（5）进入作业现场的人员应正确佩戴符合 GB 2811 要求的安全帽，作业时，作业人员应遵守本工种安全技术操作规程，并按规定着装及正确佩戴相应的个体防护用品，多工种、多层次交叉作业应统一协调。

特种作业和特种设备作业人员应持证上岗。患有职业禁忌证者不应参与相应作业。

（6）作业前，作业单位应办理作业审批手续，并由相关责任人签名确认。

同一作业涉及动火、进入盲板抽堵、盲板抽堵、高处作业、吊装、临时用电、动土、断路中的两种或两种以上时，除应同时执行相应的作业要求外，还应同时办理相应的作业审批手续。

作业时审批手续应齐全，安全措施应全部落实，作业环境应符合安全要求。

（7）当生产装置出现异常，可能危及作业人员安全时，作业人员应停止作业，迅速撤离，作业单位应立即通知生产单位。

（8）作业完毕，应恢复作业时拆移的盖板、箅子板、扶手、栏杆、防护罩等安全设施的安全使用功能；将作业用的工器具、脚手架、临时电源、临时照明设备等及时撤离现场；将废料、杂物、垃圾、油污等清理干净。

【问题】　为什么同一盲板抽堵作业不能用同一张盲板作业票？

同一盲板的抽堵作业，应分别办理盲板抽堵安全作业票，一张安全作业票只能进行一块盲板的一项作业。主要出于两个因素考虑：

（1）盲板作业包括抽（堵）和恢复两个步骤，同一块盲板的抽（堵）和恢复的时间很难完全一致，两个作业间隔时间短则数小时，长则数日、数月，甚至永久隔离，如果用同一张安全作业票跟踪和管理，可能一张安全作业票要等待很长时间也迟迟不能归档保存，不利于管理，甚至还有可能致使安全作业票丢失。

（2）同一块盲板的抽（堵）和恢复不一定由相同的人员进行，尤其是当两次作业时处于不同的时段时，可能面临的风险不一样。因此通过重新办理安全作业票，对风险重新进行识别，确保作业安全。一张安全作业票只能进行一块盲板的一项作业，就是说同一法兰加盲板要办安全作业票，拆卸盲板时要办理新的安全作业票。

五、"盲板抽堵安全作业票"管理要点

（1）"盲板抽堵安全作业票"由生产车间办理，"盲板抽堵安全作业票"式样见表3-9。

（2）盲板抽堵作业宜实行一块盲板一张作业证的管理方式。

（3）严禁随意涂改、转借作业证，变更盲板位置或增减盲板数量时，应重新办理"盲板抽堵安全作业票"。

（4）"盲板抽堵安全作业票"由生产车间负责填写、盲板抽堵作业负责人确认、公司安全部负责人审批。经审批的"盲板抽堵安全作业票"一式两份，盲板抽堵作业部门或单位、生产车间各一份，生产车间负责存档，"盲板抽堵安全作业票"保存期限至少为两年。

表 3-9 "盲板抽堵安全作业票"式样

申请单位				申请人			作业证编号			
设备管道名称	介质	温度	压力	盲板			实施时间	作业人		监护人
				材质	规格	编号	堵　抽	堵　抽		堵　抽
生产单位作业指挥										
作业单位负责人										
涉及的其他特殊作										

盲板位置图及编号：

序号	安全措施	确认人
1	在有毒介质的管道、设备上作业时，尽可能降低系统压力，作业点应为常压	
2	在有毒介质的管道、设备上作业时，作业人员穿戴适合的防护用具	
3	易燃易爆场所，作业人员穿防静电工作服、工作鞋；作业时使用防爆灯具和防爆工具	
4	易燃易爆场所，距作业地点 30 m 内无其他动火作业	
5	在强腐蚀性介质的管道、设备上作业时，作业人员已采取防止酸碱灼伤的措施	
6	介质温度较高、可能造成烫伤的情况下，作业人员已采取防烫措施	
7	同一管道上不同时进行两处以上的盲板抽堵作业	
8	其他安全措施：　　　　　　　　　　　　　　编制人：	

实施安全教育人			

生产车间（分厂）意见	签字：　　　　　　年　　　月
作业单位意见	签字：　　　　　　年　　　月
审批单位意见	签字：　　　　　　年　　　月
盲板抽堵作业单位确认情况	签字：　　　　　　年
生产车间（分厂）确认情况	签字：　　　　　　年

一、盲板抽堵作业"十不准"

（1）未经审批同意，未进行危害辨识的，不准盲板抽堵作业。

（2）无现场作业监护人员的，不准盲板抽堵作业。

（3）高压盲板使用前未经超声波探伤的，不准盲板抽堵作业。

（4）盲板未设置标牌或设置的标牌编号与位置图上的盲板编号不一致的，不准盲板抽堵作业。

（5）盲板抽堵作业点压力未降为常压的，不准盲板抽堵作业。

（6）盲板抽堵作业人员未根据易燃易爆、有毒有害作业环境特点选择防静电、防中毒个体劳动防护用品的，不准盲板抽堵作业。

（7）在存在强腐蚀性或高温介质的管道上进行盲板抽堵作业，未采取防酸碱灼伤或防烫伤措施的，不准盲板抽堵作业。

（8）作业人员使用的工具不符合作业环境要求的，不准盲板抽堵作业。

（9）易燃易爆场所，距盲板抽堵作业地点 30 m 内有动火作业的，不准盲板抽堵作业。

（10）在同一管道上同时进行两处及两处以上的盲板抽堵作业的，不准盲板抽堵作业。

二、盲板的设置

《盲板的设置》（HG/T 20570.23—1995）对盲板的设置要求有：

（1）原始开车准备阶段，在进行管道的强度试验或严密性试验时，不能和所相连的设备（如透平、压缩机、气化炉、反应器等）同时进行的情况下，需在设备与管道的连接处设置盲板。

（2）界区外连接到界区内的各种工艺物料管道，当装置停车时，若该管道仍在运行之中，在切断阀处设置盲板。

（3）装置为多系列时，从界区外来的总管道分为若干分管道进入每一系列，在各分管道的切断阀处设置盲板。

（4）装置要定期维修、检查或互相切换时，所涉及的设备需完全隔离时，在切断阀处设置盲板。

（5）充压管道、置换气管道（如氮气管道、压缩空气管道）Ⅰ艺管道与设备相连时，在切断阀处设置盲板。

（6）设备、管道的低点排净，若工艺介质需集中到统一的收集系统，在切断阀后设置盲板。

（7）设备和管道的排气管、排液管、取样管在阀后应设置盲板或丝堵。无毒、无危害健康和非爆炸危险的物料除外。

（8）装置分期建设时，互相联系的管道在切断阀处设置盲板，以便后续工程施工。

（9）装置正常生产时，需完全切断的一些辅助管道，一般也应设置盲板。

（10）其他工艺要求需设置盲板的场合。

知识测验

1. 盲板抽堵作业时，作业点压力应（　　　　），并设专人监护。（单选题）

    A. 降为常压　　　　　　　　　　　B. 维持不变

    C. 降低至 1 MPa 以下　　　　　　　D. 降低至 2 MPa 以下

2. 在强腐蚀性介质的管道、设备上进行盲板抽堵作业时，作业人员应采取（　　　　）的措施。（单选题）

    A. 防止酸碱灼伤　　　　　　　　　B. 防火防爆

    C. 抽空设备　　　　　　　　　　　D. 防尘防毒

3. 下列不属于盲板及垫片选择原则的是（　　　　）。（单选题）

    A. 根据管道内介质的性质选择

    B. 根据管道内介质的温度选择

    C. 根据管道内介质的压力选择

    D. 根据作业地点的气压选择

4. 盲板抽堵作业结束，由（　　　　）确认。（单选题）

    A. 作业单位

    B. 生产车间（分厂）

    C. 作业单位和生产车间（分厂）

    D. 审批单位

任务训练

根据以下事故案例，对该盲板抽堵作业进行风险分析，并制定相应安全管理措施。

2017 年 7 月 12 日 16 时 50 分左右，陕西某发电有限责任公司 5 号机组除氧器预留管口盲板发生爆裂事故，造成 2 人死亡、1 人受伤，直接经济损失 227.9 万元。经调查，事故直接原因是爆裂的盲管堵板焊接无孔平端盖不符合国家标准要求，在机组长期运行过程中，因工作应力和热应力的连续作用，最终导致突然爆开。事故间接原因是：未能发现除氧器预留管口盲板焊接存在严重缺陷，为事故的发生埋下了祸根；对预留管口盲板沙眼渗漏缺陷可能产生的风险因素预判不足，对此跑冒滴漏征兆未能引起足够的重视和警觉；对已发现且不能立即消除的缺陷未及时录入缺陷信息管理系统，缺陷分类界定不清，消缺时限把握不严，未按消缺管理制度及时消缺。

学习拓展

1.《化学品生产单位盲板抽堵作业安全规范》（AQ 3027—2008）。
2.《盲板的设置》（HG/T 20570.23—1995）。
3.《快速开关盲板技术规范》（SY/T 0556—2018）。

项目四 事故报告、调查与分析

 项目背景

　　生产安全事故发生后，对事故进行报告，是为了使各级人民政府安全生产监督管理部门及时了解事故情况，采取有效措施，组织抢救，防止事故扩大，减少人员伤亡和财产损失；对事故进行调查处理，是为了查明事故发生的可能原因，对事故责任人进行追究，以及提出防止类似事故再次发生的对策。事故报告和调查处理是一项极其严肃的工作，依照《生产安全事故报告和调查处理条例》做好此项工作，对于预防和减少事故发生具有重要意义。

任务一　事故上报

学习目标

　　知识目标：掌握事故上报的程序和时间要求，清楚事故上报的内容。
　　能力目标：能够结合企业实际，完成生产安全事故上报工作。
　　素质目标：培养学生理论联系实际的能力，激发学生科学严谨、探索求知的精神。

思　考

　　2021 年 1 月 10 日 14 时，山东省烟台市一金矿发生爆炸事故，致井通梯子间损坏，罐笼无法正常运行，因信号系统损坏，造成井下 22 名工人被困失联。事故发生后，涉事企业（山东某投资有限公司）迅速组织力量施救，但由于对救援困难估计不足，直到 1 月 11 日 20 时 5 分才向栖霞市应急管理局报告有关情况，存在迟报问题。接报后，立即成立省市县一体化应急救援指挥部，投入专业救援力量 300 余人，40 余套各类机械设备，紧张有序开展救援。经全力救援，11 人获救，10 人死亡，1 人失踪，直接经济损失 6847.33 万元。
　　思考 1：发生事故后，为什么要进行事故上报？
　　思考 2：事故上报有什么要求？

知识学习

　　事故报告应当及时、准确、完整，任何单位和个人对事故不得迟报、漏报、谎报或者瞒报。单位和个人不得阻挠和干涉对事故的报告和依法调查处理。事故发生后，及时、准确、完整地报告事故，对于及时、有效地组织事故救援，减少事故损失，顺利开展事故调查具有非常重要的意义。

一、事故报告

【问题1】 事故发生后，哪些人员或部门负有事故报告的职责？

根据《生产安全事故报告和调查处理条例》规定，"事故现场人员""单位负责人""安全生产监督管理部门"和"负有安全生产监督管理职责的有关部门"是负有事故报告职责的人员或部门。

"有关人员"主要是指事故发生单位在事故现场的有关工作人员，既可以是事故的负伤者，也可以是在事故现场的其他工作人员；在发生人员死亡和重伤无法报告，且事故现场又没有其他工作人员时，任何首先发现事故的人都负有立即报告事故的义务。

"单位负责人"可以是事故发生单位的主要负责人，也可以是事故发生单位主要负责人以外的其他分管安全生产工作的副职领导或其他负责人。根据企业的组织形式，主要负责人可以是公司制企业的董事长、总经理、首席执行官或者其他实际履行经理职责的企业负责人，也可以是非公司制企业的厂长、经理、矿长等企业行政"一把手"。

以上两种人有报告事故的义务。由于事故报告的紧迫性，现场有关人员只要将事故报告到事故单位的指挥中心（如调度室、监控室）即可。

"安全生产监督管理部门"是指国家应急管理部门和各级应急管理部门。

"负有安全生产监督管理职责的有关部门"一般是指生产经营单位的行业管理机关和负有专业监督管理职责的部门。例如交通事故，交通部门是行业主管部门，交警支队是行业监管部门。对行车事故来说，除了企业的主管部门外，还有质量技术监管部门。所以，总的来说，负有安全生产监督管理职责的有关部门指行业管理部门和企业的主管机关。

【问题2】 事故报告为什么实行双报告制度？

事故发生后，明确事故单位负责人既有向县级以上人民政府安全生产监督管理部门报告的义务，又有向负有安全生产监督管理职责的有关部门报告的义务，即事故报告是两条线，实行双报告制。这是由我国现行的综合监管与专项监管相结合的安全生产管理体制决定的。

在一般情况下，事故现场有关人员应当向本单位负责人报告事故，但是，事故是人命关天的大事，在情况紧急时，允许事故现场有关人员直接向安全生产监督管理部门和负有安全生产监督管理职责的有关部门报告。至于"情况紧急"应该作较为灵活的理解，比如事故单位负责人联系不上、事故重大需要政府部门迅速调集救援力量等情形。对于负有安全生产监督管理职责的部门和具体工作人员来说，只要接到事故现场有关人员的报告，不论是否属于"紧急情况"，都应当立即赶赴现场，并积极组织事故救援。

【问题 3】 安全生产监督管理部门和负有安全生产监督管理职责的有关部门上报事故时，应当通知其他哪些部门和单位？为什么？

1. 应当通知公安部门

为及时有效打击安全生产犯罪行为，应当及时通知公安机关，以便公安机关迅速开展调查取证工作及对犯罪嫌疑人采取措施，防止其逃匿，同时维护事故现场秩序，保护事故现场；对逃匿的，由公安机关迅速追捕归案。

2. 应当通知人力资源和社会保障部门

比如，工伤事故的认定主要由人力资源和社会保障部门负责。从实际情况看，生产安全事故大多属于工伤事故，且往往直接涉及工伤认定和工伤保险赔偿等一系列具体问题。因此，人力资源和社会保障部门有必要及时获知事故及人员伤亡的有关情况的信息。

3. 应当通知工会

工会作为工人权益的代表，不仅要在平时主动维护工人权益，事故发生后更要掌握情况，积极参与事故调查，充分发挥工人权益维护者的作用。

4. 应当通知人民检察院

现实表明，在一些重特大事故的背后往往存在官商勾结、权钱交易的现象，为打掉事故背后的"保护伞"，应当通知人民检察院，以便其及时介入事故调查，为职务犯罪的侦查做好相应准备。

二、报告时间

事故发生后，事故现场有关人员应当立即向本单位负责人报告；单位负责人接到报告后，应当于 1 小时内向事故发生地县级以上人民政府安全生产监督管理部门和负有安全生产监督管理职责的有关部门报告。

情况紧急时，事故现场有关人员可以直接向事故发生地县级以上人民政府安全生产监督管理部门和负有安全生产监督管理职责的有关部门报告。安全生产监督管理部门和负有安全生产监督管理职责的有关部门逐级上报事故情况，每级上报的时间不得超过 2 小时。

【问题 1】 事故报告为什么规定时间界限？

无论是《中华人民共和国刑法》还是《生产安全事故报告和调查处理条例》，包括安全生产领域党纪处分和政纪处分的规定，已经加大了对生产安全事故瞒报、漏报、迟报、谎报等事故的处罚力度，这样就需要一个非常严密的事故报告时间的规定来确定其基本原则，也便于在整个事故报告过程中准确把握。

《生产安全事故报告和调查处理条例》在过去的基础上进行了完善。《特别重大事故调查程序暂行规定》里有 3 个时间界限，只有终点，没有起点，也没有合理地划分每一级占用的时间、级次。一般事故应在 24 小时内报至省级应急管理部门；重大事故应在 12 小时内报至国家应急管理部门；特别重大事故应在 6 小时内报至国务院。因为对有些环节报告时间没有具体要求，例如从县级报告到市级，再从市级报告到省级都没有具体严格的时间要求，这样就造成了事故报告的极大延迟，也无法界定各自的职责。所以，《生产安全事故报告和调查处理条例》做了很大的调整。

事实上，我国很早就有立法规范事故报告制度。国务院最早在 1956 年 5 月 25 日就颁布了《工人职员伤亡事故报告规程》，后又于 1991 年 2 月 22 日颁布了《企业职工伤亡事故的报告和处理规定》，具体规定了有关程序。在此之前，国务院 1989 年 3 月 29 日公布的《特别重大事故调查程序暂行规定》中就特别重大事故的报告也有规定。

【问题 2】 为什么要制定"1 小时"的限制性规定？

正确理解单位负责人报告事故的"1 小时"限制性规定。《生产安全事故报告和调查处理条例》第四条明确了事故报告应当及时，这是报告事故的原则性规定。在现代通信技术比较发达的条件下，作出"1 小时"限制性规定是较为切合实际的，既能保证事故单位采取相关应急措施，又能保证安全生产监督管理部门和其他负有安全生产监督管理职责的有关部门较快地获取事故的相关情况。

【问题 3】 怎样理解"每级上报的时间不得超过 2 小时"？

本条关于事故上报时间的要求，核心词语是"2 小时"。"2 小时"的起点是指接到下级部门报告的时间。以特别重大事故的报告为例，取报告时限要求的最大值计算，从单位负责人报告县级管理部门，再由县级管理部门报告市级管理部门、市级管理部门报告省级管理部门、省级管理部门报告国务院管理部门，最后报至国务院，所需时间为 9 小时。

上报事故的首要原则是及时。之所以作出这样限制性的时间规定，是因为快速上报事故，有利上级部门及时掌握情况，迅速开展应急救援工作；有利于快速、妥善安排事故的善后工作；有利于及时向社会公布事故的有关情况，正确引导社会舆论。

三、报告内容

1. 事故发生单位概况

事故发生单位概况应当包括单位的全称、所处地理位置、所有制形式和隶属关系、生产经营范围和规模、持有各类证照的情况、单位负责人的基本情况以及近期的生产经营状况等。当然，这些只是一般性要求，对于不同行业的企业，报告的内容应该根据实际情况来确定，但应当以全面、简洁为原则。

2. 事故发生的时间、地点以及事故现场情况

报告事故发生的时间应当具体，并尽量精确到分钟。报告事故发生的地点要准确，

除事故发生的中心地点外，还应当报告事故所波及的区域。报告事故现场的情况应当全面，不仅应当报告现场的总体情况，还应当报告现场人员的伤亡情况、设备设施的毁损情况；不仅应当报告事故发生后的现场情况，还应当尽量报告事故发生前的现场情况，以便于前后比较，分析事故原因。

3. 事故的简要经过

事故的简要经过是对事故全过程的简要叙述。核心要求在于"全"和"简"。"全"是要全过程描述，"简"是要简单明了。对事故经过的描述应当特别注意事故发生前作业场所有关人员和设备设施的一些细节，因为这些细节可能就是引发事故的重要原因。

4. 事故已经造成或者可能造成的伤亡人数（包括下落不明的人数）和初步估计的直接经济损失

对于人员伤亡情况的报告，应当遵守实事求是的原则，不进行无根据的猜测，更不能隐瞒实际伤亡人数，对可能造成的伤亡人数，要根据事故单位当班记录，尽可能准确报告。对直接经济损失的初步估算，主要指事故所导致的建筑物的毁损、生产设备设施和仪器仪表的损坏等。

5. 已经采取的措施

已经采取的措施主要是指事故现场有关人员、事故单位责任人、已经接到事故报告的安全生产管理部门为减少损失、防止事故扩大和便于事故调查所采取的应急救援和现场保护等具体措施。

6. 其他应当报告的情况

这是报告事故应当包括内容的兜底条款。对于其他应当报告的情况，根据实际情况具体确定。需要特别指出的是，条例制定时考虑到事故原因往往需要进一步调查之后才能确定，为谨慎起见，没有将其列入应当报告的事项。但是，对于能够初步判定事故原因的，还是应当进行报告。

事故现场有关人员需要准确报告事故的时间、地点、人员伤亡的大体情况，事故单位负责人需要报告事故的简要经过、人员伤亡和损失情况以及已经采取的措施等，安全生产监督管理部门和负有安全生产监督管理职责的有关部门向上级部门报告事故情况需要严格按照有关规定进行报告。

四、事故补报

事故报告后出现新情况的，应当及时补报。自事故发生之日起 30 日内，事故造成的伤亡人数发生变化的，应当及时补报。道路交通事故、火灾事故自发生之日起 7 日内，事故造成的伤亡人数发生变化的，应当及时补报。

【问题 1】 为什么需要对事故进行补报？对补报的时间要求都有哪些？

事故发生后的一定时期内，往往会出现一些新情况，尤其是伤亡人数和直接经济损失会发生一些变化。为了规范事故的补报工作，特别对应当补报的新情况和补报时限进行了明确规定，并且对一些特定领域事故新情况的补报期限作了特别规定。

【问题2】　怎样理解"30日"和"7日"这两个时间点？

事故伤亡人数自事故发生之日起30日内发生变化的应当及时补报。作出30日的规定，能使安全生产监督管理部门和负有安全生产监督管理职责的有关部门更加合理地安排救援和善后等相关工作，同时也有利于事故受害者及其家属权益的保护。对道路交通事故、火灾事故伤亡人数发生变化的补报时限作出"自发生之日起7日内"的规定，主要是为了与行业现有规定相衔接。

【问题3】　直接经济损失的情况发生变化而需要补报时，怎么办？

值得注意的是，对于直接经济损失的情况发生变化而需要补报时，其统计按照原国家安全生产监督管理总局《关于加强生产安全事故经济损失统计工作的通知》的规定执行，即工矿商贸企业事故（含非伤亡事故）直接经济损失按照《企业职工伤亡事故经济损失统计标准》（GB 6721—86）进行统计，其他行业和领域事故直接经济损失按照有关部门制定的统计标准进行统计。

小提示

一、在事故报告过程中应当处理好的几个问题

1. 应当及时组织抢救

生产经营单位在事故发生后应当启动事故应急救援预案，及时组织进行抢救。事故发生地的人民政府、应急和有关部门接到事故报告后，应当立即赶赴事故现场组织抢救，没有滞留时间。

2. 有关单位和人员不得破坏事故现场，毁灭相关证据

《生产安全事故报告和调查处理条例》要求企业或单位在进行事故抢险救援的过程中对现场和证据有保护的责任，如果因为要疏通交通，防止事故扩大，抢险人员等其他事故应急救援需要对相关的物件、现场和资料进行提取和使用的，应当作出标志、绘制现场简图、作出书面记录，保存重要的痕迹和物证，包括摄影和摄像。

3. 进一步加强事故终结报告的完整性

在实际工作中，除了完整报告规定的六个方面的内容外，实际上还应当增加两方面内容：

（1）政府有关部门和领导到达现场以后，指挥应急救援的情况在事故终结报告中应当予以体现。这个部分的内容在《生产安全事故报告和调查处理条例》第十四、十五条里有要求。

（2）涉及人员伤亡的情况，包括善后处理的情况、对受伤人员的医疗救治的情况及伤亡级次的确定，在事故终结报告里要予以确切描述，不能用受伤等模糊的概念或者一般的经验对伤亡进行描述。

4. 事故报告必须客观、准确

（1）过去的报告中只是强调死亡、受伤、轻伤等人身伤亡情况，对财产损失不怎么报告，而《生产安全事故报告和调查处理条例》中增加了报告财产损失的内容。

（2）为了更加准确描述事故发生的过程和动态，在没有找到遇难人员尸体以前应当按失踪进行报告。

（3）有些事故，有人员先是受伤，后来死亡的情况。过去没有法规规定，只是以事故抢险救援结束后，以当时的死伤情况为事故报告的死亡情况。在《生产安全事故报告和调查处理条例》中，对这种情况作了明确，生产安全事故受伤人员 30 日内死亡的，要记入本次事故，按事故进行报告。道路交通、火灾事故，7 日内死亡的要进行补充报告。

二、事故报告的内容

在实际工作中，事故报告大致有 3 个过程：第一个过程是事故的初次报告；第二个过程是事故的中间报告；第三个过程是事故的终结报告。这 3 个过程有时候可以一次完成，有时候也可以两次完成，有时候 3 次甚至多次才能最终完成事故报告。

按照事故报告的规定，事故报告应该提供的内容有 6 个部分，而这 6 部分内容应当是事故终结报告才能完整体现的内容，但是在事故发生当时，并不能全面和完整地了解《生产安全事故报告和调查处理条例》所规定的内容，所以在实际操作过程中，可将事故报告分为 3 个报告来完成。第一个是初次报告，初次报告的内容包括事故发生的时间、地点、单位和人员伤亡的初步情况，包括下落不明人数。因为在接到事故报告时，只知道事故大致情况，对抢险过程等情况不清楚，事故报告又有时间的限定，所以在很短的时间中将事故描述得很细致是很难的。所以，事故发生的地点、时间、单位、事故性质和简要的伤亡情况这五个要素说清楚就可以完成事故的初步报告。第二个是事故的中间报告，事故的中间报告比较复杂，也不好把握和界定。一般来说，事故抢险有关人员到达现场后，进一步对事故发生的情况进行了解，包括伤亡情况的变化、抢险救援过程中的变化、有关抢险救援过程中组织情况的变化等，所有在初次报告后发生的变化都应当及时报告，这个过程中产生的报告都是事故的中间报告，可以是一次，也可以是多次，要根据事故应急救援的情况而定。

在事故抢险救险结束后，按照《生产安全事故报告和调查处理条例》6 个方面的内容，提供一个事故终结报告。全面反映事故的整体情况，事故报告才能最后终结。

> **知识测验**

1. 某建筑施工企业发生生产安全事故后，事故现场有关人员、单位负责人、各级

地方人民政府应按照规定及时进行报告。下列关于事故报告的说法中，正确的是（　　）。（单选题）

　　A. 单位负责人接到事故报告后，应在 2 小时内向事故发生地县级以上人民政府报告

　　B. 一般事故应逐级上报至省级人民政府安全生产监督管理部门

　　C. 事故报告应包括发生的时间、地点以及事故现场情况，事故的简要经过

　　D. 火灾事故自发生之日起 30 日内，事故造成的伤亡人数发生变化的，应及时补报

2. 安全生产监督管理部门和负有安全生产监督管理职责的有关部门接到事故报告后，应当按照事故的级别逐级上报事故情况，并报告同级人民政府，通知公安机关、劳动保障行政部门、工会和人民检察院，且每级上报的时间不得超过（　　）小时。（单选题）

　　A. 2　　　　　　　　B. 4　　　　　　　　C. 6　　　　　　　　D. 8

3. 某施工现场发生事故后，施工现场有关人员可直接向主管部门报告，报告内容中不包括的是（　　）。（单选题）

　　A. 事故发生的原因和事故性质

　　B. 事故单位基本情况

　　C. 事故发生的简要经过，伤亡人数和初步估计的直接经济损失

　　D. 事故发生的时间、地点、工程项目名称、工程各参建单位名称

4. 2017 年 7 月 1 日，某工程施工过程中发生坍塌事故，造成人员伤亡，次日在救援中找到 2 具尸体，另有 10 人受伤。根据《生产安全事故报告和调查处理条例》，该事故造成的伤亡人数发生变化应当补报的最迟日期为（　　）。（单选题）

　　A. 2017 年 7 月 6 日　　　　　　　　　B. 2017 年 7 月 8 日

　　C. 2017 年 7 月 15 日　　　　　　　　D. 2017 年 7 月 31 日

任务训练

某公司为了完成事故上报，请你根据以下事故案例信息帮助其绘制一份本次事故的上报流程图。

2018 年 11 月 23 日 12 时 28 分许，永康市某电器有限公司钣金车间内发生一起机械伤害事故，调模工陈某在进行调模作业时模具崩裂击中喉部，经抢救无效死亡。该公司钣金车间设有兼职现场安全管理人员，综合管理部为公司安全管理部门，公司设有分管安全的副总。

学习拓展

1.《关于加强生产安全事故经济损失统计工作的通知》。

2.《企业职工伤亡事故经济损失统计标准》（GB 6721—86）。

任务二　事故调查

学习目标

知识目标：清楚事故调查权的划分，事故调查组的构成及职责，事故调查组的行为规范。

能力目标：能够结合企业实际，完成生产安全事故调查工作。

素质目标：培养学生责任意识和勇于担当的精神，增强学生尊重生命、热爱生命的情怀。

思　考

2023 年 5 月 1 日，山东聊城某双氧水新材料科技有限公司 1 号双氧水装置发生爆炸，事故造成 10 人死亡、1 人受伤。事故原因为：双氧水装置工作液配置釜用于回收工作液时，吸入大量质量分数为 70%的双氧水，釜内可能存在杂质造成双氧水剧烈分解，引发配置釜超压爆炸，造成现场人员伤亡，并波及相邻企业辛醇储罐及部分管线。

思考 1：负责本次事故调查的调查组由哪些部门构成？

思考 2：事故调查组在开展事故调查时，具体的工作职责是什么？

知识学习

一、事故调查权

根据《生产安全事故报告和调查处理条例》第十九条规定：

特别重大事故由国务院或者国务院授权有关部门组织事故调查组进行调查。

重大事故、较大事故、一般事故分别由事故发生地省级人民政府、设区的市级人民政府、县级人民政府负责调查。省级人民政府、设区的市级人民政府、县级人民政府可以直接组织事故调查组进行调查，也可以授权或者委托有关部门组织事故调查组进行调查。

未造成人员伤亡的一般事故，县级人民政府也可以委托事故发生单位组织事故调查组进行调查。

【问题 1】　怎么理解本条第二款？

（1）本款规定充分体现了分级管理的原则。这是根据当前我国安全生产工作现状作出的，便于操作和落实。

（2）本款规定明确了事故调查的属地原则。也就是说，事故调查权在事故发生地的有关人民政府。

（3）本款规定的"有关部门"一般是指负责安全生产监督管理的部门，也可以根据实际情况，授权或者委托负有安全生产监督管理职责的其他部门。

（4）对重大事故，省级人民政府可以直接组织事故调查组进行调查，也可以授权或者委托有关部门组织事故调查组进行调查。

（5）对较大事故，设区的市级人民政府可以直接组织事故调查组进行调查，也可以授权或者委托有关部门组织事故调查组进行调查。

（6）对一般事故，县级人民政府可以直接组织事故调查组进行调查，也可以授权或者委托有关部门组织事故调查组进行调查。一般事故的调查以明确授权或者委托安全生产监督管理部门或有关部门组织事故调查组进行调查为妥。

【问题2】 怎样理解本条第三款中的"一般事故"？

该款规定中的"一般事故"特指只造成了轻伤或直接经济损失在 1000 万元以下的事故。发生这种事故时，县级人民政府可以委托事故发生单位进行调查，事故发生单位要按照要求组织事故调查组，调查结果要报告。

这样规定是为了减轻政府负担，提高工作效率。

【问题3】 怎么理解"政府领导，分级负责"？

一是事故调查工作实行"政府领导，分级负责"的原则，也可以理解为事故调查实行"政府负责，分级管理"的原则。不管哪级事故，其事故调查工作都是由政府负责的；不管是政府直接组织事故调查，还是授权或者委托有关部门组织事故调查，都是在政府的领导下、以政府的名义进行的，都是政府的调查行为，不能理解为部门的调查行为。

二是事故调查工作是通过事故调查组完成的（有的一般事故除外），不管是政府直接组织事故调查，还是授权或者委托有关部门组织事故调查，都要按照《生产安全事故报告和调查处理条例》组织事故调查组进行；未按照《生产安全事故报告和调查处理条例》组织事故调查组进行事故调查的，属于程序或者行政行为不当，其调查结果没有法律效力。

【问题4】 对于火灾、道路交通、水上交通等行业或者领域的事故调查处理，《生产安全事故报告和调查处理条例》是如何规定的？

考虑到火灾、道路交通、水上交通等行业或者领域的事故调查处理已有专门法律、行政法规，《生产安全事故报告和调查处理条例》规定：特别重大事故以下等级事故的报告和调查处理，有关法律、行政法规、国务院另有规定的，依照其规定。

小 资 料

国家规定按分级负责的原则对事故进行调查。特别重大事故由国务院或国务院授权的部门组织调查；重大事故由省级人民政府或省政府授权的部门进行调查；较大事故由市、州、地人民政府或授权的部门进行调查；一般事故由县级人民政府或县级人民政府授权的部门进行调查。

这里有 3 种例外的情况需要说明。

（1）没有造成人员伤亡的事故可以委托事故发生单位组织调查，通常我们说的重伤事故、较小的财产损失事故等。

（2）上级部门认为有必要，可以直接调查由下级人民政府负责调查的事故。例如，1~2 人的事故本来应该由县级人民政府负责调查，如果市政府认为有必要，就可以组成事故调查组进行调查。

（3）事故伤亡情况发生变化以后，也就是由于事故伤亡人数的变化导致事故的等级发生变化，这种情况有两种处置方法：

① 由上级人民政府确定维持原来县级人民政府调查的结果或者结论。

② 另行组织事故调查组进行调查。

依据《生产安全事故报告和调查处理条例》第四十五条规定，特别重大事故以下等级事故的报告和调查处理，有关法律、行政法规或者国务院另有规定的，依照其规定。以下几种事故属于这个范畴：

（1）煤矿事故，煤矿事故依据《国务院煤矿安全监察条例》的规定由煤矿安全监察部门负责调查。

（2）民用航空、铁路的事故，依据《铁路安全事故管理条例》和《民用航空安全生产管理规定》，分别由民航和铁路部门负责组织调查。

（3）道路交通、火灾、水上交通的事故，2 人以下死亡事故由交通、公安交警、公安消防部门负责组织调查。3~9 人的死亡事故，由市级安监部门负责组织调查，10~29 人的死亡事故，由省级安监部门负责组织调查

另外，跨地区、跨行业的事故调查，根据过去条款规定，是由涉及的两个地区的共同的上一级人民政府负责组织调查，现在的《生产安全事故报告和调查处理条例》对这一情形作了调整，由事故发生地的人民政府负责组织调查。这种情况最常见的是交通事故，比如外地车辆在六盘水发生交通事故，由六盘水市人民政府负责组织调查；另外一种比较普遍的是建筑施工行业，比如云南省的建筑公司在六盘水有一施工建设项目发生事故，事故调查由六盘水市人民政府负责。

二、变更事故调查权

根据《生产安全事故报告和调查处理条例》第二十条规定：

上级人民政府认为必要时，可以调查由下级人民政府负责调查的事故。

自事故发生之日起 30 日内（道路交通事故、火灾事故自发生之日起 7 日内），因事故伤亡人数变化导致事故等级发生变化，依照本条例规定应当由上级人民政府负责调查的，上级人民政府可以另行组织事故调查组进行调查。

上述条款是关于提级调查和变更事故调查权的规定。

【问题1】 理解本条款应注意哪些问题？

（1）事故的等级因伤亡人数的变化而变化。

（2）明确了事故等级因伤亡人数的变化而变更等级的期限，道路交通事故、火灾事故自事故发生之日起7日内，其他事故自事故发生之日起30日内发生的伤亡计入伤亡人数。

（3）已经组成了事故调查组。上级人民政府可以根据实际情况终止原事故调查组进行的调查工作，另行组织事故调查组进行调查，也可以由原事故调查组继续调查。

【问题2】 如何理解本条第一款中的"上级人民政府"？

"上级人民政府"可以是上二级人民政府，也可以是再上级人民政府，甚至是国务院。

【问题3】 怎样理解本条第一款的"认为必要时"？

事故调查应当按照《生产安全事故报告和调查处理条例》第十九条规定的原则进行，一般情况下不应进行提级调查，但事故的情况很复杂，有的事故等级虽不高，但可能情况复杂，影响较大，需要由上级人民政府调查。因此，建立一种灵活机制，规定上级人民政府认为必要时可以调查由下级人民政府调查的事故，是非常必要的。

"认为必要时"，一般有以下情形：事故性质恶劣，社会影响较大的；同一地区连续频繁发生同类事故的；事故发生地不重视安全生产工作，不能真正吸取事故教训的；社会和群众对下级人民政府调查的事故反响十分强烈的；事故调查难以做到客观、公正的。

【问题4】 什么情形下，上级人民政府调查由下级人民政府负责调查的事故？

上级人民政府何时开始调查由下级人民政府负责调查的事故。一般有以下情形：事故发生后上级人民政府直接组织调查由下级人民政府负责调查的事故；根据下级人民政府的请求，上级人民政府提级调查；发现下级人民政府负责调查的事故存在重大疏漏后进行提级调查。

三、跨区域调查

根据《生产安全事故报告和调查处理条例》第二十一条规定：
特别重大事故以下等级事故，事故发生地与事故发生单位不在同一个县级以上行政区域的，由事故发生地人民政府负责调查，事故发生单位所在地人民政府应当派人参加。

本条是关于跨行政区域发生的事故调查的规定。

【问题 1】 怎么理解本条款？

（1）本条只适用于特别重大事故以下等级的事故。因为特别重大事故由国家或国务院授权的部门负责组织调查，不存在跨行政区域的问题。

（2）对跨行政区域事故的调查原则仍实行《生产安全事故报告和调查处理条例》第十九条规定的"事故发生地政府调查"，即明确由事故发生地有关人民政府按照事故等级，相应组成事故调查组进行调查，而不是由事故发生单位所在地人民政府进行调查。

（3）事故发生单位所在地人民政府应当派人参加。这既是权利，也是义务，体现了互相配合的指导思想，有利于更好地调查事故。

【问题 2】 本条款的目的是什么？

实践中，事故发生地与事故发生单位不属同一个县级以上行政区域的情况时有发生，本条对跨行政区域的事故的调查作了明确规定，目的在于明确这类事故的调查责任，保证事故得到及时调查。

四、事故调查组组成及原则

根据《生产安全事故报告和调查处理条例》第二十二条规定：

事故调查组的组成应当遵循精简、效能的原则。

根据事故的具体情况，事故调查组由有关人民政府、安全生产监督管理部门、负有安全生产监督管理职责的有关部门、监察机关、公安机关以及工会派人组成，并应当邀请人民检察院派人参加。

事故调查组可以聘请有关专家参与调查。

本条是关于事故调查组的组成原则和组成人员的规定。

【问题 1】 怎样确定事故调查组的组成？

《生产安全事故报告和调查处理条例》在总结《特别重大事故调查程序暂行规定》《企业职工伤亡事故报告和处理规定》实施经验的基础上，针对近年来安全生产监管体制变化的实际情况，对事故调查组的组成作了明确规定，有以下 3 层意思：

（1）根据事故的具体情况，确定事故调查组的组成，即根据事故的行业和领域，决定哪些部门参加事故调查组。

（2）事故调查组由以下部门、单位派人组织或者参加：有关人民政府，包括组织事故调查的有关人民政府及事故发生地有关人民政府；安全生产监督管理部门；负有安全生产监督管理职责的有关部门；监察机关；公安机关；工会；人民检察院。

（3）事故调查组可以聘请有关专家参与调查。

【问题2】　事故调查组的组成原则是什么？

事故调查组的组成要精简、效能，这是缩短事故处理时限，降低事故调查处理成本，尽最大可能提高工作效率的前提。

【问题3】　事故调查组应当明确哪几个问题？

（1）事故调查组的组成必须依照《生产安全事故报告和调查处理条例》执行。

（2）事故调查组的成员履行事故调查的行为是职务行为，代表其所属部门、单位进行事故调查工作。

（3）事故调查组成员都要接受事故调查组的领导。

（4）事故调查组聘请的专家参与事故调查，也是事故调查组的成员。

小资料

1. 事故调查组组长的确定

事故调查组组长由负责事故调查的政府确定，并明确事故调查的牵头单位，全面负责和领导事故调查组的工作。

2. 事故调查组组成成员的确定

事故调查组由政府、安监、负责安全生产监督管理职责的部门、监察机关、公安机关、工会派员组成，并邀请人民检察院参加。

通常，事故调查组是一个法定的事故调查组成单位，因为事故调查活动是非常严肃的行政行为，按照《中华人民共和国行政处罚法》和《中华人民共和国行政法》的规定，必须满足主体合法、程序合法、适用的法律条款合法的要件，如果事故调查组组成人员不符合法定规定的程序，也就是说事故调查组成员单位不齐，就会造成执法程序不合法，那么可能会影响到整个事故调查的结果。2006年，山西的一起事故，由于事故调查组没有邀请人民检察院参加，当事人对事故调查结果不服，向法院起诉，法院在认定过程中，认为程序不合法，于是判决调查结果无效。

事故调查组可以根据需要，聘请有关专家参加事故调查或对事故中的一些专业问题进行检测、检验或鉴定。

五、事故调查组成员条件

根据《生产安全事故报告和调查处理条例》第二十三条规定：

事故调查组成员应当具有事故调查所需要的知识和专长，并与所调查的事故没有直接利害关系。

本条是关于事故调查组成员条件的规定。

【问题 1】 在事故调查组组成的各个阶段，与事故有直接利害关系的人员应该怎样处理？

（1）事故调查组组成前，有关部门、单位中与所调查的事故有直接利害关系的人员应当主动回避，不应参加事故调查工作。

（2）事故调查组组成时，发现被推荐为事故调查组成员的人选与所调查的事故有直接利害关系的，组织事故调查的人民政府或者有关部门应当对该成员予以调整。

（3）事故调查组组成后，有关部门、单位发现其成员与所调查的事故有直接利害关系的，事故调查组应当将该成员予以更换或者停止其事故调查工作。

【问题 2】 事故调查组成员应满足哪些基本条件？

（1）具有事故调查所需要的知识和专长，包括专业技术知识、法律知识等。

（2）与所调查的事故没有利害关系，主要是为了保证事故调查的公正性。这里的利害关系有两层意思：

① 事故调查组成员与事故发生单位没有直接利害关系

② 事故调查组成员与事故发生单位的主要负责人、主管人员、有关负责人没有直接利害关系，

六、事故调查组组长职权

根据《生产安全事故报告和调查处理条例》第二十四条规定：

事故调查组组长由负责事故调查的人民政府指定。事故调查组组长主持事故调查组的工作。

本条是关于事故调查组组长及其职权的规定。

【问题 1】 事故调查组组长的职责都有哪些？

事故调查组组长主持事故调查组工作，其具体职责是：

（1）全过程领导事故调查工作。

（2）主持事故调查会议，确定事故调查组各小组职责和事故调查组成员的分工。

（3）协调事故调查工作中的重大问题，对事故调查中的分歧意见作出决策等。

【问题 2】 为什么要设置调查组组长？

设立事故调查组组长是今后事故调查的必经程序。不设置事故调查组组长，事故调查工作没有法律效力，其调查结果无效。

【问题 3】 事故调查组组长怎样产生？

事故调查组组长由负责事故调查的人民政府指定。由政府授权有关部门组织事故调查组进行事故调查的，其事故调查组组长可以由有关人民政府指定，也可以由授权组织事故调查组的有关部门指定。

参照当前事故调查的一些成熟做法，今后事故调查组的内部机构一般为：设事故调查组组长1名；根据事故具体情况和事故等级，设副组长1~3名，一般等级事故可只设组长1名；重大、特别重大事故在调查时，可设置具体工作小组，负责某一方面的具体调查工作。

七、事故调查组职责

根据《生产安全事故报告和调查处理条例》第二十五条规定，事故调查组履行下列职责：

（1）查明事故发生的经过、原因、人员伤亡情况及直接经济损失。

（2）认定事故的性质和事故责任。

（3）提出对事故责任者的处理建议。

（4）总结事故教训，提出防范和整改措施。

（5）提交事故调查报告。

本条是关于事故调查组职责的规定。

【问题1】　事故发生的经过包含哪些内容？

（1）事故发生前，事故发生单位生产作业状况。

（2）事故发生的具体时间、地点。

（3）事故现场状况及事故现场保护情况。

（4）事故发生后采取的应急处置措施情况。

（5）事故报告经过。

（6）事故抢救及事故救援情况。

（7）事故的善后处理情况。

（8）其他与事故发生经过有关的情况。

【问题2】　事故发生的原因包含哪些内容？

（1）事故发生的直接原因。

（2）事故发生的间接原因。

（3）事故发生的其他原因。

【问题3】　人员伤亡情况包含哪些方面？

（1）事故发生前，事故发生单位生产作业人员分布情况。

（2）事故发生时人员涉险情况。

（3）事故当场人员伤亡情况及人员失踪情况。

（4）事故抢救过程中人员伤亡情况。

（5）最终伤亡情况。

（6）其他与事故发生有关的人员伤亡情况。

【问题 4】 事故的直接经济损失包含什么方面？

（1）人员伤亡后所支出的费用，如医疗费用、丧葬及抚恤费用、补助及救济费用、歇工工资等。

（2）事故善后处理费用，如处理事故的事务性费用、现场抢救费用、现场清理费用、事故罚款和赔偿费用等。

（3）事故造成的财产损失费用，如固定资产损失价值、流动资产损失价值等。

【问题 5】 怎样认定事故性质和事故责任者？

（1）对认定为自然事故（非责任事故或者不可抗拒的事故）的，可不再认定或者追究事故责任。

（2）对认定为责任事故的，要按照责任大小和承担责任的不同，分别认定下列事故责任者。

① 直接责任者，是指其行为与事故发生有直接因果关系的人员，如违章作业人员等。

② 主要责任者，是指对事故发生负有主要责任的人员，如违章指挥者。

③ 领导责任者，是指对事故发生负有领导责任的人员，主要是政府及其有关部门的人员。

【问题 6】 对事故责任者的处理建议包含哪些方面？

通过事故调查分析，在认定事故的性质和事故责任的基础上，对事故责任者的处理建议主要包括下列内容：

（1）对责任者的行政处分、纪律处分建议。

（2）对责任者的行政处罚建议。

（3）对责任者追究刑事责任的建议。

（4）对责任者追究民事责任的建议。

【问题 7】 怎么总结事故教训？

通过事故调查分析，在认定事故的性质和事故责任者的基础上，要认真总结事故教训，主要是在安全生产管理、安全生产投入、安全生产条件等方面存在哪些薄弱环节、漏洞和隐患，要认真对照问题查找根源。

（1）事故发生单位应该吸取的教训。

（2）事故发生单位主要负责人应该吸取的教训。

（3）事故发生单位有关主管人员和有关职能部门应该吸取的教训。

（4）从业人员应该吸取的教训。

（5）政府及其有关部门应该吸取的教训。

（6）相关生产经营单位应该吸取的教训。

（7）社会公众应该吸取的教训等。

【问题 8】　提出防范和整改措施的原则是什么？

防范和整改措施是在事故调查分析的基础上，针对事故发生单位在安全生产方面的薄弱环节、漏洞、隐患等提出的，要具备以下性质：针对性、可操作性、普遍适用性、时效性。

【问题 9】　事故调查关键是做到客观、公正、高效，《生产安全事故报告和调查处理条例》如何保证事故调查做到这几个方面的要求？

事故调查是由事故调查组具体负责的，保证事故调查的客观、公正和高效，关键在于事故调查组的组成要合理、职责要明确、职权要充分、纪律要严明。《生产安全事故报告和调查处理条例》从四个方面做了规定：

（1）明确了事故调查组组成的原则、组成单位以及事故调查组成员应当具备的基本条件。

事故调查组应当遵循精简、效能的原则，由有关人民政府、安全生产监督管理部门、负有安全生产监督管理职责的有关部门、监察机关、公安机关以及工会派人组成，并邀请人民检察院派人参加。事故调查组成员应当具有事故调查所需要的知识和专长，并与所调查的事故没有直接利害关系。

（2）明确了事故调查组的职责及其在事故调查中的职权。

事故调查组的职责包括：查明事故发生的经过、原因、人员伤亡情况及直接经济损失，认定事故的性质和事故责任，提出对事故责任者的处理建议，总结事故教训，提出防范和整改措施，提交事故调查报告等。事故调查组有权向有关单位和个人了解与事故有关的情况，并要求其提供相关文件、资料，有关单位和个人不得拒绝。

（3）对事故调查组成员的行为规范作了明确规定。

事故调查组成员在事故调查工作中应当诚信公正、恪尽职守，遵守事故调查组的纪律，保守事故调查的秘密，未经事故调查组组长允许，不得擅自发布有关事故的信息。

（4）明确规定了提出事故报告的时限和事故调查报告的内容。

原则上，事故调查组应当自事故发生之日起 60 日内提交事故调查报告；特殊情况下，提交事故调查报告的期限经批准可以延长，但延长的期限最长不超过 60 日。事故调查报告除了要包括事故发生单位概况，事故经过和救援情况，事故造成的人员伤亡和直接经济损失等内容外，还应当包括事故发生的原因和事故性质，事故责任的认定，对事故责任者的处理建议以及防范和整改措施等内容，并应当附具有关证据材料，由事故调查组成员签名。

> **小资料**

生产安全事故从性质上可以分为责任事故和非责任事故两类。具体到生产经营活动中，可作如下区分：

（1）责任事故一般是由有关人员违章指挥、违章作业、违反劳动纪律引起的。

（2）非责任事故一般是由不可抗力或者有关人员蓄意破坏生产经营引起的。

不经调查就确认事故的性质，在逻辑上是行不通的。所以《生产安全事故报告和调查处理条例》第二十五条规定，事故调查组的职责包括认定事故的性质。

实践中，有人把生产安全事故混同为责任事故，盲目逃避，甚至瞒报、谎报和漏报事故。

八、事故调查组职权

根据《生产安全事故报告和调查处理条例》第二十六条规定：

事故调查组有权向有关单位和个人了解与事故有关的情况，并要求其提供相关文件、资料，有关单位和个人不得拒绝。

事故发生单位的负责人和有关人员在事故调查期间不得擅离职守，并应当随时接受事故调查组的询问，如实提供有关情况。

事故调查中发现涉嫌犯罪的，事故调查组应当及时将有关材料或者其复印件移交司法机关处理。

本条是关于事故调查组职权和事故发生单位有关人员配合事故调查的义务的规定。

【问题 1】 事故调查组的职权都有哪些？

事故调查组要完成《生产安全事故报告和调查处理条例》第二十五条规定的各项职责，就必须赋予其相应的权力。事故调查组的职权主要包括以下两方面：

1. 事故调查权

即事故调查组有权向有关单位和个人了解与事故有关的情况。这里的"有关单位和个人"是一个广义的概念，不仅包括事故发生单位和个人，而且包括与事故发生有关联的单位和个人，如设备制造单位、设计单位、施工单位等，还包括与事故发生有关的政府及其有关部门和人员。

2. 文件资料获得权

即事故调查组有权要求有关单位和个人提供相关文件、资料，有关单位和个人不得拒绝。这里的"有关单位和个人"意义同上，这里的"相关文件资料"也是一个广义的概念，包括与事故发生有关的所有文件、资料。

【问题 2】 事故发生单位有关人员有什么义务？

事故发生单位的负责人和有关人员在事故调查期间不得擅离职守，并应当随时接受事故调查组的询问，如实提供有关情况，这是事故发生单位有关人员的法定义务，必须遵守，否则就要承担相应的法律责任。这对保障事故调查组顺利开展事故调查工作具有重要意义。

此外，事故调查中发现涉嫌犯罪的，事故调查组应当及时向司法机关移交涉嫌犯罪者有关材料或者复印件。这里的"及时"就是在第一时间内，目的是能对涉嫌犯罪者及时追究刑事责任。既可以在事故调查工作中进行移交，也可以在提交事故调查报告时向司法机关移交。这一规定体现了事故调查工作和刑事责任追究的配合和衔接。

事故终结报告。全面反映事故的整体情况，事故报告才能最后终结。

知识测验

1. 较大事故由（　　）负责调查。（单选题）

　　A. 国务院

　　B. 事故发生地省级人民政府

　　C. 事故发生地设区的市级人民政府

　　D. 事故发生地县级人民政府

2. 自事故发生之日起（　　）日内（道路交通事故、火灾事故自发生之日起 7 日内），因事故伤亡人数变化导致事故等级发生变化，依照规定应当由上级人民政府负责调查的，上级人民政府可以另行组织事故调查组进行调查。（单选题）

　　A. 10　　　　　　B. 15　　　　　　C. 30　　　　　　D. 60

3. 事故调查组由有关人民政府、安全生产监督管理部门、负有安全生产监督管理职责的有关部门、监察机关、公安机关以及（　　）派人组成，并应当邀请人民检察院派人参加。（单选题）

　　A. 工会　　　　B. 环保部门　　　　C. 质量部门　　　　D. 生产部门

4. 下列不属于事故调查组需要履行的职责的是（　　）。（单选题）

　　A. 查明事故发生的经过、原因、人员伤亡情况及直接经济损失

　　B. 认定事故的性质和事故责任

　　C. 对事故责任者进行处罚

　　D. 总结事故教训，提出防范和整改措施

任务训练

为了完成事故调查工作，请梳理完成下列事故调查的工作流程，并针对本次事故总结事故教训和制定防范措施。

2019 年 9 月 29 日 13 时 10 分许，位于浙江省宁海县的某日用品有限公司发生重大火灾事故，事故造成 19 人死亡，3 人受伤，过火总面积约 1100 m^2，直接经济损失约 2380.4 万元。调查认定：该起事故的直接原因是公司员工孙某将加热后的异构烷烃混合物倒入塑料桶时，因静电放电引起可燃蒸气起火并蔓延成灾。同时，事故发生还存在企业安全生产主体责任不落实，属地地方政府和相关负有监管职责的部门监管职责落实不到位，中介技术服务机构流于形式等间接原因。

学习拓展

1.《铁路交通事故应急救援和调查处理条例》。

2.《特种设备事故报告和调查处理导则》（TSG 03—2015）。

3.《生产安全事故调查基本规范》（DB50/T 1121—2021）。

任务三　事故原因分析

学习目标

知识目标：清楚事故原因分析步骤，掌握事故直接和间接方面的原因。

能力目标：能够结合企业实际，完成生产安全事故原因分析。

素质目标：培养学生树立安全责任感，提高学生安全责任意识，让学生深刻理解安全第一、预防为主、综合治理的安全生产方针。

思　考

某啤酒厂灌装车间，有传送带、洗瓶机、烘干机、灌瓶机、装箱机、封箱机等设备。2007年7月8日，维修工甲对洗瓶机进行维修时，将洗瓶机长轴上的一颗内六角螺栓丢失，为了图省事，甲用8号铁丝插入孔中，缠绕固定。

7月22日，新到岗的洗瓶机操作女工乙在没有接受岗前安全培训的情况下就开始操作。乙没有扣好工作服纽扣，致使工作服内的棉衣角翘出，被随长轴旋转的8号铁丝卷绕在长轴上，情急之下乙用双手推长轴，致使乙整个人都随着旋转的长轴而倒立。由于乙未按规定佩戴工作帽，所以倒立时头发自然下垂，被旋转的长轴紧紧缠绕，导致乙头部严重受伤而当场死亡。

思考1：导致本次事故发生的直接原因有哪些？

思考2：导致本次事故发生的间接原因有哪些？

知识学习

对一起事故的原因进行详细分析，通常从两个方面进行，即直接原因和间接原因。一起事故仅仅是当事人员或物体接收到一定数量的能量或危害物质而不能够安全地承受时发生的，这些能量或危害物质就是这起事故的直接原因。与其相对应的导致能量或危害物质释放的原因，即直接原因的原因，诸如设计技术、管理、培训教育等原因则是间接原因。

事故调查的核心问题是查明事故发生的直接原因和间接原因，这样才能正确认定事故的性质。在分析事故时，应从直接原因入手，逐步深入到间接原因，从而掌握事故的全部原因，进而正确认定事故的性质，厘清与事故发生相关单位（部门）、人员的责任。

事故调查人员应集中于导致事故发生的每一个事件，同样要集中于各个事件在事故发生过程中的先后顺序。事故类型对于事故调查人员也是十分重要的。

【问题1】　在事故原因分析时通常要明确哪些内容？

（1）在事故发生之前存在什么样的不正常；

（2）不正常的状态是在哪儿发生的；

（3）在什么时候首先注意到不正常的状态；

（4）不正常状态是如何发生的；

（5）事故为什么会发生；

（6）事件发生的可能顺序以及可能的原因（直接原因、间接原因）；

（7）分析可选择的事件发生顺序。

【问题2】 事故原因分析的基本步骤是什么？

在进行事故调查原因分析时，通常按照以下步骤进行分析。

1. 整理和阅读调查材料

2. 分析伤害方式

按以下 7 项内容进行分析：

（1）受伤部位；

（2）受伤性质；

（3）起因物；

（4）致害物；

（5）伤害方式；

（6）不安全状态；

（7）不安全行为。

3. 确定事故的直接原因

直接原因主要从两个方面来考虑：能量源和危险物质。

4. 确定事故的间接原因

间接原因指引起事故原因的原因，一般间接原因有多个，多个间接原因相互作用对事故的发生起到推动间接作用。

一、事故直接原因的分析

直接原因是指对事故的发生发展起到最直接的推动，并直接促成事故发生的原因。

直接原因是在时间上最接近事故发生的原因，又称为一次原因，直接原因一般只有一个，其对事物的发生起主要作用。

直接原因可分为三类：

1. 物的原因

物的原因是指由于设备不良所引起的，也称为物的不安全状态。物的不安全状态是使事故能发生的不安全的物体条件或物质条件。

2. 环境原因

环境原因是指由于环境不良所引起的。

3. 人的原因

人的原因是指由人的不安全行为而引起的事故。所谓人的不安全行为是指违反安全规则和安全操作原则，使事故有可能或有机会发生的行为。

下列情形属于直接原因。

（1）机械、物质或环境的不安全状态。

① 防护、保险、信号等装置缺乏或有缺陷。

A．无防护。

a）无防护罩；

b）无安全保险装置；

c）无报警装置；

d）无安全标志；

e）无护栏或护栏损坏；

f）（电气）未接地；

g）绝缘不良；

h）局部通风机无消音系统、噪声大；

i）危房内作业；

j）未安装防止"跑车"的挡车器或挡车栏；

k）其他。

B．防护不当。

a）防护罩未在适当位置；

b）防护装置调整不当；

c）坑道掘进、隧道开凿支撑不当；

d）防爆装置不当；

e）采伐、集材作业安全距离不够；

f）放炮作业隐蔽所有缺陷；

g）电气装置带电部分裸露；

h）其他。

② 设备、设施、工具、附件有缺陷。

A．设计不当，结构不合安全要求。

a）通道门遮挡视线；

b）制动装置有缺欠；

c）安全间距不够；

d）拦车网有缺欠；

e）工件有锋利毛刺、毛边；

f）设施上有锋利倒棱；

g）其他。

B. 强度不够。

a）机械强度不够；

b）绝缘强度不够；

c）起吊重物的绳索不合安全要求；

d）其他。

C. 设备在非正常状态下运行。

a）设备带"病"运转；

b）超负荷运转；

c）其他。

D. 维修、调整不良。

a）设备失修；

b）地面不平；

c）保养不当、设备失灵；

d）其他。

③ 个人防护用品用具——防护服、手套、护目镜及面罩、呼吸器官护具、听力护具、安全带、安全帽、安全鞋等缺少或有缺陷。

A. 无个人防护用品、用具。

B. 所用的防护用品、用具不符合安全要求。

④ 生产（施工）场地环境不良。

A. 照明光线不良。

a）照度不足；

b）作业场地烟雾尘弥漫视物不清；

c）光线过强。

B. 通风不良。

a）无通风；

b）通风系统效率低；

c）风流短路；

d）停电停风时爆破作业；

e）瓦斯排放未达到安全浓度爆破作业；

f）瓦斯超限；

g）其他。

C. 作业场所狭窄。

D. 作业场地杂乱。

a）工具、制品、材料堆放不安全；

b）采伐时，未开"安全道"；

c）迎门树、坐殿树、搭挂树未做处理；

d）其他。

E. 交通线路的配置不安全。

F. 操作工序设计或配置不安全。

G. 地面滑。

a）地面有油或其他液体；

b）冰雪覆盖；

c）地面有其他易滑物。

H. 贮存方法不安全。

I. 环境温度、湿度不当。

（2）人的不安全状态。

① 操作错误，忽视安全，忽视警告。

A. 未经许可开动、关停、移动机器。

B. 开动、关停机器时未给信号。

C. 开关未锁紧，造成意外转动、通电或泄漏等。

D. 忘记关闭设备。

E. 忽视警告标志、警告信号。

F. 操作错误（指按钮、阀门、扳手、把柄等的操作）。

G. 奔跑作业。

H. 供料或送料速度过快。

I. 机械超速运转。

J. 违章驾驶机动车。

K. 酒后作业。

L. 客货混载。

M. 冲压机作业时，手伸进冲压模。

N. 工件紧固不牢。

O. 用压缩空气吹铁屑。

P. 其他。

② 造成安全装置失效。

A. 拆除了安全装置。

B. 安全装置堵塞，失掉了作用。

C. 调整的错误造成安全装置失效。

D. 其他。

③ 使用不安全设备。

A. 临时使用不牢固的设施。

B. 使用无安全装置的设备。

C. 其他。

④ 手代替工具操作。

A. 用手代替手动工具。

B. 用手清除切屑。

C. 不用夹具固定、用手拿工件进行机加工。

⑤ 物体（指成品、半成品、材料、工具、切屑和生产用品等）存放不当。

⑥ 冒险进入危险场所。

A. 冒险进入涵洞。

B. 接近漏料处（无安全设施）。

C. 采伐、集材、运材、装车时，未离危险区。

D. 未经安全监察人员允许进入油罐或并中。

E. 未"敲帮问顶"便开始作业。

F. 冒进信号。

G. 调车场超速上下车。

H. 易燃易爆场所明火。

I. 私自搭乘矿车。

J. 在绞车道行走。

K. 来及时瞭望。

⑦ 攀、坐不安全位置（如平台护栏、汽车挡板、吊车吊钩）。

⑧ 在起吊物下作业、停留。

⑨ 机器运转时加油、修理、检查、调整、焊接、清扫等工作。

⑩ 有分敢注意力行为。

⑪ 在必须使用个人防护用品用具的作业或场合中，忽视其使用。

A. 未藏护目镜或面罩。

B. 未戴防护手套。

C. 未穿安全鞋。

D. 未戴安全帽。

E. 未佩戴呼吸护具。

F. 未佩戴安全带。

G. 未戴工作帽。

H. 其他。

⑫ 不安全装束。

A. 在有旋转零部件的设备旁作业穿过肥大服装。

B. 操纵带有旋转零部件的设备时戴手套。

C. 其他。

⑬ 对易燃、易爆等危险物品处理错误。

二、事故间接原因的分析

间接原因是指引起事故原因的原因，在事故中不起主导作用，而是起着间接作用。间接原因主要有以下几个方面。

1. 技术的原因

包括：主要装置、机械、建筑的设计，建筑物竣工后的检查保养等技术方面不完善，机械装备的布置，工厂地面、室内照明以及通风、机械工具的设计和保养，危险场所的防护设备及警报设备，防护用具的维护和配备等存在的技术缺陷。

2. 教育的原因

包括：与安全有关的知识和经验不足，对作业过程中的危险性及其安全运行方法无知、轻视、不理解、训练不足，坏习惯及没有经验等。

3. 身体的原因

包括：身体有缺陷或由于睡眠不足疲劳、酩酊大醉等。

4. 精神的原因

包括怠慢、反抗、不满等不良态度，焦躁、紧张、恐怖等精神状况，偏狭、固执等性格缺陷。

5. 管理原因

包括：企业主要领导人对安全的责任心不强，作业标准不明确，缺乏检查保养制度，劳动组织不合理等。

知识测验

1. 以下事故原因属于事故间接原因的是（　　　）。（单选题）
   A. 防护、保险、信号等装置缺乏或有缺陷
   B. 生产（施工）场地环境不良
   C. 操作错误，忽视安全，忽视警告
   D. 没有或不认真实施事故防范措施，对事故隐患整改不力

2. 以下关于事故原因确定说法错误的是（　　　）。（单选题）
   A. 直接原因主要从两方面考虑：能量源和危险物质
   B. 间接原因从人的不安全行为和物的不安全状态考虑
   C. 间接原因通常是一种或多种不安全行为、不安全状态或两者共同作用的结果
   D. 不安全行为和不安全状态就是间接原因或事故征候

3. 在事故因果连锁理论中，以事故为中心，事故的原因可以概括为（　　　）。（单选题）
   A. 直接原因、间接原因、基本原因
   B. 主要原因、次要原因、基本原因
   C. 人的原因、物的原因、管理原因
   D. 人的原因、社会原因、环境原因

4. 以下不属于事故原因分析基本步骤的是（　　　）。（单选题）
   A. 整理、阅读所有事故相关的调查材料
   B. 分析人员、物质受到伤害的具体方式

C. 事故发生前的不正常状况及事故发生的先后顺序

D. 导致事故发生的直接原因与间接原因

任务训练

根据以下事故信息，分析本次事故的直接原因和间接原因。

E 企业为汽油、柴油、煤油生产经营企业。2022 年实际用工 2000 人，其中有 120 人为劳务派遣人员，实行 8 小时工作制，对外经营的油库为独立设置的库区，设有防火墙。库区出入口和墙外设置了相应的安全标志。2022 年发生事故 1 起，死亡 1 人，重伤 2 人，该起事故情况如下：

2012 年 11 月 25 日 8 时 10 分，E 企业司机甲驾驶一辆重型油罐车到油库加装汽油，油库消防员乙在检查了车载灭火器、防火帽等主要安全设施的有效性后，在运货单上签字放行。8 时 25 分，甲驾驶油罐车进入库区，用自带的铁丝将油罐车接地端子与自动装载系统的接地端子连接起来，随后打开油罐车人孔盖，放下加油鹤管。自动加载系统操作员丙开始给油罐车加油。为使油鹤管保持在工作位置，甲将人孔盖关小。

9 时 15 分，甲办完相关手续后返回，在观察油罐车液位时将手放在正在加油的鹤管外壁上，由于甲穿着化纤服和橡胶鞋，手接触到鹤管外壁时产生静电火花，引燃了人孔盖口挥发的汽油，进而引燃了人孔盖周围油污，甲手部烧伤。听到异常声响，丙立即切断油料输送管道的阀门；乙将加油鹤管从油罐车取下，用干粉灭火器将加油鹤管上的火扑灭。

甲欲关闭油罐车人孔盖时，火焰已延烧到人孔盖附近。乙和丙设法灭火，但火势较大，无法扑灭。甲急忙进入驾驶室将油罐车驶出库区，开出 25 m 左右，油罐车发生爆炸，事故造成甲死亡、乙和丙重伤。

学习拓展

1.《企业职工伤亡事故调查分析规则》（GB 6442—1986）。

2.《企业职工伤亡事故分类》（GB 6441—1986）。

任务四　事故责任分析

学习目标

知识目标：掌握事故性质分类、事故责任划分以及事故责任类型，了解法律责任具体规定。

能力目标：根据具体事故案例，能够完成事故责任分析。

素质目标：培养和塑造学生法律思维，崇尚法治、尊重法律，善于运用法律手段解决问题和推进工作。

思　考

某企业为禽类加工企业，有员工 415 人，厂房占地 15000 m²，包括一车间、二车间、冷冻库、冷藏库、液氨车间、配电室等生产单元和办公区。液氨车间为独立厂房，其余生产单元位于一个连体厂房内。连体厂房房顶距地面 12 m，采用彩钢板内喷聚氨酯泡沫材料；吊顶距房顶 2.7 m，采用聚苯乙烯材料；吊顶内的同一桥架上平行架设液氨管道和电线；厂房墙体为砖混结构，厂房内车间之间、车间与办公区之间用聚苯乙烯板隔断；厂房内的电气设备均为非防爆电气设备。

一车间为屠宰和粗加工车房，主要工艺有：宰杀禽类、低温褪毛、去内脏、水冲洗。半成品送二车间。

二车间为精加工车间，主要工艺有：用刀分割禽类、真空包装。成品送冷冻库或冷藏库。

该企业采用液氨制冷，液氨车间制冷压缩机为螺杆式压缩机，液氨储量 150 t。

该企业建有 1000 m³ 消防水池，在厂区设置消防栓 22 个，但从未按规定检测。

该企业自 2002 年投产以来，企业负责人重生产、轻安全，从未组织过员工安全培训和应急演练，没有制定应急救援预案。连体厂房有 10 个出入口，其 7 个常年封闭、2 个为货物进出通道、1 个为员工出入通道。

思考 1：该企业存在的违规违章行为有哪些？

思考 2：该企业应该承担哪些法律责任？

知识学习

分析安全生产事故时，首先从直接原因入手。逐步深入到间接原因，从而掌握事故的全部原因。然后分清主次，进行性质认定和责任划分。

一、事故性质的分类

按照事故性质可分为非责任事故、责任事故。

1. 非责任事故

非责任事故主要包括自然灾害事故和因人们对某种事物的规律性尚未认识，目前的科学技术水平尚无法预防和避免的事故等。

2. 责任事故

责任事故指人们在进行有目的的活动中，由于人为的因素，如违章操作、违章指挥、违反劳动纪律、管理缺陷、生产作业条件恶劣、设计缺陷、设备保养不良等原因造成的事故。此类事故是可以预防的。

在安全生产事故中还有一类事故，即特种设备事故，特种设备事故的界定与事故报告和调查处理另有规定。

（1）特种设备事故。根据《特种设备事故报告和调查处理导则》（TSG 03—2015）2.1 事故定义。

特种设备事故定义按照《特种设备事故报告和调查处理规定》确定。其中，特种设备的不安全状态造成的特种设备事故，是指特种设备本体或者安全附件、安全保护装置失效或者损坏，具有爆炸、爆燃、泄漏、倾覆、变形、断裂、损伤、坠落、碰撞、剪切、挤压、失控或者故障等特征（现象）的事故；特种设备相关人员的不安全行为造成的特种设备事故，是指与特种设备作业活动相关的行为人违章指挥、违章操作或者操作失误等直接造成人员伤害或者特种设备损坏的事故。

（2）相关事故。根据《特种设备事故报告和调查处理导则》（TSG 03—2015）2.5.1，以下事故不属于特种设备事故，但其涉及特种设备，应当将其作为特种设备相关事故：

① 自然灾害、战争等不可抗力引发的事故，例如发生超过设计防范范围的台风、地震等；

② 人为破坏或者利用特种设备实施违法犯罪、恐怖活动或者自杀的事故；

③ 特种设备作业、检验、检测人员因劳动保护措施不当或者缺失而发生的人员伤害事故；

④ 移动式压力容器、气瓶因交通事故且非本体原因导致撞击、倾覆及其引发爆炸、泄漏等特征的事故；

⑤ 火灾引发的特种设备爆炸、爆燃、泄漏、倾覆、变形、断裂、损伤、坠落、碰撞、剪切、挤压等特征的事故；

⑥ 起重机械、场（厂）内专用机动车辆非作业转移过程中发生的交通事故；

⑦ 额定参数在《特种设备目录》规定范围之外的设备，非法作为特种设备使用而引发的事故；

⑧ 因市政、建筑等土建施工或者交通运输破坏以及其他等外力导致压力管道破损而发生的事故；

⑨ 因起重机械索具原因而引发被起吊物品坠落的事故。

二、责任事故划分

为了准确地实行处罚，必须依据客观事实分清事故责任。

1. 直接责任者

指其行为与事故的发生有直接关系的人员。

2. 主要责任者

指对事故的发生起主要作用的人员。有以下情形之一时，应由肇事者或有关人员负直接责任或主要责任：

（1）违章指挥或违章作业、冒险作业造成事故的；

（2）违反安全生产责任制或操作规程，造成伤亡事故的；

（3）违反劳动纪律、擅自开动机械设备或擅自更改、拆除、毁坏、挪用安全装置和设备，造成事故的。

3. 企业领导责任者

指对事故的发生负有管理职责的企业和企业上级的直接负责的主管人员和其他直接责任人员。有以下情况之一时，有关领导应负领导责任：

（1）由于安全生产责任制、安全生产规章和操作规程不健全，职工无章可循，造成伤亡事故的；

（2）未按规定对职工进行安全教育和技术培训，或职工未经考试合格上岗操作造成伤亡事故的；

（3）机械设备超过检修期或超负荷运行，或因设备有缺陷又不采取措施，造成伤亡事故的；

（4）作业环境不安全，又未采取措施，造成伤亡事故的；

（5）新建、改建、扩建工程项目的尘毒治理和安全设施不与主体工程同时设计、同时施工、同时投入生产和使用，造成伤亡事故的。

4. 属地政府、安全生产综合监管和行业管理部门的责任者

法律授权企业属地政府、负有安全生产综合监管职责的部门和行业主管部门对事故企业负有检查、指导和监督管理责任的直接负责的主管人员和其他直接责任人员应负事故责任。

三、事故责任分类

1. 经济责任

罚款。罚款是行政处罚的一种。受处罚对象一是事故发生的生产经营单位的主要负责人，即指有限责任公司、股份有限公司的董事长或者总经理或者个人经营的投资人，其他生产经营单位的厂长、经理、局长、矿长（含实际控制人、投资人）等人员。二是发生生产安全事故的经营单位。

2. 行政责任

（1）行政处分。事故发生单位的主要负责人、直接负责的主管人员和其他直接责任人员属于国家工作人员，除对其进行罚款的行政处罚外，还应当依照有关法律、行政法规规定的处罚种类及程序对其进行处分，如警告、记过、记大过、降级、撤职、开除等。

（2）受行政处分，有处分期限的规定：① 警告，6 个月；② 记过，12 个月；③ 记大过，18 个月；④ 降级、撤职，24 个月。

（3）吊扣、暂扣事故单位有关证照；勒令停产整顿，甚至可以提请人民政府予以关闭。

（4）吊销事故相关人员有关执业资格和岗位证书，5 年内不得担任所有生产经营单位的负责人等。

（5）对违反规定的有关人员给予的行政处分，包括对事故调查组成员，存在对事

故调查有重大疏漏，或借机打击报复等；对各级人民政府或工作部门履行国家机关工作人员职责中，有失职、工作疏漏、重大失误的依据有关规定给予行政处分，包括生产经营单位、国家机关工作人员和事故调查组的有关人员。

3. 治安处罚

《中华人民共和国治安管理处罚法》第六十条规定伪造、隐匿、毁灭证据或者提供虚假证言、谎报案情，影响行政执法机关依法办案的行为可以构成违反治安管理的行为。本条规定的违法行为中，伪造或者破坏事故现场可能构成提供伪造或者毁灭证据的行为，作伪证或者指使他人作伪证可能构成提供虚假证言的行为，销毁证据、材料属于毁灭证据的行为。根据《中华人民共和国治安管理处罚法》第六十条的规定，构成该违反治安管理行为的处五日以上十日以下拘留，并处二百元以上五百元以下罚款。

4. 刑事责任

刑事责任是指犯罪人因实施犯罪行为应当承担的法律责任，按刑事法律的规定追究其法律责任，包括主刑和附加刑两种刑事责任。主刑分为管制、拘役、有期徒刑、无期徒刑和死刑。附加刑分为罚金、剥夺政治权利、没收财产。对犯罪的外国人，也可以独立或附加适用驱逐出境。

《生产安全事故报告和调查处理条例》规定，公安机关根据事故情况，当发现有涉嫌犯罪的，可以立即立案进行侦查。或者事故调查组在事故调查完结后，发现有涉嫌犯罪的行为，也可以要求公安机关立案调查。按照《生产安全事故调查处理的规定》，如果事故调查组作出了对有关人员涉嫌犯罪要求立案进行侦查的，公安机关必须立案进行侦查，不能立案的，必须向原调查机关说明原因，其中包括其调查的结果，也包括检察机关、法院判决的结果和作出不予判决的决定，都要向原事故调查机关进行通报和说明。《生产安全事故报告和调查处理条例》还规定，犯罪嫌疑人如果逃逸的，由公安机关负责抓捕归案。

四、法律责任具体规定

根据《生产安全事故报告和调查处理条例》第三十五条规定：事故发生单位主要负责人有下列行为之一的，处上一年年收入 40% 至 80% 的罚款；属于国家工作人员的，并依法给予处分；构成犯罪的，依法追究刑事责任：

（1）不立即组织事故抢救的；

（2）迟报或者漏报事故的；

（3）在事故调查处理期间擅离职守的。

本条是关于事故发生单位主要负责人在事故发生后的有关违法行为应当承担的法律责任的规定。

【问题1】 怎样理解本条中的三种违法行为？

1. 不立即组织事故抢救

在事故发生后立即组织事故抢救，是生产经营单位主要负责人的法定义务。《中华人民共和国安全生产法》第五条规定，生产经营单位的主要负责人对本单位的安全生产工作全面负责。该法第八十三条规定，单位负责人接到事故报告后，应当迅速采取有效措施，组织抢救，防止事故扩大，减少人员伤亡和财产损失。《生产安全事故报告和调查处理条例》第十四条也明确规定："事故发生单位负责人接到事故报告后，应当立即启动事故相应应急预案，或者采取有效措施，组织抢救，防止事故扩大，减少人员伤亡和财产损失。"

这里所讲的不立即组织抢救，是指事故发生单位主要负责人客观上能够组织抢救，而不立即组织抢救的情形，不包括事故发生单位主要负责人客观上不能立即组织抢救的情形。

实践证明，抢救的效果与组织抢救是否及时密切相关。在一般情况下，事故发生单位主要负责人是最先接到事故报告的，立即组织抢救能挽救更多的生命，减少财产损失。实践中，一些事故发生单位的主要负责人接到事故报告后，第一反应不是立即组织事故抢救，而是想着如何逃避事故责任，或者麻木不仁，贻误时机，导致事故扩大、人员伤亡增加或财产损失增加等后果。这是一种严重不负责任的行为，必须给予严厉的法律制裁。

2. 迟报或者漏报事故

及时、准确、如实、完整地报告生产事故，是生产经营单位主要负责人的一项重要职责。《生产安全事故报告和调查处理条例》第四条也明确规定了事故报告应当及时、准确、完整，任何单位和个人对事故不得迟报、漏报、谎报或者瞒报的总体要求。《生产安全事故报告和调查处理条例》第九条更是明确要求，单位负责人接到事故报告后，应当于1小时内向有关部门报告。

所谓迟报事故，是指未按照规定的时间要求报告事故，事故报告不及时的情况。所谓漏报事故，是指对应当上报的事故遗漏未报的情形。漏报是事故发生单位主要负责人非主观故意实施的行为，主要是不负责任所致，区别于瞒报事故。

事故报告是一个自下而上的连锁式系统。事故发生单位主要负责人及时、准确报告事故是这个连锁系统中极为重要的一环。如果事故发生单位主要负责人迟报和漏报事故，必然会引起连锁反应，导致以后环节中事故报告难以及时、准确，并影响到事故救援的组织实施和事故调查的开展。因此，对事故发生单位主要负责人迟报、漏报事故的行为应当追究其法律责任。

3. 在事故调查处理期间擅离职守

《生产安全事故报告和调查处理条例》第二十六条明确规定，事故发生单位的负责人和有关人员在事故调查期间不得擅离职守，并应当随时接受事故调查组的询问，如实提供有关情况。在事故调查处理过程中，事故发生单位主要负责人应当坚守岗位。

一方面，事故调查组要查清事故经过和事故原因等，需要向事故发生单位的有关人员了解情况；事故发生单位的主要负责人负责单位的经营管理，对企业的情况最了解，要求其坚守岗位，有利于事故调查组随时向其了解情况。

另一方面，事故发生单位的主要负责人往往是事故责任人，要求其坚守岗位，防止其逃匿，有利于对其追究事故责任。因此，对于事故调查期间擅离职守的主要负责人，应当追究其法律责任。

【问题 2】　违法行为及其责任的主体是谁？

1. 事故发生单位主要负责人

本条规定的违法行为及其责任主体是事故发生单位主要负责人。主要负责人是指对生产经营单位的生产经营活动负有领导责任，对单位的生产经营活动有决策权、指挥权的人。

事故发生单位主要负责人的具体所指，根据事故发生单位的组织形式不同而有所不同。

（1）对于公司制的事故发生单位，根据《中华人民共和国公司法》的规定，公司法定代表人依照公司章程的规定，由代表公司执行公司事务的董事或者经理担任。因此，公司制生产经营单位的主要负责人一般应当是担任法定代表人的董事长、执行董事、经理等。

（2）对于非公司制的企业，主要负责人一般是企业的厂长、经理、矿长等负责企业经营管理的人。如《中华人民共和国全民所有制工业企业法》规定，企业实行厂长（经理）负责制，厂长是企业的法定代理人，对企业负全面责任。

总之，事故发生单位主要负责人需要根据该单位的实际情况确定。对于一个特定的生产经营单位，其主要负责人是特定的。特别需要注意的是，对于有些虽然名义上不在生产经营单位任职，但是实际上控制生产经营单位的管理和经营活动的实际控制人，也要作为生产经营单位的主要负责人承担责任。对此，《国务院关于预防煤矿生产安全事故的特别规定》作了明确规定。

2. 有关人员法律责任

根据《生产安全事故报告和调查处理条例》第三十六条规定：事故发生单位及其有关人员有下列行为之一的，对事故发生单位处 100 万元以上 500 万元以下的罚款；对主要负责人、直接负责的主管人员和其他直接责任人员处上一年年收入 60% 至 100% 的罚款；属于国家工作人员的，并依法给予处分；构成违反治安管理行为的，由公安机关依法给予治安管理处罚；构成犯罪的，依法追究刑事责任：

（1）谎报或者瞒报事故的；

（2）伪造或者故意破坏事故现场的；

（3）转移、隐匿资金、财产，或者销毁有关证据、资料的；

（4）拒绝接受调查或者拒绝提供有关情况和资料的；

（5）在事故调查中作伪证或者指使他人作伪证的；

（6）事故发生后逃匿的。

本条是关于事故发生单位及其有关人员法律责任的规定。

【问题3】 为什么本条规定了以上六种违法行为？

1. 谎报或者瞒报事故

谎报事故是指不如实报告事故，比如谎报事故死亡人数、将重大事故报告为一般事故等。瞒报事故是获知发生事故后，对事故情况隐瞒不报。

谎报或者瞒报事故比迟报、漏报事故性质更恶劣，后果更严重，直接导致有关机关得到错误的事故信息或者根本不知道发生了事故，也就谈不上有效组织事故抢救和开展事故调查。

实践中，事故发生后，事故发生单位及其有关人员为了减轻或者逃避事故责任，谎报或者瞒报事故的现象屡有发生，法律的尊严被践踏，社会影响十分恶劣，对此种违法行为应当给予严厉的法律制裁。

2. 伪造或者故意破坏事故现场

事故现场是查找事故发生原因、判定事故性质最主要的信息来源，真实、完整的事故现场是事故调查组开展事故调查工作的必要条件。因此，保护事故现场是发生事故后的一项重要工作。《中华人民共和国安全生产法》第八十三条明确规定，单位负责人不得破坏事故现场。《生产安全事故报告和调查处理条例》第十六条第一款也明确规定，事故发生后，有关单位和人员应当妥善保护事故现场以及相关证据，任何单位和个人不得破坏事故现场、毁灭相关证据。因此，对伪造事故现场或者破坏事故现场的行为必须依法追究。

3. 转移、隐匿资金、财产，或者销毁有关证据、资料

事故发生单位及其有关人员为了逃避罚款的处罚和应承担的经济补偿责任，在事故发生后及事故调查处理期间，往往将资金或者财产转移、隐匿，导致在事故责任追究中，对其实施罚款的行政处罚难以落实，对事故受害者或者其家属的经济补偿不能实现，最后政府不得不为企业事故"买单"，这种事例在现实中已屡见不鲜。因此，《生产安全事故报告和调查处理条例》对转移、隐匿资金、财产的行为，规定了相应的法律责任。

同时，《生产安全事故报告和调查处理条例》第十六条明确规定，有关单位和人员应当妥善保护事故现场以及相关证据，任何单位和个人不得破坏事故现场、毁灭相关证据。对销毁有关证据、资料的行为，也必须追究法律责任。

4. 拒绝接受调查或者拒绝提供有关情况和资料

事故发生后，事故发生单位及其有关人员应当配合事故调查组进行事故调查，包括接受询问、提供有关部门情况和资料等。

《生产安全事故报告和调查处理条例》第二十六条第一款和第二款对此作了明确规定："事故调查组有权向有关单位和个人了解与事故有关的情况，并要求其提供相关文件、资料，有关单位和个人不得拒绝。事故发生单位的负责人和有关人员在事故调查期间不得擅离职守，并应当随时接受事故调查组的询问，如实提供有关情况。"

事故发生单位主要负责人和其他有关人员不履行上述配合义务的，要追究其法律责任。

5. 在事故调查中作伪证或者指使他人作伪证

实践中，事故发生单位及其有关部门人员为了开脱责任，故意作伪证或者指使他人作伪证，严重干扰、阻碍事故调查的正常开展，甚至使事故调查误入歧途。因此，《生产安全事故报告和调查处理条例》对作伪证或者指使他人作伪证的行为规定了明确的法律责任。

6. 事故发生后逃匿

一旦发生责任事故，事故责任人往往要受到行政处罚甚至刑事追究，事故发生单位的主要负责人、直接负责的主管人员和其他直接责任人是事故责任追究的主要对象，也是事故发生后最可能逃匿的人员。为了顺利调查事故，有效追究事故责任，必须防止上述人员在事故发生后逃匿。《生产安全事故报告和调查处理条例》第十七条规定了犯罪嫌疑人逃匿的，公安机关应当迅速追捕归案。因此，对于逃匿的有关人员，都应追究其相应的法律责任。

【问题4】 违法行为及其责任主体是谁？

本条规定的违法行为及其责任主体是事故发生单位及其有关人员，包括事故发生单位主要负责人、直接负责的主管人员和其他直接责任人员。

"直接负责的主管人员"是指对事故发生单位的安全生产管理、安全生产设施或者安全生产条件不符合国家规定并导致事故发生负有直接责任的单位负责人（不包括主要负责人）、管理人员等。

"其他直接责任人员"则是指事故发生单位除主要负责人和直接负责的主管人员以外，其他对事故发生直接负有责任的任何人员。

根据《生产安全事故报告和调查处理条例》第三十七条规定：事故发生单位对事故发生负有责任的，依照下列规定处以罚款：

（1）发生一般事故的，处10万元以上20万元以下的罚款；

（2）发生较大事故的，处20万元以上50万元以下的罚款；

（3）发生重大事故的，处50万元以上200万元以下的罚款；

（4）发生特别重大事故的，处200万元以上500万元以下的罚款。

本条是关于对事故发生负有责任的事故发生单位法律责任的规定。

【问题5】 怎样理解"事故发生单位对事故发生负有责任的"？

生产经营单位是安全生产的责任主体，《中华人民共和国安全生产法》及有关法律法规对生产经营单位的安全生产责任作了明确规定。

所谓"事故发生单位对事故发生负有责任的"，是指事故发生单位没有履行相应的安全生产职责，导致事故发生的情形。

【问题6】 为什么要对负有责任的事故发生单位进行罚款？

作为安全生产责任主体的生产经营单位不落实安全生产责任，是我国目前事故多发的重要原因之一。为了加大事故成本，促使生产经营单位切实落实安全生产责任，促进安全生产形势的进一步好转，预防和减少事故，应当对负有责任的事故发生单位施以重罚。

小 提 示

本条规定，事故发生单位对事故发生负有责任的，根据所发生事故的等级，处以较大数额的罚款。事故等级越高，处罚也就越严厉。等级事故与负有责任的单位的罚款数额相互衔接，且每一等级事故的罚款数额都有一定的幅度，罚款的具体数额由执法机关根据事故严重程度、事故原因、事故责任单位应负责任等情况裁量确定。

需要说明的是，本条虽然规定对事故发生单位根据事故等级处以罚款，但并不属于单纯的"事故罚"，即一出事故就罚款，而是在事故发生单位对事故发生负有责任的情况下才处以罚款，目的是加大事故成本，促进生产经营单位加强安全生产工作。

根据《生产安全事故报告和调查处理条例》第三十九条规定：有关地方人民政府、安全生产监督管理部门和负有安全生产监督管理职责的有关部门有下列行为之一的，对直接负责的主管人员和其他直接责任人员依法给予处分；构成犯罪的，依法追究刑事责任：

（1）不立即组织事故抢救的；

（2）迟报、漏报、谎报或者瞒报事故的；

（3）阻碍、干涉事故调查工作的；

（4）在事故调查中作伪证或者指使他人作伪证的。

本条是关于有关地方人民政府、有关部门及其人员法律责任的规定。

【问题1】 违法行为及其责任主体是谁？

本条规定的违法行为主体是有关地方人民政府、安全生产监督管理部门和负有安全生产监督管理职责的有关部门。

责任主体则是有关地方人民政府、安全生产监督管理部门和负有安全生产监督管理职责的有关部门直接负责的主管人员和其他直接责任人员。

有关地方人民政府既包括乡镇政府，也包括县级、设区的市级及省级人民政府。上述单位如果有本条规定的四种违法行为之一的，对该单位的直接负责的主管人员和其他直接责任人员进行相应的处罚。

直接负责的主管人员，是在单位实施的犯罪中起决定、批准、授意、纵容、指挥等作用的人员，一般是单位的主管负责人，包括法定代表人。

其他直接责任人员，是在单位犯罪中具体实施犯罪并起较大作用的人员，既可以是单位的经营管理人员，也可以是单位的职工，包括聘任、雇用的人员。

【问题 2】 违法行为的种类有哪些？

1. 不立即组织事故抢救

组织事故抢救是有关地方人民政府、安全生产监督管理部门和负有安全生产监督管理职责的有关部门的法定职责。事故发生后，事故发生单位应当在第一时间组织事故救援。当事故报告到有关人民政府、安全生产监督管理部门和负有安全生产监督管理职责的有关部门后，政府和有关部门的负责人应当立即赶赴事故现场，组织事故救援。不立即组织事故抢救是指上述单位在接到事故报告后，出于种种原因，没有在第一时间组织事故救援的情形。

2. 迟报、漏报、谎报或者瞒报事故

事故发生单位或者事故现场有关人员将事故报告有关政府部门后，接到事故报告的政府部门应当根据《生产安全事故报告和调查处理条例》的规定及时、准确地逐级上报事故。

不管是最初接到事故报告的部门还是接到上报事故的部门，如果需要上报事故，都应当按照规定的时间及时、准确地上报事故。不能拖延不报，更不能漏报、谎报或者瞒报。

3. 阻碍、干涉事故调查工作

事故调查工作是依法组成的事故调查组查明事故原因、分清事故责任的活动。要保证事故调查工作顺利进行，保证事故调查结果客观、公正，就需要事故调查组能够独立开展事故调查工作。因此，《生产安全事故报告和调查处理条例》第七条明确规定了任何单位和个人不得阻挠和干涉对事故的报告和依法调查处理。

实践中，有关地方人民政府、安全生产监督管理部门和负有安全生产监督管理职责的有关部门有时可能与发生的事故具有利害关系，为了保护地方利益或者部门利益，有可能以各种方式阻碍、干涉事故调查工作，其性质恶劣，后果严重，社会影响很坏，应当追究有关人员的法律责任。

4. 在事故调查中作伪证或者指使他人作伪证

事故调查中，有关地方人民政府、安全生产监督管理部门和负有安全生产监督管理职责的有关部门应当密切配合事故调查组做好事故调查工作。

事故发生地有关地方人民政府、安全生产监督管理部门和负有安全生产监督管理职责的有关部门往往与事故发生单位具有监督管理关系，在一定程度上掌握和了解事故发生单位的有关情况，在事故调查中应当如实提供有关材料、情况。

实践中，有的地方人民政府、安全生产监督管理部门和负有安全生产监督管理职

责的有关部门出于隐瞒事故真相、逃避事故责任，大事化小、小事化了等目的，在事故调查中作伪证，严重干扰、影响事故调查的顺利进行，使事故调查难以客观、公正，影响事故性质的认定及事故责任人的责任追究等，必须依法予以严惩。

小 资 料

《生产安全事故报告和调查处理条例》对迟报、漏报、谎报、瞒报问题的解决。

实践中，迟报、谎报、瞒报或者漏报事故的情况虽然只是极少数，但影响很恶劣。针对这些问题，《生产安全事故报告和调查处理条例》在明确事故报告应当及时、准确、完整，任何单位和个人对事故不得迟报、谎报、瞒报和漏报这一总体要求的同时，还从四个方面作了规定：

（1）进一步落实事故报告责任。

事故现场有关人员、事故发生单位的主要负责人、安全生产监督管理部门和负有安全生产监督管理职责的有关部门，以及有关地方人民政府，都有报告事故的责任。

（2）明确事故报告的程序和时限。

事故发生后，事故现场有关人员应当立即向本单位负责人报告，单位负责人应当于1小时内向事故发生地县级以上人民政府安全生产监督管理部门和负有安全生产监督管理职责的有关部门报告。安全生产监督管理部门和负有安全生产监督管理职责的有关部门接到事故报告后，应当按照事故的级别逐级上报事故情况，并且每级上报的时间不得超过2小时。

（3）规范事故报告的内容。

事故报告的内容应当包括事故发生单位概况、事故发生的时间、地点、简要经过和事故现场情况，事故已经造成或者可能造成的伤亡人数和初步估计的直接经济损失，以及已经采取的措施等。事故报告后出现新情况的，还应当及时补报。

（4）建立值班制度。

为了方便人民群众报告和举报事故，强化社会监督，《生产安全事故报告和调查处理条例》规定，安全生产监督管理部门和负有安全生产监督管理职责的有关部门应当建立的值班制度，受理事故报告和举报。

5. 中介机构的法律责任

根据《生产安全事故报告和调查处理条例》第四十条规定：事故发生单位对事故发生负有责任的，由有关部门依法暂扣或者吊销其有关证照；对事故发生单位负有事故责任的有关人员，依法暂停或者撤销其与安全生产有关的执业资格、岗位证书；事故发生单位主要负责人受到刑事处罚或者撤职处分的，自刑罚执行完毕或者受处分之日起，5年内不得担任任何生产经营单位的主要负责人。

为发生事故的单位提供虚假证明的中介机构，由有关部门依法暂扣或者吊销其有关证照及其相关人员的执业资格；构成犯罪的，依法追究刑事责任。

本条是关于事故发生单位及其有关责任人员的资格法以及提供虚假证明的中介机构法律责任的规定。

【问题1】 怎样理解本条规定对"事故发生单位"的处罚？

本条规定，事故发生单位对事故发生负有责任的，由有关部门依法暂扣或者吊销其有关证照。

（1）"有关证照"，是指其依法取得的各类许可、审批证件以及营业执照，具体种类根据其所从事的生产经营活动的不同而有所不同。

（2）"依法暂扣或者吊销"，是指必须依法由颁发该许可证或者执照的行政机关实施，其他任何机关和个人都无权吊扣不属于自己颁发的证照。例如，事故发生单位营业执照的吊扣，只能由工商行政管理部门实施。

由于暂扣或者吊销有关证照构成对行政相对人权利的限制甚至剥夺，这一行政处罚必须有明确的适用对象。本条规定的资格法适用于对事故发生负有责任的事故发生单位，即只有在事故发生单位负有事故责任的情况下，有关部门才可以暂扣或者吊销事故发生单位的有关证照。

由事故调查组提交的、经组织事故调查的有关人民政府批复的事故调查报告对于事故责任的认定，是判断事故发生单位是否负有事故责任的依据，也是有关部门对事故发生单位适用资格罚的依据。

【问题2】 处理负有事故责任的有关人员时，怎样理解"依法暂停或者撤销其与安全生产有关的执业资格、岗位证书"？

（1）"与安全生产有关的执业资格、岗位证书"，是指生产经营单位有关人员从事与安全生产有关的活动，按照法律法规或者国家有关规定必须取得的资格、证书等。

（2）"依法暂停或者撤销"有关安全生产的执业资质、岗位证书的主体，同样是有权颁发或者授予该执业资格和岗位证书的部门。

【问题3】 怎样理解本条规定对"事故发生单位主要负责人"的处罚？

事故发生单位主要负责人受到刑事处罚或者撤职处分的，自刑罚执行完毕或者受处分之日起，5 年内不得担任任何生产经营单位的主要负责人。作为《中华人民共和国安全生产法》的配套行政法规，《生产安全事故报告和调查处理条例》的这项规定是对《中华人民共和国安全生产法》第九十四条规定的具体化、特定化。本条规定具体包括以下内容：

（1）本条规定的适用对象仅限于事故发生单位主要负责人。

（2）只有在主要负责人被判处刑事处罚或者属于国家工作人员的主要负责人受到撤职的行政处分的情况下，才能被判处上述资格罚。其中，主要负责人受过的刑事处罚一般应当限于因安全生产事故责任而受到的刑事处罚，既包括受到管制、拘役、有期徒刑、无期徒刑等主刑的处罚，也包括受到罚金、剥夺政治权利、没收财产等附加刑的刑事处罚。

（3）这项资格罚的时间限制为 5 年。即自刑罚执行完毕或者受撤职处分之日起计算，5 年内不得担任任何生产经营单位的主要负责人，5 年后则不再受到上述处罚的限制。

【问题4】 怎样理解本条第二款的规定？

（1）"中介机构"，是指接受有关生产经营单位或者安全生产监管部门以及事故调查组委托，进行安全评价、认证、检测检验、鉴定等技术服务的中介机构。

（2）"提供虚假证明"，是指提供技术服务的中介机构虚构事实、隐瞒真相，提供与实际情况严重不符的安全评价报告，认证、鉴定结论或者有关检测检验数据的证明文件等。

（3）"有关部门"，是指颁发或授予中介机构及其相关人员证照或资格的有关部门和组织。

（4）"有关证照及其相关人员的执业资格"，是指安全生产领域的技术服务资质和相关人员的执业资格，主要包括安全评价机构的甲级资质证书、乙级资质证书，以及安全评价人员资格、注册安全工程师资格等。

（5）"构成犯罪"，是指构成提供虚假证明文件罪。该罪的构成要件为：

① 该罪侵犯的客体是安全生产监督管理制度和社会主义市场经济秩序。

② 客观方面，有提供虚假证明文件的行为且情节严重。"情节严重"主要是指提供虚假证明文件手段恶劣或者虚假的内容严重失实并造成重大安全事故等严重后果。

③ 主体是从事资产评估、验资、验证、会计、审计、法律等服务的中介组织的个人。

④ 主观方面，故意提供虚假证明文件。

小 资 料

资格罚，又称行为罚或者能力罚，是行政处罚的一种形式，是限制或者剥夺违反行政法规范的行政相对人特定的资格（能力）的一种行政处罚。因为在特定行政管理领域，行政相对人的特定行为须经行政许可才能获取相应资格。因此，这种限制或者剥夺特定资格、资质的处罚往往被视为仅次于人身罚的一种严厉的行政处罚，主要包括责令停产停业、暂扣或者吊销许可证、暂扣或者吊销执照等种类。

任务训练

请根据以下事故案例信息，分析事故单位应承担的法律责任。

2017年2月25日，南昌市某休闲会所发生一起重大火灾事故，造成10人死亡、13人受伤。调查认定此次火灾事故的直接原因为：会所改建装修施工人员使用气割枪在施工现场违法进行金属切割作业，切割产生的高温金属熔渣溅落在工作平台下方，引燃废弃沙发造成火灾。造成火势迅速蔓延和重大人员伤亡的原因是：施工现场堆放有大量废弃沙发且动火切割作业未采取任何消防安全措施，火势迅速蔓延并产生大量高热有毒有害烟气，在消防设施被停用、疏散通道被堵塞、消防设施管理维护不善等多种不利因素下，造成了重大人员伤亡。

知识测验

1. 某企业的主要负责人甲某因未履行安全生产管理职责，导致发生生产安全事故，于2018年9月12日受到撤职处分。该企业改制分立新企业拟聘甲某为主要负责人。依据《中华人民共和国安全生产法》的规定，甲某可以任职的时间是（　　）。（单选题）

　　A. 2020年9月12日后　　　　　　　　B. 2021年9月12日后

　　C. 2022年9月12日后　　　　　　　　D. 2023年9月12日后

2. 某化工企业因安全生产设施不符合国家规定，发生事故，造成6人死亡的严重后果。依据《中华人民共和国刑法》的规定，直接负责的主管人员触犯的刑法罪名是（　　）。（单选题）

　　A. 重大责任事故罪　　　　　　　　　B. 重大劳动安全事故罪

　　C. 危险物品肇事罪　　　　　　　　　D. 消防责任事故罪

3. 某安全监测中介机构在对某钢铁厂新安装的设备进行检测验收时，未按规定进行检验，便出具了检测验收报告，致使设备投入使用后不久因其存在的重大隐患引发事故，造成多人死亡。依据《中华人民共和国安全生产法》的规定，安全监管部门对该安全监测中介机构除处以罚款、对相关责任者追究行政责任外，还应给予的行政处罚是（　　）。（单选题）

　　A. 吊销营业执照　　　　　　　　　　B. 责令停业整顿

　　C. 撤销检测机构资格　　　　　　　　D. 撤销监测机构负责人资格

4. 依据《中华人民共和国刑法》的规定，由于强令他人违章冒险作业而导致重大伤亡事故发生或者造成其他严重后果，情节特别恶劣的，应处有期徒刑（　　）。（单选题）

　　A. 10年以上　　　　　　　　　　　　B. 7年以上

　　C. 5年以上　　　　　　　　　　　　　D. 3年以上

5. 某煤矿发生透水事故，当场死亡5人，主管安全生产的副总经理李某未向有关部门报告，贻误了事故抢险救援的时机，又导致3人死亡，依据《中华人民共和国刑法》及相关规定，对李某的处罚，下列说法正确的是（　　）。（单选题）

　　A. 应处3年以下有期徒刑　　　　　　B. 应处7年以上有期徒刑

　　C. 应处3年以上7年以下有期徒刑　　D. 应处以拘役

学习拓展

1.《中华人民共和国刑法》（十一修正案）。

2.《国务院关于特大安全事故行政责任追究的规定》（国务院第302号令）。

3.《地方党政领导干部安全生产责任制规定》。

4.《最高人民法院、最高人民检察院关于办理危害生产安全刑事案件适用法律若干问题的解释》（法释〔2015〕22号）。

5.《最高人民法院、最高人民检察院关于办理危害生产安全刑事案件适用法律若干问题的解释（二）》（法释〔2022〕19号）。

6.《生产安全事故罚款处罚规定》（试行）（应急管理部第14号令）。

任务五 事故调查报告

学习目标

知识目标：掌握事故调查的时限要求和事故调查报告的内容。

能力目标：能够完成生产安全事故调查报告的编写工作。

素质目标：培养学生规则意识，培养学生规范、严谨、专注、精益求精的工匠精神。

思 考

思考 1：事故调查报告由谁负责编写？

思考 2：编写的事故调查报告包含哪些内容？

知识学习

一、事故调查时限

根据《生产安全事故报告和调查处理条例》第二十九条规定：事故调查组应当自事故发生之日起 60 日内提交事故调查报告；特殊情况下，经负责事故调查的人民政府批准，提交事故调查报告的期限可以适当延长，但延长的期限最长不超过 60 日。

本条是关于事故调查时限的规定。

【问题 1】 为什么要设置提交事故报告的期限？

提交事故调查报告，意味着事故调查工作的结束。对事故调查工作设定时限，是提高事故调查效率的保障，是针对当前事故调查久拖不决、不能按时提交事故调查报告的情况较为普遍而作出的硬性规定，对落实"四不放过"原则、及时吸取事故教训意义重大。

【问题 2】怎样理解本条中"自事故发生之日起 60 日内提交事故调查报告"？

原则上，事故调查组应当自事故发生之日起 60 日内提交事故调查报告。这是法定期限，并且应当按自然日历计算，不是特指工作日。事故调查报告一般应在上述期限内提交。当然，需要技术鉴定的，技术鉴定所需时间不计入该时限，其提交事故调查报告的时限可以顺延。

【问题 3】 怎样理解"特殊情况下，经负责事故调查的人民政府批准，提交事故调查报告的期限可以适当延长，但延长的期限最长不超过 60 日"？

这里说的"特殊情况下"，一般是指事故等级较高、事故现场不能及时勘查、事故原因一时不易查清、事故责任认定需要大量调查工作等，如煤矿爆炸造成调查人员不能深入井下，60 日内难以达到《生产安全事故报告和调查处理条例》第三十条规定要求。

要延长事故调查报告提交的期限，就应当经负责事故调查的人民政府批准这一程序，对授权有关部门组织事故调查组调查的，也可以由组织事故调查的部门批准，延长的期限可以是 10 日或 20 日，但最长不得超过 60 日。

小 资 料

本条关于提交事故调查报告期限的规定，给事故调查组的工作效率提出了较高要求。《生产安全事故报告和调查处理条例》实施后，事故调查组要进一步改进工作方法，提高工作效率，确保近期提交事故调查报告。提交事故调查报告的方式没有作出具体规定，可以按照现行做法执行。

二、事故调查报告内容

根据《生产安全事故报告和调查处理条例》第三十条规定，事故调查报告应当包括下列内容：

（1）事故发生单位概况；

（2）事故发生经过和事故救援情况；

（3）事故造成的人员伤亡和直接经济损失；

（4）事故发生的原因和事故性质；

（5）事故责任的认定以及对事故责任者的处理建议；

（6）事故防范和整改措施。

事故调查报告应当附具有关证据材料。事故调查组成员应当在事故调查报告上签名。本条是关于事故调查报告内容的规定。

【问题 1】 事故调查报告的各项内容具体包含哪些？

事故发生单位概况一般包括事故发生单位性质、事故发生单位的主要负责人情况、事故发生单位相关行政许可情况、事故发生单位的用工情况、生产工艺及近期事故发生情况等。

事故调查报告的其他内容参考《生产安全事故报告和调查处理条例》第二十五条的释义。

【问题 2】 怎样理解"事故调查报告应当附具有关证据材料，事故调查组成员应当在事故调查报告上签名"？

第三十条第二款规定包括以下几层含义：

（1）事故调查报告附具的有关证据材料是事故调查报告的重要部分，应作为事故调查报告的附件一并提交。提出这项要求是为了增强事故调查报告的科学性、证明力、公信力。

（2）事故调查报告附具的有关证据材料应当具有真实性，并作为事故调查报告的附件予以详细登记，必要时有关当事人及获得该证据材料的事故调查组成员应当在证据材料上签名。

（3）事故调查组成员在事故调查报告上的签名页是事故调查报告的必备内容，没有事故调查组成员签名的事故调查报告，可以不予批复。签名应当由事故调查组成员本人签署，特殊情况下由他人代签的，要注明本人同意。事故调查中的不同意见在签名时可一并说明。

小 提 示

事故调查组按照规定履行事故调查职责，目的就是要提交事故调查报告。事故调查报告是事故调查组工作成果的集中体现，是事故处理的直接依据。

《生产安全事故报告和调查处理条例》中对事故调查报告的内容作出规定，有利于事故调查报告内容的规范、完整。同时，其内容应当与《生产安全事故报告和调查处理条例》第二十五条关于事故调查组任务、职责的规定有效衔接。

知识测验

1. 根据《生产安全事故报告和调查处理条例》第二十九条规定：事故调查组应当自事故发生之日起（　　　）日内提交事故调查报告；特殊情况下，提交事故调查报告的期限可以适当延长，但延长的期限最长不超过 60 日。（单选题）

 A. 30   B. 60   C. 90   D. 120

2. 下列属于事故调查报告内容的是（　　　）。（单选题）

 A. 事故发生经过和事故救援情况

 B. 事故造成的人员伤亡和直接经济损失

 C. 事故发生的原因和事故性质

 D. 事故责任的认定以及对事故责任者的处理建议

3.（　　　）在事故调查报告上的签名页是事故调查报告的必备内容。（单选题）

 A. 事故单位负责人   B. 事故调查组组长

 C. 事故调查组成员   D. 相关专家

4.（　　　）是事故调查组工作成果的集中体现，是事故处理的直接依据。（单选题）

 A. 事故调查报告   B. 人证材料

 C. 事故现场痕迹   D. 物证材料

任务训练

请根据以下事故案例信息，尝试编制一份事故调查报告。

事故概况：2012 年 11 月 26 日中午 13 时许，重庆市渝中区某食品厂厂长马某安排工人阳某和王某到该厂泡菜池内捞取腌制的萝卜。该泡菜池高 4 m、长 6 m、宽 3 m、池内水深约 3 m，腌制的萝卜悬浮在盐水中。阳某、王某将封闭式泡菜池的两个井盖揭开后，在未用电风扇吹风换气的情况下，阳某便将竹梯子插进泡菜池，通过竹梯子进入泡菜池，由于池内缺氧，还未到池底便晕倒掉入池里。王某见状，立即去叫厂长马某。马某赶来后，立即通过竹梯子进入泡菜池施救，随即也晕倒在泡菜池内。王某再次跑到厂房外呼救，并叫来马某妻子田某及前来该厂探亲的田某侄儿左某，左某见其姑父倒在池里，立即进入泡菜池救人，随后也昏倒在池内。现场工人立即拨打报警电话，消防、公安、卫生医疗等应急部门到达现场后，立即展开应急救援工作。当天 15 时，马某、阳某、左某等三人先后被捞出泡菜池，经现场急救医生诊断三人均已死亡。

事故损失：事故发生后，经调解，食品厂赔偿死者家属丧葬费及抚恤费用 97 万元，现场抢救费用、清理现场费用 14.3 万元，事故罚款 32 万元，损毁电梯价值 25 万元。

事故单位存在的问题：未进行安全生产教育和培训，未向作业人员告知进入泡菜池作业的危险因素、防范措施、事故应急措施，没有为工人配备必要的防护用品，安全管理和隐患排查不到位等。

监管部门存在的问题：事故单位所在的街道办事处在日常的安全监管中，没有督促渝中区某食品厂建立和完善相关安全管理制度、应急救援预案和操作规程，没有督促渝中区某食品厂对工人进行岗前安全教育培训、考核以及安全技术交底，存在监督检查不到位的情况。

学习拓展

1.《生产安全事故调查报告编制指南（试行）》（应急厅〔2023〕4 号）。
2.《宁夏银川富洋烧烤店"6·21"特别重大燃气爆炸事故调查报告》。
3.《江西南昌"1·8"重大道路交通事故调查报告》。
4.《北京地铁昌平线"12·14"列车追尾事故调查报告》。

任务六　事故结案归档

学习目标

知识目标：掌握事故归档材料的内容。

能力目标：能够结合企业实际，建立健全企业生产安全事故档案。

素质目标：培养学生形成总结反思的行为习惯，提高学生的自我教育能力。

思　考

思考 1：事故档案材料包括哪些内容？

思考 2：建立事故档案的目的和意义是什么？

知识学习

一、资料存档

根据《生产安全事故报告和调查处理条例》第三十一条规定：事故调查报告报送负责事故调查的人民政府后，事故调查工作即告结束。事故调查的有关资料应当归档保存。

本条是关于事故调查结束和调查资料存档的规定。

【问题】 事故调查的有关资料应当怎样保存？

事故调查有关资料的保存一般应当由政府授权或者委托的有关部门实施。

在事故调查中，可以委托专人保管事故调查组成员的调查资料，待调查工作结束后统一归档；也可以先由事故调查组成员分别保管，但所有调查资料应当共享，待最后统一归档。

事故调查结束后，事故调查组成员不得私自保存事故调查的有关资料。

事故调查的有关资料归档保存应当符合《中华人民共和国档案法》的有关规定。

小 提 示

（1）《生产安全事故报告和调查处理条例》第二十九条规定的时限是事故调查组提交事故调查报告的时限，事故调查报告报送负责事故调查的人民政府后，事故调查结束。

（2）事故调查报告报送负责事故调查的人民政府后，进入事故处理程序，按照《生产安全事故报告和调查处理条例》第四章的规定执行。

二、档案内容

事故处理结案后，应归档的事故资料：

（1）职工伤亡事故登记表；

（2）职工死亡、重伤事故调查报告书及批复；

（3）现场调查记录、图纸、照片等；

（4）技术鉴定和试验报告；

（5）物证和人证材料；

（6）直接经济损失和间接经济损失材料；

（7）事故责任者的自述材料；

（8）医疗部门对伤亡人员的诊断书；

（9）发生事故时的工艺条件、操作情况和设计资料。

知识测验

1. 事故文件材料的收集归档是事故报告和调查处理工作的重要环节。（　　）应指定人员负责收集、整理事故调查和处理期间形成的文件材料。（单选题）

　　A. 事故调查组组长或组长单位

　　B. 负责组织事故调查的人民政府

　　C. 事故发生单位

　　D. 事故相关单位

2. 负责事故处理的部门在事故处理结束后（　　）日内向本单位档案部门移交事故档案。（单选题）

　　A. 30　　　　　　　　B. 60　　　　　　　　C. 90　　　　　　　　D. 120

3. 事故档案管理是参与事故调查处理单位档案工作的组成部分，事故档案管理应与事故报告、事故调查和处理同步进行。下列不属于事故档案资料的是（　　）。（单选题）

　　A. 职工伤亡事故登记表

　　B. 事故单位所有的工艺条件、操作情况和设计资料

　　C. 事故责任者的自述材料

　　D. 医疗部门对伤亡人员的诊断书

任务训练

请根据以下事故信息帮助该公司制作一份事故登记表，并完成相关填报。

2021 年 10 月 26 日 5 时 31 分，位于淄博市某经济开发区的某化学科技股份有限公司发生一起爆炸事故，造成 1 人受伤，直接损失约 342 万元。导致事故发生的原因如下。

1. 丁二烯泄漏原因：气液分离器 V1030B 设计压力：−0.1 MPa；设计温度：115 ℃。R1001A 在进行第二批投料、反应操作前，R1001A 与 V1030B 之间的气相手动阀"A 阀"没有关闭，因此在 R1001A 反应期间，两台设备气相管线连通，V1030B 同样承受 0.7 MPa 左右的反应压力。V1030B 长时间超压导致设备视镜破裂，大量未反应的丁二烯从视镜破口气化、漏出。

2. 点火源：泄漏出的丁二烯向厂区北部扩散后，生产厂房、厂区西北角门卫室和北围墙外侧洼地等地方均存在丁二烯与空气的爆炸性混合气体。当门卫室屋顶东向照明灯按照时控开关设定断电关闭时，交流接触器触点产生的电火花首先引爆了门卫室内爆炸性混合气体，继而引起厂区各处发生连续爆炸。

3. 该公司安全生产主体责任不落实。在未经正规设计和安全论证的情况下，擅自在试生产装置上增加设备、改变流程，为事故的发生埋下隐患。

4. 该公司变更管理制度形同虚设。增加设备、改变流程后，公司没有将变更后的工艺编入操作规程，没有对员工进行针对性的教育培训，致使操作人员在无规程指导的情况下盲目操作，操作失误的概率大大增加。

学习拓展

1.《中华人民共和国档案法》（中华人民共和国主席令 47 号）。

2.《生产安全事故档案管理办法》（安监总办〔2008〕202 号）。

3.《关于黑龙江省生产安全事故调查处理工作的指导意见》（黑政办发〔2020〕32 号）。

项目五　事故统计分析

 **项目背景**

　　随着社会的发展和科技的进步，安全生产和职业健康问题越来越受到人们的关注。事故统计分析作为安全生产管理中的重要环节，对于预防事故发生、保障员工生命安全和企业稳定发展具有重要意义。本项目旨在通过学习事故统计分析的基本原理和方法，掌握事故数据收集、整理、分析和报告的技能，从而提高学生分析问题和解决问题的能力。

　　事故统计分析作为学习的主题，旨在使学生了解事故统计分析的重要性和必要性，掌握基本的事故统计分析方法和技术，提高学生在实际工作中运用统计分析方法解决安全问题的能力。通过本项目的学习，学生将能够运用所学知识对事故数据进行分析，掌握事故发生后的信息收集及数据清洗，为事故调查及事故分析提供基础依据，为企业的安全生产管理提供有力支持。

任务一　事故统计内容

学习目标

　　知识目标：掌握事故统计的基本内容。

　　能力目标：能够结合事故实际，完成生产安全事故分析及数据统计工作。

　　素质目标：培养学生科学严谨、求真务实的工作态度，让学生树立在实践中检验真理的思维和实事求是的世界观。

思　　考

　　2021年7月8日,江西省九江市某陶瓷有限公司原料车间1号球磨生产线9#球磨机球磨工岗位操作平台作业现场发生机械伤害事故,造成1人死亡,直接经济损失130.5万元。

　　思考1：发生事故后，我们应该如何对事故进行分析统计？

　　思考2：事故分析统计具体包括哪些内容？

知识学习

　　国家相关法律、法规规定事故统计应按《生产安全事故统计调查制度》执行，各级主管部门必须及时、准确填报伤亡事故报表；与此同时用人单位及其主管部门还应建立被统计的事故档案，其内容包括：

（1）职工伤亡事故登记表；

（2）事故调查报告及批复或者事故处理决定；

（3）现场调查记录、图纸、照片等；

（4）技术鉴定、检验结论和实验报告；

（5）人证、物证材料；

（6）直接经济损失材料；

（7）医疗单位对伤亡人员的诊断书（证明）；

（8）发生事故的工艺条件、操作情况和设计资料；

（9）有关事故的通报、简报和文件等。

一、事故统计内容

【问题 1】 事故发生后，事故统计第一项工作是记录事故单位概况。那么事故单位概况应该记录哪些内容？

（1）单位名称：发生事故单位的名称。

（2）单位地址：发生事故单位的省、地区、县；无单位时，填发生事故地的省、地区、县。

（3）单位通信地址：发生事故单位的通信地址。

（4）单位代码：工商部门或民政部门在企业注册时给企业的代码。

（5）邮政编码：发生事故单位的邮政编码。

（6）联系电话：发生事故单位负责人的联系电话。

（7）从业人员数：发生事故时，该单位的从业人员数。

（8）企业规模：按国有资产监督管理委员会对企业规模的划分，可分为特大型、大型、中型、小型等。

（9）经济类型：一国或地区的经济体系的性质和组成。不同国家或地区的经济类型可能有所不同，主要包括市场经济、计划经济和混合经济。

（10）所在行业、行业大类、行业中类、行业小类。

按国标 GB/T 4754—2017《国民经济行业分类》（2019 年修订），分为 20 门类，97 大类、473 中类、1382 小类。

（11）主管部门：发生事故企业的上级主管。

【问题 2】 事故发生后，事故情况统计应该统计记录哪些内容？

事故发生后，我们要进行事故情况统计，事故情况主要包括：

（1）发生地点：事故发生地省、地区、县及具体地点。

（2）发生日期：事故发生的年、月、日。

（3）发生时间：事故发生的时间，时、分。

（4）事故类别：常见的事故类别见项目一中的任务一。

（5）人员伤亡总数：事故造成的死亡、重伤、轻伤人数。

（6）非本企业人员伤亡：造成非本企业死亡、重伤、轻伤的人数。

（7）事故原因：事故原因分析是生产事故统计中一个关键的步骤，通过深入研究事故发生的原因，可以采取措施来预防类似事故的再次发生。

（8）受害人损失工作日：由于事故或伤害导致的工作人员无法正常工作而造成的时间损失。这包括因受伤、生病或其他健康问题而导致的工作日缺失。

（9）直接经济损失（万元）：按 GB 6721—86《企业职工伤亡事故经济损失统计标准》进行计算。

（10）是否结案：安全生产监督管理机关是否对此案进行了批复。

（11）起因物：导致事故发生的初始物质、条件或因素。这可能是一个具体的物质，如化学品或设备部件，也可能是一种条件，如温度、湿度或压力。

（12）致害物：具有潜在危害性的物质，可能对人体、动植物或环境造成伤害。这包括但不限于化学品、放射性物质、有害气体和其他可能引起危险的物质。

（13）不安全状态：

① 防护、保险、信号等装置缺乏或有缺陷；

② 设备、设施、工具、附件有缺陷；

③ 个人防护用品用具缺少或有缺陷；

④ 生产（施工）场地环境不良。

（14）不安全行为：

① 操作错误、忽视安全、忽视警告；

② 造成安全装置失效；

③ 使用不安全设备；

④ 手代替工具操作；

⑤ 物品存放不当；

⑥ 冒险进入危险场所；

⑦ 攀、坐不安全位置；

⑧ 在起吊物下作业、停留；

⑨ 机器运转时加油、修理、检查、调整、焊接、清扫等工作；

⑩ 有分散注意力行为；

⑪ 在必须使用个人防护用品用具的作业或场合中，忽视其使用；

⑫ 不安全装束；

⑬ 对易燃、易爆等危险物品处理错误。

【问题 3】　事故发生后，要对事故概况进行简单统计，统计的内容包括哪些？

事故概况通常包括对发生的事件、事故的性质、影响范围和可能的原因进行总体描述。以下是一般情况下事故概况可能包含的主要方面。

（1）事件描述：对事故发生的时间、地点、涉及的人员和物体等进行详细的描述，以便理解事故的基本情况。

（2）事故性质：包括事故的类型，例如交通事故、工业事故、自然灾害等。以便后期确定事故的性质和应对方式。

（3）影响范围：描述事故对周围环境、人员和财产的影响。包括人员伤亡情况、财产损失、环境污染等。

（4）应急响应：记录在事故发生后采取的紧急措施，以减轻影响和保护相关利益。包括救援行动、医疗援助等。

（5）调查进展：如果已经展开调查，概述调查的进展情况和已经发现的主要信息。有助于公众了解事件的原因和责任。

（6）事故预防：提出可能的改进和预防措施，以避免类似事故再次发生。可以包括制定新的安全标准、培训人员、改进设备等。

（7）事故责任和追究：在适当的情况下，说明事故中可能存在的责任问题，以及相关责任方是否会受到法律或其他形式的追究。

可以根据具体的事故类型和情况而有所不同。事故概况的目的是提供一个全面的、清晰的情况描述，以帮助了解事故的发生和后续处理。

【问题4】 事故发生后，要对发生生产事故的单位的人员情况进行统计，统计的主要内容包括哪些方面？

（1）姓名：死亡、重伤、轻伤人员的姓名。

（2）性别：死亡、重伤、轻伤人员的性别。

（3）年龄：死亡、重伤、轻伤人员的年龄。

（4）工种：死亡、重伤、轻伤人员的工种。

（5）工龄：死亡、重伤、轻伤人员的工龄，以年计算。

（6）文化程度：死亡、重伤、轻伤人员的文化程度。

（7）职务职称：死亡、重伤、轻伤人员的职务职称。

（8）伤害部位：颅脑、面颌部、眼部、鼻、耳、口、颈部、胸部、腹部、腰部、脊部、上肢、腕及手、下肢、踝及脚。

（9）伤害程度：① 死亡；② 重伤；③ 轻伤。

（10）受伤性质：一般分为电伤、倒塌压埋伤、辐射损伤、割伤、擦伤、刺伤、骨折、扭伤、切断伤、冻伤、烧伤、烫伤、中暑、冲击伤、生物致伤、化学性灼伤、撕脱伤、中毒、挫伤、轧伤、压伤、多重伤害等。

（11）就业类型：① 正式工；② 合同工；③ 临时工；④ 农民工。

（12）死亡日期：伤亡人员死亡日期——年、月、日。

（13）停止工作日期：受伤人员停止工作日期——年、月、日。

（14）恢复工作日期：受伤人员恢复工作日期——年、月、日。

（15）损失工作日：按 GB 6441—86《企业职工伤亡事故分类标准》中的附录 B "损失工作日计算表"计算。

（16）赔偿金额：包括丧葬费、抚恤金等。

【问题5】 特殊行业（煤矿）安全生产事故的事故统计主要包括哪些内容？

煤矿企业属于特殊行业，煤矿发生安全生产事故有以下特点：事故的突发性、事故的灾难性、事故的复杂性、事故的频发性、事故的严重性。所以煤矿安全生产事故发生后的统计分析工作尤为重要。

煤矿发生安全生产事故主要统计分析的内容包括：

（1）煤矿经济类型。

（2）事故发生地点分类：地面、采煤面、掘进头、上下山、大巷、井筒、其他。

（3）事故属别：① 原煤生产；② 非原煤生产；③ 基本建设。

（4）致害原因：① 冒顶；② 偏帮；③ 支架伤人；④ 放炮；⑤ 明电；⑥ 瓦斯突出；⑦ 磨擦；⑧ 撞击；⑨ 失爆；⑩ 吸烟；⑪ 墩罐；⑫ 跑车；⑬ 轨道事故；⑭ 输送事故；⑮ 设施伤人；⑯ 触电；⑰ 触响瞎炮；⑱ 地质水；⑲ 老空水；⑳ 地面水；㉑ 跑浆；㉒ 煤自燃。

（5）煤矿企业事故类别：① 瓦斯；② 水害；③ 顶板；④ 放炮；⑤ 机电；⑥ 运输；⑦ 其他。

（6）煤矿工种分类：① 采煤；② 掘进；③ 运输；④ 通风；⑤ 机电；⑥ 干部；⑦ 救护；⑧ 巷修；⑨ 其他。

（7）百万吨死亡率：百万吨死亡率是一个用于衡量煤矿安全等级的指标，表示每生产 100 万吨煤炭死亡的人数比例。其计算公式为：百万吨死亡率=死亡人数/实际产量（吨）×1000000。在中国，智能化煤矿的百万吨死亡率是 0.024，不到平均水平的 50%。百万吨死亡率是一个非常重要的指标，它可以帮助我们了解煤矿的安全状况，评估煤矿的风险，以及制订相应的安全措施。

小 提 示

在进行事故统计内容的工作时，需要注意以下几个问题。

（1）数据采集的准确性：确保采集的事故数据准确无误。错误的数据可能导致对安全状况的错误评估，影响后续的决策和预防措施。

（2）及时性和频率：及时收集事故数据，以便能够及早发现潜在问题并采取相应的措施。同时，确定合适的数据采集频率，以确保数据反映当前的安全状况。

（3）事故分类的一致性：确保事故分类的一致性和标准化。一致的分类有助于进行比较和分析，确保对不同情况的统一理解。

（4）原因分析的深入程度：在进行事故原因分析时，需要深入挖掘根本原因，而不仅仅停留在表面。这有助于制定更有效的预防措施，避免类似事故再次发生。

（5）协同处理：事故统计工作通常需要与安全、质量、生产等部门协同合作。确保信息共享和协同工作，以形成更全面的安全管理体系。

（6）员工培训和意识提升：提高员工对事故统计工作的认识和理解，以促使他们更加积极地报告事故和参与预防活动。员工培训是确保数据的完整性和及时性的重要一环。

（7）事故统计工作的法规合规性：确保事故统计工作符合相关的法规和合规要求。这包括隐私法规、数据保护法规等方面的合规性，以避免法律责任。

（8）事故统计工作应持续改进：事故统计工作应被视为一个持续改进的过程。不断优化数据采集、分析方法和预防措施，以适应不断变化的工作环境和行业标准。

（9）事故统计工作要保持沟通与透明度：保持与相关利益相关方的沟通，及时分享事故统计的结果和改进措施。透明度有助于建立信任，并能够共同努力提高安全水平。

（10）事故统计工作要学会应用技术工具：利用现代技术工具和软件来提高事故统计的效率和准确性。自动化数据采集和分析可以降低人为错误，并加速决策过程。

通过以上问题的改进，可以更好地进行事故统计工作，提高工作场所的安全水平，保障员工和社区的健康与安全。

知识测验

1. 事故统计中，以下哪项不属于事故原因分析的范畴？（　　　）（单选题）
   A. 人为因素　　　　　　　　B. 设备因素
   C. 环境因素　　　　　　　　D. 年龄因素

2. 事故统计中，伤亡人员的年龄分布属于哪个方面的统计内容？（　　　）（单选题）
   A. 人员伤亡情况　　　　　　B. 直接经济损失
   C. 事故原因分析　　　　　　D. 事故发生频率

3. 以下哪项不是事故统计分析的主要目的？（　　　）（单选题）
   A. 评估企业的安全生产管理水平
   B. 提高企业的生产效率
   C. 发现事故发生的规律和特点
   D. 提出预防事故的措施和建议

4. 在事故统计中，以下哪个指标用于衡量事故的严重程度？（　　　）（单选题）
   A. 事故发生频率　　　　　　B. 事故影响范围
   C. 人员伤亡情况　　　　　　D. 直接经济损失

5. 在进行事故统计时，以下哪个原则是数据收集的基本要求？（　　　）（多选题）
   A. 准确性原则　　　　　　　B. 及时性原则
   C. 完整性原则　　　　　　　D. 主观性原则
   E. 公正性原则

6. 在事故统计中，以下哪个数据是用于描述事故特征的？（　　　）（多选题）
   A. 事故发生时间　　　　　　B. 事故发生地点
   C. 事故责任人　　　　　　　D. 事故类型
   E. 直接经济损失

任务训练

9月10日8时30分，某机械有限公司结构工场维修班维修钳工崔某、王某，按工场下达的工作票要求，来到工场结构厂房东门，维修"掉道"的总高约 7 m 的铝合金卷帘门。2 人先搭起一个长 2.8 m、宽 1.25 m、高 1.97 m 的金属支架，在其上部固定三块金属跳板，并将一长约 5 m 的竹梯子搭在东门北侧，竹梯子最下面的"横称"与跳板固定，竹梯搭在东门北侧加固墙上。9 时许，王某未佩戴安全带登上竹梯，手持撬棍和方木，从上往下修理铝合金卷帘门滑道，崔某站在地面手扶金属支架监护。

大约 10 时 30 分，王某从上往下维修到 5.5 m 高度时，下部金属支架失稳、向南侧倾倒，王某随竹梯一起落下砸金属支架后附至地面，造成重症颅脑损伤、脑挫裂伤等伤害，急送至市中心医院，于次日凌晨 2 时死亡；崔某被倒塌的金属支架和竹梯砸在下面，幸好没有受伤。

根据案例完成事故统计分析并形成分析报告。

学习拓展

1.《生产安全事故统计管理办法》（安监总厅统计〔2016〕80 号）。
2.《生产安全事故统计调查制度》。

任务二　事故统计指标体系

学习目标

知识目标：掌握事故统计指标体系包含的内容。

能力目标：能够对企业事故统计指标体系进行分析发现生产事故发生的规律和特点。

素质目标：通过事故统计理论学习和实践应用，了解安全生产现状，培养学生的责任感和使命感，激发学生爱国情怀、担当精神。

思　考

某煤矿企业发生一起瓦斯爆炸事故，造成 15 人死亡、20 人受伤，直接经济损失达数百万元。通过事故统计指标体系的分析，发现该企业的事故起数、死亡人数、重伤人数、直接经济损失等指标均较往年有大幅度上升。分析原因，主要是该企业安全生产管理存在严重漏洞、安全设施不完善、作业人员安全意识淡薄等。

某建筑工地发生一起高处坠落事故，造成 5 人死亡、3 人受伤。通过事故统计指标体系的分析，发现该建筑企业的事故起数、死亡人数、重伤人数、直接经济损失等指标均高于行业平均水平。分析原因，主要是该企业安全管理制度不健全，安全监管不到位，作业人员安全意识薄弱等。

某地区发生一起化工企业爆炸事故，造成 10 人死亡、5 人受伤，直接经济损失达数千万元。通过事故统计指标体系的分析，发现该地区的事故起数、死亡人数、重伤人数、直接经济损失等指标均较往年有大幅度上升。分析原因，主要是该地区安全监管存在盲区、企业对安全生产管理重视不够、作业人员安全意识淡薄等。

这些案例表明，通过事故统计指标体系的分析，可以发现企业或地区的事故发生规律和特点，评估事故的风险和影响，为预防和控制事故提供决策依据。同时，也可以发现企业或地区在安全生产管理方面存在的问题和不足之处，为改进安全管理提供思路和方向。

思考 1：什么是事故统计指标体系？

思考 2：事故统计指标体系的意义是什么？

知识学习

一、事故统计分析的意义

（1）进行企业的事故统计指标对比分析。依据伤亡事故的主要统计指标进行部门与部门之间、企业与企业之间、企业与本行业平均指标之间的对比；

（2）对企业、部门的不同时期的伤亡事故发生情况进行对比，用来评价企业安全状况是否有所改善；

（3）发现企业事故预防工作存在的主要问题，研究事故发生原因，以便采取措施防止事故发生。

二、事故统计的步骤

事故统计工作一般分为三个步骤：

1. 资料搜集（统计调查）

根据事故统计的目的和任务，制订调查方案，确定调查对象和单位，拟订调查的项目和表格，并按照事故统计工作的性质，选定方法。

我国伤亡事故统计是一项经常性的统计工作，采用报告法，下级按照国家制定的报表制度，逐级将伤亡事故报表上报。

2. 资料整理（统计汇总）

将搜集的事故资料进行审核、汇总，并根据事故统计的目的和要求计算有关数值。汇总的关键是统计分组，就是按一定的统计标志，将分组研究的对象划分为性质相同的组。如按事故类别、事故原因等分组，然后按组进行统计计算。

3. 综合分析

综合分析是将汇总整理的资料及有关数值，填入统计表或绘制统计图，使大量的零星资料系统化、条理化、科学化，是统计工作的结果。

事故统计结果可以用统计指标、统计表、统计图等形式表达。

三、事故统计指标体系

我国安全生产涉及综合类伤亡事故指标体系、工矿企业（包括商贸流通企业）、道路交通、水上交通、铁路交通、民航飞行、农业机械、渔业船舶等行业。各有关行业主管部门针对本行业特点，制定并实施了各自的事故统计报表制度和统计指标体系来反映本行业的事故情况。

（1）绝对指标：指反映伤亡事故全面情况的绝对数值，如事故起数、死亡人数、重伤人数、轻伤人数、直接经济损失、损失工作日等。

（2）相对指标：伤亡事故两个相联系的绝对指标之比，表示事故的比例关系，如千人死亡率、千人重伤率、百万吨死亡率。

（3）国家统计局国民经济和社会发展统计公报的重要统计指标：生产安全事故死亡人数；亿元国内生产总值生产安全事故死亡人数；工矿商贸企业就业人员十万人生产安全事故死亡人数；煤矿百万吨死亡人数；道路交通万车死亡人数。

1. 综合类伤亡事故统计指标体系

【问题1】 什么是综合类伤亡事故统计指标体系？主要包括哪些内容？

综合类伤亡事故统计指标体系是一套用于统计和评价伤亡事故的指标体系。包括事故起数、死亡事故起数、死亡人数、受伤人数、直接经济损失、重大事故起数、重大事故死亡人数、特大事故起数、特大事故死亡人数、特别重大事故起数、特别重大事故死亡人数、重大事故率、特大事故率等。该体系的目标是通过收集和分析各项指标的数据，全面了解伤亡事故的情况和原因，进而提出有效的预防措施，减少事故发生和降低人员伤亡和经济损失。综合类伤亡事故统计指标体系对于提高企业的安全生产水平和社会对安全生产的关注度都具有重要意义。

【问题2】 综合类伤亡事故统计指标体系在生产生活中的应用

综合类伤亡事故统计指标体系是用于评估和分析事故发生和影响的工具。在生产和生活中，可以应用于以下几个方面。

（1）工业安全管理。

在工业生产中，综合类伤亡事故统计指标体系可以用来评估工厂或企业的安全状况。通过分析事故统计数据，企业可以识别潜在的危险因素，采取措施来预防事故的发生，提高工业安全水平。

（2）交通安全。

在交通管理领域，综合类伤亡事故统计指标体系可以用于分析交通事故的情况。通过了解事故的类型、原因和影响，交通管理部门可以制定更有效的交通安全政策，提高道路安全性。

（3）医疗健康。

在医疗领域，综合类伤亡事故统计指标体系可以用于评估医疗机构的安全性和质量。医院可以利用事故统计数据来改进医疗程序，减少医疗事故的发生，提高患者安全。

（4）建筑施工。

在建筑行业，综合类伤亡事故统计指标体系可以用来监测施工工地上的安全状况。建筑公司可以根据事故数据采取措施，确保工人在工作中的安全。

（5）环境保护。

综合类伤亡事故统计指标体系用于评估环境事故的影响。通过了解事故的发生频率和严重程度，环境管理部门可以采取措施来减少对环境的负面影响，保护自然资源。

综合类伤亡事故统计指标体系在各个领域都可以用来提高安全性和减少事故的发生。通过及时的数据分析，采取相应的预防措施，能够有效地降低事故带来的人员伤亡和财产损失。

2. 工矿企业类伤亡事故统计指标体系

【问题1】 工矿企业类伤亡事故统计指标体系包括哪些内容？

工矿企业类伤亡事故统计指标体系包括煤矿企业伤亡事故统计指标、金属和非金属矿企业（原非煤矿山企业）伤亡事故统计指标、工商企业（原非矿山企业）伤亡事故统计指标、建筑业伤亡事故统计指标、危险化学品伤亡事故统计指标、烟花爆竹伤亡事故统计指标。

这六类统计指标均包含伤亡事故起数、死亡事故起数、死亡人数、重伤人数、轻伤人数、直接经济损失、损失工作日、重大事故起数、重大事故死亡人数、特大事故起数、特大事故死亡人数、特别重大事故起数、特别重大事故死亡人数、千人死亡率、千人重伤率、百万工时死亡率、重大事故率、特大事故率。另外，煤矿企业伤亡事故统计指标还包含百万吨死亡率。

【问题2】 工矿企业类伤亡事故统计指标体系在生产中的应用

工矿企业类伤亡事故统计指标体系在生产中的应用主要体现在以下几个方面。

（1）风险评估与预防措施。

通过对工矿企业类伤亡事故的统计，可以进行风险评估，识别潜在的危险因素和高风险区域。企业可以根据这些统计数据采取预防措施，如改善工艺流程、提供更安全的工作设备，以减少事故的发生。

（2）培训与教育。

事故统计数据可用于开展员工培训和教育。通过分析事故的原因和类型，企业可以有针对性地进行培训，提高员工对安全规程和操作程序的认知，减少因为人为因素导致的事故。

（3）监测安全绩效。

工矿企业可以使用事故统计指标体系来监测安全绩效。通过定期审查和分析事故数据，企业能够了解安全状况的变化趋势，评估实施的安全措施的有效性，并及时调整安全管理策略。

（4）法规遵从与报告义务。

工矿企业需要遵守相关的法规和标准，对事故进行报告。统计指标体系可以帮助企业确保其符合法规的要求，并及时报告事故，以避免潜在的法律责任。

（5）改进安全文化。

通过事故统计数据，企业可以促进安全文化的建设。这包括鼓励员工汇报潜在危险、奖励安全表现优异的员工，以及建立开放的沟通渠道，使员工更加关注和参与企业的安全管理。

在实际应用中，工矿企业类伤亡事故统计指标体系不仅有助于减少事故的发生，还有助于提高整体安全水平和生产效益。

3. 行业类伤亡事故统计指标体系

【问题1】　行业类伤亡事故统计指标体系包括哪些内容？

行业类伤亡事故统计指标体系是用于评估特定行业内事故发生和影响的工具，这一体系通常包括以下方面的指标。

（1）事故发生率：表示在一定时间内发生的事故数量与总工时或总产量的比率，用于评估事故的频率。

（2）伤亡率：表示在一定时间内发生的伤亡人数与总工时或总产量的比率，用于评估事故的严重程度。

（3）事故类型分布：记录不同类型事故的发生频率，有助于了解哪些类型的事故更为常见。

（4）事故原因分析：对事故发生的原因进行详细分析，包括人为因素、设备故障、环境因素等，以便采取相应的预防措施。

（5）事故地点分布：记录事故发生的具体地点，有助于确定高风险区域并采取针对性的安全措施。

（6）安全培训覆盖率：衡量员工接受安全培训的比例，以确保他们具备必要的安全意识和知识。

（7）事故报告及时性：评估企业对事故的及时报告和反馈机制，以便快速采取纠正措施。

（8）防护设备使用率：记录员工使用防护设备的情况，以确保其在危险环境中得到适当保护。

（9）紧急应对措施：评估企业是否制定了有效的紧急应对计划，并培训员工执行这些计划。

（10）法规合规性：确保企业在法规和标准方面的合规性，包括事故报告和安全标准的遵守。

这些指标帮助企业全面了解其安全状况，有助于采取措施预防事故的发生，提高员工安全意识，降低事故对企业造成的影响。

【问题2】 行业类伤亡事故统计包括哪些行业？统计的内容包括什么？

（1）道路交通事故统计指标。

包括事故起数、死亡事故起数、死亡人数、受伤人数、直接财产损失、重大事故起数、重大事故死亡人数、特大事故起数、特大事故死亡人数、特别重大事故起数、特别重大事故死亡人数、万车死亡率、10万人死亡率、生产性事故起数、生产性事故死亡人数、重大事故率、特大事故率。

（2）火灾事故统计指标。

包括事故起数、死亡事故起数、死亡人数、受伤人数、直接财产损失、重大事故起数、重大事故死亡人数、特大事故起数、特大事故死亡人数、特别重大事故起数、特别重大事故死亡人数、百万人火灾发生率、百万人火灾死亡率、生产性事故起数、生产性事故死亡人数、重大事故率、特大事故率。

（3）水上交通事故统计指标。

包括事故起数、死亡事故起数、死亡和失踪人数、受伤人数、直接经济损失、重大事故起数、重大事故死亡人数、特大事故起数、特大事故死亡人数、特别重大事故起数、特别重大事故死亡人数、沉船艘数、千艘船事故率、亿客公里死亡率、重大事故率、特大事故率。

（4）铁路交通事故统计指标。

包括事故起数、死亡事故起数、死亡人数、受伤人数、直接经济损失、重大事故起数、重大事故死亡人数、特大事故起数、特大事故死亡人数、特别重大事故起数、特别重大事故死亡人数、百万机车总走行公里死亡率、重大事故率、特大事故率。

（5）民航飞行事故统计指标。

包括飞行事故起数、死亡事故起数、死亡人数、受伤人数、重大事故万时率、亿客公里死亡率。

（6）农机事故统计指标。

包括伤亡事故起数、死亡事故起数、死亡人数、重伤人数、轻伤人数、直接经济损失、重大事故起数、重大事故死亡人数、特大事故起数、特大事故死亡人数、特别重大事故起数、特别重大事故死亡人数、重大事故率、特大事故率。

（7）渔业船舶事故统计指标。

包括事故起数、死亡事故起数、死亡和失踪人数、受伤人数、直接经济损失、重大事故起数、重大事故死亡人数、特大事故起数、特大事故死亡人数、特别重大事故起数、特别重大事故死亡人数、千艘船事故率、重大事故率、特大事故率。

4. 地区安全评价类统计指标体系

【问题1】　地区安全评价类统计指标体系包括哪些内容？

（1）事故发生率和伤亡率：通过统计事故发生率和伤亡率，可以评估特定地区的安全状况。这有助于政府和企业了解地区内工作场所和生活环境的安全性，采取相应的措施改善安全水平。

（2）环境污染指标：包括大气污染、水质污染、土壤污染等方面的指标。通过评估这些指标，可以了解地区环境的健康状况，采取措施减少污染对居民和生产的影响。

（3）交通安全指标：包括道路交通事故率、交通死亡率等。通过统计这些指标，可以评估地区的交通安全状况，为改善交通管理和道路安全提供依据。

（4）犯罪率统计：评估地区内犯罪率，包括盗窃、抢劫、暴力犯罪等。这有助于制定安全措施，保护居民和企业的安全。

（5）自然灾害风险评估：统计地区内自然灾害的发生频率和影响，如地震、洪水、风暴等。这有助于制定防灾和救灾计划，提高地区居民和生产设施的应对能力。

（6）公共卫生指标：包括传染病发生率、空气质量、水质等。通过统计这些指标，可以了解地区居民的健康状况，采取措施提升公共卫生水平。

（7）劳动力安全指标：评估地区内工作场所的安全性，包括工伤率、职业病发生率等。这有助于改善工作环境，保障员工的安全和健康。

（8）社会稳定指标：包括社会动荡、示威抗议事件的发生率等。通过统计这些指标，可以了解地区的社会稳定状况，采取措施维护社会和谐。

这些统计指标体系的应用可以为政府、企业和社会组织提供全面的信息，帮助他们制定相关政策和措施，提高地区的整体安全水平。

【问题2】　地区安全评价类统计指标体系的应用

（1）政府决策和政策制定：政府可以利用地区安全评价的统计指标体系来制定相关政策和决策。例如，基于事故发生率和伤亡率的数据，政府可以针对特定行业或地区实施更严格的安全标准，以提高工作场所的安全水平。

（2）企业安全管理：企业可以利用统计指标体系来评估其工作场所的安全性，并采取相应的预防和管理措施。通过分析事故类型、原因和预防措施效果，企业可以制定更有效的安全管理策略，降低事故发生的风险。

（3）社区安全维护：地区安全评价的指标可以帮助社区了解其安全状况，包括环境、交通、犯罪等方面。社区可以根据这些数据采取措施，提高公共安全水平，确保居民的生活质量。

（4）投资决策：投资者在考虑投资某个地区或行业时，可以参考地区安全评价的统计指标。较低的事故率和环境污染指标可能使投资更有吸引力，因为这意味着较低的潜在风险。

（5）公共服务规划：政府和社会组织可以利用统计指标体系规划公共服务。例如，通过了解交通事故率，可以规划更安全的交通系统；通过了解环境污染指标，可以采取措施提高环境质量。

（6）危机应对和预警系统：地区安全评价的指标可以用于建立危机应对和预警系统。例如，通过监测自然灾害风险指标，可以提前预警并采取措施减少灾害对居民和生产的影响。

（7）社会责任和可持续发展：企业和社会组织可以根据统计指标体系评估其社会责任和可持续发展绩效。包括对环境、员工安全和社区参与等方面的评估，有助于建立可持续和负责任的企业形象。

地区安全评价类统计指标体系的应用是多方面的，涵盖了政府、企业、社区和投资者等多个利益相关方，为全面提升地区的安全水平提供支持和依据。

小 提 示

在生产实际工作中使用事故统计指标体系时，需要注意以下几个重要事项。

（1）数据的准确性和完整性：确保统计数据的准确性和完整性是关键。错误或缺失的数据可能导致对事故状况的错误评估，影响后续决策和预防措施的制定。

（2）标准化和比较：使用标准化的指标和单位，以便能够进行行业内和地区间的比较。这有助于识别潜在的问题和制定有针对性的解决方案。

（3）时间趋势的分析：进行时间趋势分析时，要考虑可能的变化因素，如工作量的变化、新安全政策的实施等。这有助于更准确地评估事故的趋势和原因。

（4）事故分类的合理性：确保事故类型的分类是合理和全面的。不同类型的事故可能需要不同的预防措施，因此准确的分类有助于制定有效的安全管理策略。

（5）事故原因分析得深入：在进行事故原因分析时，要深入挖掘根本原因，包括人为因素、设备故障、管理问题等。仅仅处理表面原因可能无法有效预防类似事故的再次发生。

（6）工作地点和受影响人员的关注：重点关注事故发生的主要工作地点和受影响的人员。这有助于在这些区域和人员群体中采取有针对性的措施，提高安全水平。

（7）预防措施效果的评估：定期评估已经实施的预防措施的效果，确保其达到预期的安全改进效果。根据评估结果及时进行调整和改进措施。

（8）透明度和沟通：保持透明度，及时向相关利益相关方沟通事故统计的结果和改进措施。这有助于建立信任，促进共同努力提高安全水平。

（9）法规遵从：确保事故统计和分析过程符合相关法规和标准。这对于避免潜在法律责任和确保企业的可持续发展至关重要。

（10）持续改进：事故统计指标体系应作为一个持续改进的过程，不断优化数据收集、分析方法和预防措施，以适应工作环境和行业的变化。

通过以上事项，企业和组织可以更有效地利用事故统计指标体系，提高工作场所的安全水平，并保障员工和社区的健康与安全。

知识测验

1. 在使用事故统计指标体系时，为什么确保数据的准确性和完整性是关键？（   ）（单选题）

　　A. 为了增加数据的数量　　　　　　B. 遵守法规要求

　　C. 影响后续决策和预防措施的制定　D. 提高公司形象

2. 为什么在事故分类时需要确保合理性和全面性？（   ）（单选题）

　　A. 提高工作效率　　　　　　　　　B. 减轻工作负担

　　C. 有助于制定有效的安全管理策略　D. 减少数据收集成本

3. 在进行事故原因分析时，为什么要深入挖掘根本原因？（   ）（单选题）

　　A. 减少工作时间　　　　　　　　　B. 仅处理表面原因即可

　　C. 避免责任追究　　　　　　　　　D. 有效预防类似事故的再次发生

4. 为何要重点关注事故发生的主要工作地点和受影响的人员？（   ）（单选题）

　　A. 提高员工工资

　　B. 有助于在这些区域和人员群体中采取有针对性的措施

　　C. 减少公司成本

　　D. 增加生产产量

5. 在事故统计指标体系的建立和应用过程中，哪些因素是需要考虑的？（   ）（多选题）

　　A. 数据的可靠性和准确性　　　　　B. 事故发生地的气候情况

　　C. 法规和合规性要求　　　　　　　D. 公司的市场份额

　　E. 事故发生的具体时刻

6. 在进行事故分类时，哪些因素可能影响分类的一致性和标准化？（   ）（多选题）

　　A. 不同部门对事故的定义不一致　　B. 员工的个人偏见

　　C. 缺乏事故分类标准　　　　　　　D. 事故发生的频率

　　E. 公司的盈利状况

任务训练

　　某市为了加强道路交通安全管理和分析，建立了一套交通事故统计指标体系。该体系包括事故起数、死亡人数、受伤人数、直接经济损失等指标。通过收集和分析这些指标的数据，该市能够全面了解道路交通安全状况，发现事故多发路段和原因，制定针对性的预防措施，降低事故发生率和人员伤亡率。

　　请根据上述案例，回答以下问题：

　　1. 该市交通事故统计指标体系主要包含哪些指标？请列举出至少四个指标。

　　2. 这些指标分别用来衡量什么？请结合案例简要说明。

　　3. 你认为该市交通事故统计指标体系有哪些优点和不足之处？请提出改进建议。

4. 你认为建立事故统计指标体系对于提高企业和社会安全生产水平有何重要意义？请结合案例分析。

学习拓展

1.《生产安全事故统计调查制度》。
2.《安全生产行政执法统计调查制度》。
3.《道路运输行业行车事故统计报表制度》。

任务三　伤亡事故经济损失统计

学习目标

知识目标：掌握伤亡事故经济损失统计的内容。
能力目标：能够结合企业实际，完成伤亡事故经济损失的统计工作。
素质目标：培养学生的安全意识，让学生牢固树立起红线意识和底线思维，增强学生人民至上、生命至上的信念。

思　考

2021 年 7 月 24 日 15 时 40 分许，吉林省长春市某婚纱城发生火灾事故，造成 15 人死亡、25 人受伤，过火面积 6200 m^2，直接经济损失 3700 余万元。

思考 1：事故的直接经济损失 3700 万元是如何计算来的？

思考 2：事故的间接经济损失是多少呢？

知识学习

伤亡事故经济损失统计是对事故所造成经济损失进行全面评估的过程。它主要包括直接与间接经济损失。直接经济损失涉及现场的设备损坏、物料损失和医疗费用等；而间接经济损失则包括停工损失、产量下降和市场影响等。在计算经济损失时，有多种方法可供选择，如直接成本法、机会成本法和重置成本法。此外，还有一系列评价指标用于评估事故的经济影响，如总经济损失和单位产值的伤亡事故率。最后，事故伤害损失工作日也是一个关键指标，它反映了事故对生产和工作流程的干扰程度。伤亡事故经济损失统计是一个全面评估事故经济影响的过程，主要为预防措施提供数据支持。

在事故调查处理中，除注重人员伤亡情况、事故经过、原因分析、责任人处理、人员教育、措施制定外，还必须对事故经济损失进行统计，有助于了解事故的严重程度和安全经济规律。

所有的伤亡事故经济损失计算方法都是以实际统计资料为基础的。对伤亡事故直接经济损失和间接经济损失的划分，我国 1987 年开始执行 GB 6721—86《企业职工伤亡事故经济损失统计标准》。

一、直接经济损失及统计范畴

【问题1】 事故发生后，直接经济损失及统计范畴是如何规定的？

按 GB 6721—86《企业职工伤亡事故经济损失统计标准》的规定。

直接经济损失：因事故造成人身伤亡及善后处理所支出的费用，以及被毁坏的财产的价值规定为直接经济损失。

直接经济损失的统计范围：

（1）人身伤亡所支出的费用。包括医疗费用（含护理费）、丧葬及抚恤费用、补助及救济费用和误工费等。

（2）善后处理费用。包括处理事故的事务性费用、现场抢救费用、清理现场费用、事故罚款和赔偿费用。

（3）财产损失费用。包括固定资产损失和流动资产损失。

【问题2】 事故发生后，直接经济损失对生产和生活有哪些影响？

（1）生产能力受限：受到事故影响的设备、工厂或生产线可能无法正常运作，导致生产能力受限或完全停滞。这会影响企业的正常运营，可能导致订单延误、交货不及时，从而影响客户关系和市场竞争力。

（2）人员伤亡及生产中断成本：如果事故导致人员伤亡，除了直接的人力成本外，生产中断成本也会显著增加。包括停工期间的工资、赔偿金以及由于未能完成订单而引起的损失。

（3）物质损失和财务压力：受到事故影响的设备、原材料等可能会被损坏或损失，导致物质损失。企业可能面临财务压力，需要投入大量资源进行修复、替换或购置新设备。

（4）生产链供应中断：如果企业是供应链的一部分，事故可能导致整个供应链的中断，影响其他企业的生产和交付。这能引发连锁反应，对整个产业链产生负面影响。

（5）社会影响：事故会引起社会关注和舆论，对企业的声誉造成损害。此外，如果事故涉及环境污染或其他公共安全问题，可能会引起社会的担忧和反对。

直接经济损失对企业和相关利益相关方都会产生严重的影响，需要采取紧急措施来应对并尽可能减少损失。

二、间接经济损失及统计范围

【问题1】 事故发生后，间接经济损失及统计范畴是如何规定的？

间接经济损失：把因事故导致的产值减少、资源的破坏和受到事故影响而造成的其他损失规定为间接经济损失。

间接经济损失的统计范围：

（1）停产、减产损失价值。

（2）工作损失价值（工作损失价值=被害者损失工作日×企业全年人均日净产值）。

（3）资源损失价值。

（4）处理环境污染的费用。

（5）补充新职工的培训费用。

（6）其他损失费用。

【问题2】 事故发生后，间接经济损失对生产和生活有哪些影响？

（1）生产供应链中断：事故可能导致企业无法按时交付产品或服务，进而影响整个供应链。其他企业依赖于受影响企业的生产可能面临原材料短缺，生产能力下降，甚至停产。

（2）对于就业的影响：企业可能不得不采取紧急措施，如裁员或暂停招聘，以应对经济损失。这对员工的就业稳定性和整体就业市场都可能产生负面影响。

（3）经济波及效应：一个企业的事故对相关产业、地区或整个经济产生波及效应。包括附属产业的收入下降、税收减少以及整体经济活动的减缓。

（4）社会不安和不信任：事故会引发公众对企业的不信任和担忧，尤其是事故与环境问题、公共安全等有关。可能导致社会的不安定和对企业的抵制。

（5）保险成本上升：企业可能面临保险成本上升的情况，尤其是事故频发或造成的损失规模较大。保险公司可能提高保险费率或限制赔偿范围。

（6）法律责任和诉讼：事故会引发法律责任和诉讼，企业可能需要支付赔偿金、罚款或承担其他法律后果，这将增加企业的经济负担和法律风险。

（7）企业的声誉和品牌受损：间接经济损失包括企业声誉和品牌价值的下降。公众对企业的负面看法可能导致客户流失，影响市场份额和竞争力。

间接经济损失会导致更广泛和深远的影响，涉及社会、经济和法律层面。企业需要采取综合性的措施来应对这些潜在的影响，包括改进安全管理、危机应对和社会责任等方面。

三、经济损失的计算方法

1. 经济损失计算

$$E = E_d + E_i \qquad (5\text{-}1)$$

式中：E——经济损失（万元）；

E_d——直接经济损失（万元）；

E_i——间接经济损失（万元）。

2. 工作损失价值计算

$$V_W = D_L M /(SD) \qquad (5\text{-}2)$$

式中：V_W——工作损失价值（万元）；

D_L——一起事故的总损失工作日数（日），死亡一名职工按 600 个工作日计算，受伤职工视伤害情况按 GB 6441—86《企业职工伤亡事故分类标准》的附表确定，日；

M——企业上年税利（税金加利润）（万元）；

S——企业上年平均职工人数（人）；

D——企业上年法定工作日数（日）。

3. 固定资产损失价值

报废的固定资产，以固定资产净值减去残值计算。

损坏的固定资产，以修复费用计算。

4. 流动资产损失价值

原材料、燃料、辅助材料按账面值减去残值计算。

成品、半成品、在制品按企业实际成本减去残值计算。

5. 事故已处理未能结算的医疗费、停产工资

采用测算法计算（详见《企业职工伤亡事故经济损失统计标准》）。

6. 分期支付的抚恤金、补助费

按审定支出的费用计算（自发放日起至停发日止）。

7. 停产损失、减产损失

按事故发生之日起到恢复正常生产止。

四、经济损失的评价指标

1. 千人经济损失率

$$R_s(‰) = E / S \times 1000 \qquad （5-3）$$

式中：R_s——千人经济损失率。

E——全年内经济损失（万元）。

S——企业平均职工人数（人）。

2. 百万元产值经济损失率

$$R_v(\%) = E / V \times 100 \qquad （5-4）$$

式中：R_v——百万元产值经济损失率。

E——全年内经济损失（万元）。

V——企业总产值（万元）。

五、事故伤害损失工作日

事故伤害损失工作日的计算，在《事故伤害损失工作日标准》（GB/T 15499—1995）中给出了比较详细的说明。

标准规定了定量记录人体伤害程度的方法及伤害对应的损失工作日数值。该标准适用于企业职工伤亡事故造成的身体伤害。

分以下几个方面计算损失工作日：

（1）肢体损伤。

（2）眼部损伤。

（3）鼻部损伤。

（4）耳部损伤。

（5）口腔颌面部损伤。

（6）头皮、颅脑损伤。

（7）颈部损伤。

（8）胸部损伤。

（9）腹部损伤。

（10）骨盆部损伤。

（11）脊柱损伤。

（12）其他损伤。

在每一类中又有许多小的类别，在计算事故伤害损失工作日时，可以从大类到小类分别查表得到。

死亡或永久性全失能伤害按 6000 日计算。

永久性部分失能伤害按《企业职工伤亡事故经济损失统计标准》中截肢或完全失去机能部位损失工作日、骨折损失工作日换算表格换算，表格中未规定日期的按歇工天数计算。

各伤害部位累计数值超过 6000 日，按 6000 日统计计算。

小 提 示

事故发生后伤亡事故经济损失统计注意事项。

（1）及时记录数据：事故发生后，要确保及时记录相关数据，包括物质损失、人力成本、生产中断成本等。这有助于准确计算直接经济损失。

（2）准确评估受损资产价值：对受损资产的价值进行准确评估是计算统计范畴的关键。必要时邀请专业评估或相关部门的支持。

（3）关注人员伤亡统计：对人员伤亡情况的统计应当准确且敏感，包括受伤人数、死亡人数等。确保对每位受害者的情况进行全面了解。

（4）考虑长期影响：除了直接经济损失，还需要考虑可能产生的长期影响，如企业声誉受损、保险成本上升等。

（5）协调各部门合作：在统计工作中，协调不同部门的合作，包括财务、人力资源、生产等，确保信息共享和合作是关键。

（6）遵循法规和标准：在伤亡事故统计中，要确保遵循相关法规和标准。有助于保证统计结果的合法性和准确性。

（7）保护隐私：在统计人员伤亡情况时，要确保保护个人隐私。遵循相关法规，不泄露敏感信息。

（8）准备好应对舆论：伤亡事故可能引起社会关注，因此要准备好应对舆论。及时发布准确的信息，展示企业的负责态度和应对措施。

（9）持续改进安全管理：通过对事故统计的分析，可以发现安全管理的不足之处。这是改进安全管理体系的机会，以预防未来事故的发生。

伤亡事故经济损失统计需要综合考虑多个方面的因素，确保数据的准确性和全面性。这有助于企业更好地了解事故的影响，采取有效的措施进行应对和改进。

知识测验

1. 伤亡事故经济损失统计中，以下哪项不属于直接经济损失的范畴？（　　　）（单选题）

 A. 人员伤亡所需的医疗费用 B. 事故造成的设备损坏修复费用

 C. 事故导致的生产中断的损失 D. 事故责任人的罚款

2. 在伤亡事故经济损失统计中，以下哪项属于间接经济损失？（　　　）（单选题）

 A. 人员伤亡所需的医疗费用 B. 事故造成的设备损坏修复费用

 C. 事故导致的生产中断的损失 D. 事故引发的环境污染治理费用

3. 在进行伤亡事故经济损失统计时，以下哪项原则是必须遵循的？（　　　）（单选题）

 A. 主观性原则   B. 及时性原则

 C. 完整性原则   D. 公正性原则

4. 下列哪些属于伤亡事故经济损失统计中的直接经济损失？（　　　）（多选题）

 A. 人员伤亡的医疗费用   B. 事故导致的生产中断损失

 C. 事故现场清理费用   D. 事故责任人罚款

 E. 设备损坏修复费用

5. 在进行伤亡事故经济损失统计时，应遵循哪些原则？（　　　）（多选题）

 A. 准确性原则   B. 及时性原则

 C. 完整性原则   D. 主观性原则

 E. 公正性原则

任务训练

某煤矿发生了一起瓦斯爆炸事故，造成 3 人死亡，10 人受伤，直接经济损失达到500 万元。请根据所提供的数据，分析这起事故的经济损失，并探讨如何通过统计数据为事故预防提供有效建议。

　　某化工厂发生了一起有毒气体泄漏事故，造成 5 人死亡，20 人中毒，直接经济损失达到 300 万元。请根据所提供的数据，分析这起事故的经济损失，并探讨如何通过改进统计方法来更准确地评估事故的经济损失？

学习拓展

　　1.《企业职工伤亡事故经济损失统计标准》（GB 6721—86）。
　　2.《中国应急管理年鉴（2022 年卷）》，应急管理出版社。

模块二

事故案例

案例一　物体打击事故

事故案例

浙江省某包装材料有限公司"7·2"一般物体打击事故。

事故概况

2023年7月2日11时57分，浙江省某包装材料有限公司一名员工在制塑车间被高空坠落货物不慎砸中受伤，后经抢救无效死亡，造成直接经济损失约120万元。

事故经过

2023年7月2日11时57分许，浙江某包装公司拌料工张某某在制塑车间进行上料作业时，随手使用细绳穿系吨包袋的2个承重带，将细绳和另两个承重带挂于电动起重机挂钩，然后操作电动起重机将吨包袋吊运至上料机漏斗正上方准备卸料。现场视频回放显示，吨包袋在上吊过程有明显晃动并发生倾斜，但张某某未引起重视，继续在吨包袋正下方作业，时间约一分钟。当其在解开吨包袋下方卸料口时，吨包袋突然撕裂坠落并砸中张某某，导致其上半身完全掩埋于上料机漏斗内。12时12分许，班组长朱某到制塑车间找张某某时，才发现张某某被吨包袋掩埋在上料机漏斗口内。朱某立即呼叫工友江某一起对张某某进行施救，并通知了负责人傅某某。但因两人抬不动吨包袋，便用叉车将吨包袋抬起，把张某某救出。其间，已经赶到现场参加施救的傅某某拨打了120急救电话和110报警电话。12时20分许，救护车赶到现场将张某某送金华市中心医院抢救。13时31分许，张某某因伤势过重，经抢救无效死亡。

事故原因

1. 直接原因

张某某作为老员工对上料作业盲目自信，疏忽大意，错误使用细绳穿系吨包袋进行吊运。同时，严重违反操作规程，擅自在吊运吨包袋正下方作业，因吊运穿系绳索断裂，导致吨包袋发生撕裂坠落将其砸压受伤，后经抢救无效死亡。

2. 间接原因

（1）浙江某包装公司未按规定如实记录员工安全生产教育和培训情况；未按照安全风险分级管控和生产安全事故隐患排查治理制度，采取相应的管控措施，及时发现并消除事故隐患。

（2）所在地政府对企业日常安全生产监管检查存在漏洞，未采取有效措施督促企业落实安全生产"双预防"机制，且未及时发现、督促企业消除存在的安全隐患并形成闭环管理。

事故防范和整改措施

（1）责成浙江某包装公司严格落实安全生产主体责任，有效落实安全风险分级管控和隐患排查治理双重预防机制，认真吸取事故教训，切实加强企业安全生产管理工作，强化从业人员培训教育，督促、检查本单位的安全生产工作，及时消除生产安全事故隐患，杜绝类似事故再次发生。

（2）责成浙江某包装公司落实全员安全生产责任制，及时修订完善各项安全生产规章制度和安全操作规程。通过现场教育、日常巡查、应急演练等手段加强风险管控尤其是员工安全分析辨识能力，切实提高员工的安全意识。

（3）要求行业部门及政府对此次事故引起高度重视，加强日常安全生产监管，督促企业切实履行安全生产主体责任，严格落实安全生产责任制，不断强化日常安全隐患检查工作，建立健全隐患排查治理机制，形成"统一管理、层层负责、各司其职"的安全隐患检查工作责任体系，扎实做好闭环管理。

案例二　　车辆伤害事故

事故案例

山东省青岛市某建设项目"5·16"一般车辆伤害事故。

事故概况

2019 年 5 月 16 日 10 时 50 分许，山东省青岛市某建设项目河套街道大涧社区工段，青岛某建设工程有限公司一辆振动式压路机在施工中栽入路边沟内翻转，造成驾驶人员 1 人死亡，直接经济损失 100.89 万元。

事故经过

2019 年 5 月 16 日上午，青岛某建设工程有限公司在青岛某公路二合同段 K8+370 南段高架桥 3 的左幅 0#桥头处进行便道填土、碾压施工，施工投入设备为一台振动式压路机和一台挖掘机。10 时 50 分许，操作手孙某驾驶振动式压路机横向冲过 0#桥台左幅东侧侧墙护栏预留钢筋，直接栽向桥台侧面的沟内。由于压路机前端较重，载入沟内后形成翻转，致使压路机驾驶室挤压变形，造成压路机操作手挤压死亡。

事故发生后，当时在 K8+370 南段高架桥 3 的 8#墩附近的现场管理人员姚某第一时间发现情况并赶至现场，查看现场情况后立即电话上报了工区经理戚某，同时指派已赶至现场的技术员冯某拨打了 120 救援电话，于 11 时左右将事故情况向山东省某建设（集团）有限公司山东片区项目经理付某进行了报告，付某随即赶往现场查看和听取汇报，得知压路机操作手死亡后，于 12 时左右指派安全员田某向市交通局质量安全监督站进行了报告，同时报告红岛经济区管委会。根据事故现场压路机的情况，需要破拆才能救出被困的司机孙某，所以拨打了 119 救援电话，山东省某建设（集团）有限公司紧急调度吊车进行救援，11 时 20 分左右消防及吊车到达现场，施救过程持续 20 分钟左右。压路机司机孙某从破拆的压路机驾驶室内救出，紧急由 120 救护车送往医院抢救，经城阳区第二人民医院抢救无效死亡。

事故原因

1. 直接原因

压路机操作工孙某安全意识不强，违反施工单位编制的便道施工方案，《便道施工方案》第五章"施工工艺"第 5.3"填筑施工"章节中明确规定，便道施工过程中，压路机应纵向碾压，碾压时压路机与临边位置保持 1 m 的安全距离，对于压路机压实不到位的地方采用小型夯机夯实。孙某注意力不集中，是造成死亡事故的直接原因。

2. 间接原因

该建设工程有限公司对作业现场人员的管控不到位。未遵照《公路工程施工安全技术规范》（JTGF90-2015）和施工单位编制的《便道施工方案》进行检查和施工，对施工现场检查频次不足，对施工项目的危险因素辨识不足，碾压作业中未安排专人进行指挥。

事故防范和整改措施

（1）山东省某建设（集团）有限公司，加强事故应急管理，认真组织事故应急预案的培训与演练。结合安全生产风险分级管控和隐患排查治理双重预防体系建设，对可能存在的安全生产风险进行辨识，并制定可靠的控制措施，组织相关人员进行培训，将双重预防体系落实到实处。安全培训教育要常态化、制度化，提高劳务从业人员的安全生产意识和操作技能水平，通过不断强化安全意识，起到预防事故的目的。

（2）青岛某建设工程有限公司，要加强安全技术交底制度的落实，交底内容必须具有针对性，交底活动必须按照相关要求组织，避免因安全技术存在缺陷，影响一线施工作业人员的操作技能和安全意识水平。在施工作业期间加强工人安全教育培训力度，通过教育培训提高工人对劳动纪律、安全管理制度、安全操作规程的理解，提高安全意识，起到安全警示教育的目的；认真组织制定本单位的生产安全事故应急救援预案，应急救援预案不但要针对工程项目特点、周边环境和外部救援力量来编制，同时组织好预案的演练，特别是在应急处置演练中要将全体施工作业人员参与到演练中，使全体施工作业人员掌握应急处置的常识。

（3）青岛某建设咨询有限公司应严格履行监理职责，对超过一定规模或风险性较大的工程做好旁站及记录，加强现场安全巡视工作，确保现场作业人员规范作业，现场在用设备符合要求。

（4）各单位加强责任制建设，落实一岗双责。细化安全生产责任分工，明确安全生产责任，坚持"管生产必须管安全"的基本原则。

案例三　机械伤害事故

事故案例

山东省青岛市某橡塑有限公司"9·11"一般机械伤害事故。

事故概况

2016 年 9 月 11 日 1 时 28 分许，某橡塑有限公司，在生产过程中发生一起机械伤害事故，造成 1 人死亡，直接经济损失约 90 万元。

事故经过

2016 年 9 月 11 日 1 时 26 分许，某橡塑有限公司配料车间内，从业人员侯某某单独操作高混机搅拌完炭黑和油的混合料后，准备清理高混机转轴及转盘上的炭黑残料。侯某某先将一些钙粉撒在转轴及转盘上以方便清理；1 时 28 分许，侯某某打开高混机开关，双手拿着剪成小块的塑料编织袋贴在转轴上，试图通过转轴自转清除残料时，衣服左袖子被顺时针转动的转盘锯齿缠住，左胳膊随之弯曲抱在转盘上，腋窝被转盘卡住，侯某某身体无法挣脱随之转动。

事故原因

1. 直接原因

侯某某违反规定，在高混机开机转动时将塑料编织袋紧贴在转轴上，试图通过转轴自转清除残料，因衣服左袖子被转盘上的锯齿缠住，腋窝卡在转轴上，身体随之转动受伤。

2. 间接原因

（1）青岛某橡塑有限公司企业主体责任落实不到位，未将安全生产责任制具体到高混机操作等具体工作岗位；对侯某某未按规定进行岗前三级安全教育培训并经考核合格后上岗；未制定专门高混机清理安全操作规程，未明确清理高混机时必须停机；现场安全检查和隐患排查治理不到位。

（2）公司总经理刘某某是该公司安全生产第一责任人，未按规定组织健全并严格落实安全生产责任制、安全生产规章制度和安全操作规程，未按规定组织制定并实施安全生产教育培训，未检查本单位的安全生产工作并及时消除事故隐患。

（3）公司生产厂长乔某某和车间主任王某某未按规定对侯某某进行安全教育培训，车间安全检查和隐患排查治理不到位，未及时发现并制止侯某某在高混机运转时进行清理的违章行为。

事故防范和整改措施

（1）青岛某橡塑有限公司。

① 认真建立健全安全生产责任制、安全生产规章制度，将各项安全管理制度真正落实到企业的安全管理工作中，做到安全生产人人有责；制定完善包括高混机清理在内的各项安全操作规程，同时建立配套的检查和奖惩措施，教育督促从业人员认真学习并遵守；规范并加强对从业人员的安全教育培训，全面提高从业人员的安全意识、消除麻痹大意思想。

② 切实把安全生产放在首位，落实安全生产主体责任，全面查找公司在安全管理方面存在的问题和不足，特别要加强夜间的安全管理和检查力度，确保安全生产。

（2）公司所在镇要进一步落实企业网格化监管责任，强化企业安全生产主体责任，进一步加大监管力度，提升执法检查水平和效果，督促企业做好安全生产工作，防范各类事故发生。

案例四 起重伤害事故

事故案例

山东省青岛市某电梯设备有限公司"8·8"一般起重伤害事故。

事故概况

2023年8月8日19时许，某电梯设备有限公司在李沧区某商住建设项目工地电梯安装过程中发生一起起重伤害事故，造成1人死亡、1人受伤，直接经济损失约180万元。

事故经过

根据"授权书"和"电梯安装合同"，在某电梯设备有限公司项目负责人李某对接协调下，李某队伍于2023年7月18日进场安装电梯。张某于8月3日召集鄢某、蒋某、张某、袁某等人，以某电梯设备有限公司电梯安装班组的名义进入李沧区郑实惠顺商住项目现场。双方商定，各自带领人员进行安装，未具体划分工作面，根据完成的工作量分配安装费用。张某队伍选定从6#楼开始安装，队伍内部分工为：张某、鄢某作为主要人员在井道内进行安装作业，蒋某、张某、袁某作为辅助人员，主要进行电梯部件拆箱、搬运、递送物料等辅助工作。

8月5日，张某带领张某从市北区温州路青岛某起重机械直营店购入了2台卷扬机及钢丝绳、滑轮、吊钩等材料、设备，并于当日在6#楼1#、2#电梯井道内分别进行组装，组装完经试运行后于8月6日开始进行电梯安装作业。由于张某仅购买了一根安全绳，故两个井道内根据需要交替使用。

8月8日7时30分许，张某队伍5人开始当天工作，工作内容为安装1#井道内电梯导轨。中午就餐、休息后，13时许继续安装，截至事发时，1#井道内从地坑地面开始包括首根导轨已安装完成6根导轨，其中首根导轨为短支，长度4m，其余5根为标准导轨，长度5m，共安装导轨长度29m。

19时许，蒋某、张某、袁某三人收工后，走出地下车库准备吃饭，未见张某、鄢某2人，袁某返回寻找至地下车库1#井道口时，看到作业平台已坠落至井道底部，张某靠近电梯井口侧、一只脚穿透了木胶板，躺于平台上，鄢某在平台内侧，蹲坐于平台上。随后赶到的蒋某拨打了120急救电话。张某给李某打电话，通知其赶紧到现场。

事故原因

1. 直接原因

张某作业队伍违规使用卷扬机驱动工作平台载人作业，用于拉动作业平台升降的钢丝绳在卷筒端使用螺母进行简易固定，使用过程中在外力作用下，螺母逐渐脱落，钢丝绳尾端从出绳孔中脱出，致使钢丝绳从端部开始在卷筒上摩擦力逐渐减弱，陆续在卷筒上松散，导致钢丝绳在重力作用下脱落，工作平台加速坠落。张某、鄢某在井内作业时，未将安全带的挂绳挂钩自锁于安全大绳上，而是挂于井内卷扬机钢丝绳吊钩上，未起到实际安全保护作用，在以上因素的共同作用下，2人随作业平台坠落，身体受到剧烈撞击受伤，鄢某经抢救无效死亡。

2. 间接原因

（1）青岛某电梯设备有限公司。未建立全员安全生产责任制，未明确公司安全生产负责人，隐患排查治理制度、劳动防护用品管理等制度照搬抄袭，不符合本单位实际，且无执行落实记录。违法将电梯安装项目转包给不具备安全生产条件的李某队伍，且施工机具、劳动防护用品等由李某带领的安装队伍自行配备。某商住项目《无脚手架电梯施工方案》未向安全员刘某及李某带领的安装队伍进行培训交底。安全教育流于形式，《电梯安装工安全技术交底》作业人员签名为冒名代签。电梯安装现场安全管理缺失，项目负责人、安装队长未及时制止违规使用卷扬机代替电梯曳引机驱动作业平台的行为。有关报审报验材料未按监理工程例会要求获得批准后方可进行电梯安装施工的情况下，擅自进行安装施工。

（2）某商住建设工程公司。在直接发包并签订的《电梯供货及安装合同》中，无安全专篇，未签订安全协议，未明确相关方安全生产责任。对所签署《新开工项目安全生产文明施工告知书》有关要求落实不到位，组织施工现场安全检查及有效协调安全生产管理不力。对直接发包的电梯安装施工项目安全管理不力，未制定或要求施工总承包、监理单位制定电梯安装等直接发包单位进场施工对接管理制度，未明确进场前对合同协议、单位资质、人员资格、安全生产条件等要素的审查要求及程序，以及施工中各有关单位的安全生产职责与统筹协调方式。

（3）某建设公司项目部。未落实总承包单位施工现场安全管理责任，以电梯安装项目由建设单位直接发包未包含在《建设工程施工合同》内为由，疏于对电梯安装现场的安全管理，未发现并制止电梯安装队伍违规使用建筑施工禁用的卷扬机进场作业，未发现其擅自取用建筑施工钢管、扣件在电梯井道顶层搭设脚手架的行为，未将张某、鄢某等已进场安装电梯人员录入四项制度管理系统。《电梯工程施工安全管理协议》对某公司电梯安装施工的安全生产管理提出了具体要求，但未明确项目部的安全管理责任。未针对协议内容对电梯安装单位履行安全管理责任、落实安全管理要求进行严格检查、管理。在电梯安装单位提交的相关报审资料未获监理批准前，项目部于7月31日与电梯安装单位进行了电梯井道土建交接验收。

（4）某建设监理公司。未严格履行安全生产管理的监理职责。未制止电梯安装单位专项施工方案等未经审核批准即开始施工的行为并作出相应处理，7月28日、8月4日两次监理工程例会提出电梯施工单位进场后要上报相关报审资料、电梯安装单位上报的相关报审资料未获批准前不得进行施工，但实际现场电梯安装已于7月18日开始施工，至8月8日，4#楼2部、5#楼1部、9#楼1部共4部电梯已完成电梯轨道、曳引机和层门的安装，6#楼2部电梯正进行轨道安装。未审查电梯安装单位及队伍的资质、实际施工能力和安全体系建立情况，未发现某电梯公司未按规定建立健全安全生产全员责任制及规章制度，未发现其将电梯安装施工项目违法转包给不具备安全生产条件的个人，未针对电梯安装施工中涉及的电工、电焊和高处作业等特种作业人员资格进行审查。现场巡视检查不力，未发现并制止电梯安装队伍违规使用建筑施工禁用的卷扬机进场作业，以及在电梯井道顶层搭设脚手架的行为。

事故防范和整改措施

（1）事故相关单位要严格履行所担负的安全生产主体责任。某电梯公司，要及时建立安全生产全员责任制，健全隐患排查治理等安全管理制度，核查电梯安装人员资格，杜绝违法转包行为，落实安全防护用品使用要求，抓好教育培训和安全技术交底，按要求组织安装前告知和施工方案落实。某商住建设工程公司，要健全完善电梯安装安全协议，明确各方安全责任，落实文明施工要求，组织施工现场安全管理，对直接发包的项目要明确总包和监理单位管理责任，并督促落实。某建设公司项目部，要严控人员、设备进场，加强对电梯安装施工的管理，重新签订《电梯工程施工安全管理协议》明确本单位职责，对于报审未通过项目，杜绝提前进场施工。某建设监理公司，要及时制止未经审核批准即开始施工的行为，按要求审查电梯安装单位、队伍的资质和设备安全等情况，加强施工现场巡查检查，针对施工区域内发现的安全风险和隐患，及时落实相应管控措施并督促整改。

（2）扎实开展安全生产专项整治和警示教育。住建部门，要深刻吸取事故教训，利用安全生产专项整治、重大隐患排查整治等时机，专门组织一次警示教育，针对卷扬机违规进场作业进行一次专项检查，强力推进常态化安全检查，消除隐患、降低风险。市场监管部门，要在全市市场监管系统及电梯安装、维保单位通报此次事故，进行事故警示教育，严格落实电梯安装使用的质量安全规定，杜绝受委托的电梯安装单位转委托或者变相转委托电梯安装业务的行为，确保电梯安装施工平稳可控。

（3）建议市场监督管理部门落实电梯安装有关要求。市场监督管理部门要根据《中华人民共和国安全生产法》《中华人民共和国特种设备安全法》等法律法规规定，加强电梯安装单位管理，及时梳理全市电梯安装、改造、修理告知情况，按要求组织好安全监察，针对电梯安装中存在高处作业、电焊、电工等特种作业实际情况，督促电梯安装单位要求从业人员具备相应的特种作业资格；在电梯安装过程中，要督促检验检测机构按照安全技术规范要求进行监督检验，及时发现和解决安装过程中存在的安全技术问题和隐患，确保电梯安装质量安全。

（4）建议住建部门严格电梯安装施工进场管理。住建部门要根据建筑领域法律法规规定，督促指导建设、总包和监理单位制订电梯安装单位施工进场程序，严格审查其安装告知、单位资质条件及专项施工方案等资料，明确从事临时用电、动火和高处作业等作业人员的特种作业资格要求，对电梯安装作业区域的安全防护进行联合验收、移交，以有效防范电梯安装施工安全风险，杜绝事故隐患。

（5）建议住建、市场监管部门加强沟通衔接。研究建立建设工程中涉及电梯安装活动的监管机制，明确安装告知后各方质量安全监管责任，确定监管主体及依据。在建设项目电梯井道移交后、电梯安装前，住建部门采取有效方式通报市场监管部门，有效填补监管空白，确保监管的全程性、针对性和有效性。

案例五　火灾事故

事故案例

山东省青岛市某隧道"3·14"较大火灾事故。

事故概况

2023 年 3 月 14 日 13 时 50 分许，位于山东省青岛市某隧道工程 TJ-04 标 NK8+778-790 段二衬施工作业区发生火灾，现场疏散 153 人，未造成人员伤亡，过火面积约 80 m²，直接经济损失 2026 元。

事故经过

2023 年 3 月 14 日上午 8 时左右，某工程公司二隧工程 TJ-04 标段项目部劳务分包队伍二衬施工班组 2 名作业人员洪某、宋某进入 NK8+778-790 段作业区，进行衬砌台车端头模板加固工作。

13 时 50 分左右，在台车右侧第三作业平台作业的洪某发现二衬模板右下边角处有明火，立即呼叫劳务队伍二衬段带班王某，王某在发现火情后立即报给某工程公司现场管理人员刘某，同时组织洪某、宋某使用台车处灭火器进行灭火，在用完 8 个 4 kg 手提式干粉灭火器和 1 个 20 kg 推车式灭火器后，现场明火仍未完全扑灭，3 人找到附近的消防高压水管继续灭火。13 时 51 分，刘某上报火情，通知现场管理人员立即组织现场其他工作区域作业人员向服务隧道安全区域撤离；14 时 8 分，某工程公司项目部经理谢某、安全总监方某接报并查明火情后启动应急预案并组织救援；14 时 12 分，拨打 119 电话报警；14 时 20 分左右，明火被扑灭，将消防水管固定在衬砌台车顶部模板处，对失火区域进行持续喷水降温、消除暗火后，王某、洪某、宋某 3 人向隧道安全区撤离。接报后，各方迅速组织现场救援，16 时 8 分，153 名被困人员全部撤出，救援结束。

事故原因

1. 直接原因

衬砌台车专用三级配电箱连接衬砌台车行灯变压器的电源线沿地面敷设，该电源线在衬砌台车右侧端头模板处存在接头，接头处过热打火引燃周围地面散落的固态发泡胶起火，后蔓延至右侧端头模木方、防水板、无纺布等材料起火所致。

经对电源线接头处熔痕鉴定，认定为电热熔痕；经对发泡胶燃烧性能检测，认定为易燃材料。

2. 间接原因

（1）某施工公司未严格落实安全生产主体责任，违反《施工现场临时用电技术规范》，涉事台车临时用电电缆多次违规拖地敷设；对使用易燃的发泡胶进行模板缝隙封堵的风险点辨识不足，没有落实针对性安全防范措施。

（2）某工程公司 TJ-04 标段项目部对劳务单位安全监督管理不力，现场检查不到位，未及时发现涉事台车临时用电电缆多次违规拖地敷设、发泡胶易燃并散落在地面等隐患。

（3）某监理公司对施工现场安全监理不到位，未及时发现涉事台车临时用电电缆多次违规拖地敷设、发泡胶易燃并散落在地面等隐患。

（4）某工程公司对施工、监理单位的监管存在薄弱环节，未有效督导施工单位、监理单位落实安全生产责任。

事故防范和整改措施

（1）严密组织风险辨识和隐患排查。各参建单位要强化施工作业现场的环境安全、人员设备安全等隐患排查力度，特别针对易燃易爆、危险化学品等领域专门组织一次风险辨识，针对隧道临时用电、零散辅料使用组织一次专项检查，彻底消除事故隐患。要逐项查找隧道施工作业过程中安全管理薄弱环节，对施工计划方案、技术交底、作业指导书、操作规程等进行一次梳理复查，全面构建安全风险分级管控和隐患排查治理双重预防工作机制。要充分识别海底隧道施工的工程风险，认真编制专项施工方案，组织专家复审，动态调整相应区段的通风、监测、防护等风险管控措施，加装射流通风机，有效降低有毒有害气体排放。

（2）切实落实企业安全生产主体责任。各参建单位要深刻汲取事故教训，健全项目安全生产责任制，加强安全生产管理和员工教育培训，针对施工现场可能发生的安全事故特点及危害，建立完善生产安全事故应急处置救援预案，健全专职或兼职人员组成的应急救援队伍，配备与项目风险等级相适应的应急救援器材、设备和装备等物资，加强预案的应急演练，提高应急处置救援能力。要定期召开安全生产工作会议，加大监督检查力度，及时了解和掌握各施工单位的安全生产管理状况，督导落实安全操作规程，确保安全。

（3）全面加强行业和属地安全监管。各级住建部门要严格按照"三管三必须"要求，把安全生产工作作为当前一项重中之重任务来抓，坚决克服侥幸麻痹思想，督促企业抓好风险识别和隐患排查治理，严格行政执法检查，加大违法违规行为处罚力度。要结合二隧工程特点，推动企业通过物联网、人工智能等技术实现工程施工的智能化管理。要针对二隧工程在施工环境、技术设备等方面的特殊性和复杂性，开展同类大型隧道工程监管情况调研，研究引进国内顶尖第三方专业机构开展质量安全监督，借鉴先进经验，提升监管效能。各区市对本行政区域内的地铁、隧道等市级监管的重点建设项目，要明确安全生产职责，主动对接，了解存在的风险隐患，根据预案做好突发事件的应急处置工作。

案例六　　触电事故

事故案例

山东省青岛市某市政公司"7·22"一般触电事故。

事故概况

2017 年 7 月 22 日 6 时许，山东省青岛市某市政公司在午山社区竖一路进行电力隧道施工时发生触电事故，造成 1 名工人死亡。

事故经过

山东省青岛市午山社区竖一路市政配套工程工地南侧电力隧道开挖完毕，施工进入混凝土浇筑阶段。2017 年 7 月 22 日 6 时许，工人王某和李某开始调试振捣棒，为浇筑混凝土做施工前的准备，王某负责振捣棒一端的电线连接，李某负责远端配电箱的电线连接和闸刀开关的控制，两人相距约 40 m。在调试过程中，王某未认真核实李某确已接好电源线的情况下便合上电闸，此时王某大叫一声触电倒地，在附近的孙某听到后，立即让王某断电。

事故原因

1. 直接原因

（1）王某和李某违章作业，未取得特种作业操作资格证书，私自进行电工作业；且王某在未确知李某是否完成电路连接的情况下便合闸送电。

（2）开关箱内接线不符合"三相五线制"要求，未接保护零线，触电发生时漏电保护器未工作，振捣棒与开关箱距离不符合规范要求。

2. 间接原因

（1）青岛某市政公司安全生产主体责任落实不到位，项目部未配备专职电工。在行业主管部门多次指出施工现场存在用电安全隐患的情况下，没有举一反三，认真整改。对作业人员的习惯性违章违规作业没有及时发现并制止。

（2）青岛某市政公司总经理高某，督促、检查项目部安全生产工作不到位，对项目部现场管理、隐患排查治理等工作存在的问题未及时发现并督促整改。

（3）青岛某市政公司项目部经理耿某，督促、检查安全生产工作不得力，未及时发现并制止作业人员违章违规作业行为，对施工现场长期存在的临时用电安全隐患，虽经主管部门多次提出，但未认真整改。

（4）青岛某咨询有限公司未认真履行监理职责。设备验收不认真，没有及时发现三级配电箱不符合规范要求的安全隐患；事故发生时未在混凝土浇筑工序履行旁站职责；履行巡视职责不认真，未及时发现并制止现场作业人员长期违章违规作业行为。

事故防范和整改措施

（1）青岛某市政公司要深刻反思和吸取事故教训，严格履行安全生产主体责任，建立健全并认真落实安全生产管理制度，牢固树立"红线意识"，严格落实事故"四不放过"的要求，防止类似事故再次发生。

（2）建设单位应及时组织、监督施工和监理单位全面做好隐患自查自纠工作，对发现的安全隐患要抓住不放，彻底整改，对久拖不改的，要坚决停工整顿。

（3）监理单位必须严格履行监理职责，加强监理人员培训教育，认真落实监理人员岗位责任制，切实发挥好生产安全事故"防火墙"作用。对超过一定规模或风险性较大的分部分项工程做好旁站及记录，加强现场安全巡视工作，确保现场作业人员规范作业，现场在用设备符合要求。

（4）行业主管部门要加大各项目的安全监管力度，要把施工企业的安全生产制度建设情况，尤其是安全生产岗位责任制和隐患排查制度落实情况作为日常监督检查的重要内容，对制度不健全，责任不落实的要严令整改。要对施工过程中存在的"三违"现象进行重点监督检查，一经发现严肃处理。

案例七　　淹溺事故

事故案例

辽宁省沈阳市某旅游服务有限公司"5·6"一般淹溺事故。

事故概况

2021年5月6日，辽宁省沈阳市某旅游服务有限公司1艘游船在北陵公园湖面发生侧翻，造成1人死亡，2人轻微受伤。

事故经过

吴某、常某等10名居住地为皇姑区的市民（女性，均为退休人员），相约于2021年5月6日一起到北陵公园游玩。当日10时许，10人到达北陵公园的皇太极广场。10时08分，常某在皇太极广场东湖码头售票处，为10名游客统一购买了脚踏游船船票。在按照某公司码头工作人员要求，穿好救生衣后，吴某、常某等6人共同乘坐一艘荷载6人的游船、其他4人乘坐一艘荷载4人的游船，开始在湖中游玩。10时40分许，吴某、常某等6人所乘坐的游船在湖中发生倾斜，船上有乘员站起，数秒钟后，游船侧翻后倒扣于湖中，船上6名游客全部落入水中。

事故原因

1. 直接原因

吴某由于个人背包带系在船体上，在游船侧翻后，身体受到背包带的束缚，被困在倒扣的船舱内发生溺水。

2. 间接原因

（1）某旅游服务有限公司未严格遵守《水上游乐设施通用技术条件》（GB/T 18168-2017）5.1.1和《北陵公园与经营水上项目安全生产、防火、防范合同书》第六条的规定要求，在接到大风黄色预警通知（预警风力超过5级，风速≥10 m/s）通知后，仍继续湖面游船经营，未依法执行保障安全生产的国家标准。

（2）某旅游服务有限公司在救援过程中，没有及时核查遇险人数，错过了救援溺水者的最佳时机。

事故防范和整改措施

（1）某旅游服务有限公司要深刻吸取事故教训，举一反三，全面落实企业安全生产主体责任，加强对湖面经营项目的安全管理，健全和完善安全风险研判制度，科学制定风险管控措施并强化落实，进一步规范游船经营行为；修订完善《水面紧急救护预案》，补充遇险救援处置环节中核查遇险人员等要求，开展针对性救援演练，切实提高救援人员处置突发事件的综合能力，杜绝类似事故发生。

（2）北陵公园管理中心也要深刻吸取事故教训，加强对经营项目承包单位安全生产工作的统一协调和监督管理，签订完善安全生产管理协议，明确双方安全管理责任，并定期对承包单位进行安全检查，压紧压实经营项目承包单位的安全生产主体责任；完善公园视频监控设施，实现园区重点区域、重点部位的可视化管理。

案例八　　灼烫事故

事故案例

山东省平度市某铸造公司"6·1"一般钢水灼烫事故。

事故概况

2019年6月1日13时5分，山东省平度市某铸造公司中频电炉发生熔炼炉钢水灼烫事故，导致2人死亡、1人轻伤，直接经济损失196万元。

事故经过

2019年5月30日，，山东省平度市某铸造公司中频炉炉衬出现了裂缝，铸钢部部长穆某安排工人对原炉衬进行了清理，并于31日安排工人于某、李某及王某进行打炉作业，当日约22时打炉完毕。2019年6月1日早8时许，铸钢部二班20余人进入车间开始工作，铸钢部部长穆某、班长柳某在铸钢车间内召开班前会，布置当日工作。随后班长柳某对中频炉现场进行安全检查后安排电源工于某接通中频炉电源。8时30分许，熔炼工于某、李某开始进行烧结烘炉作业，先将1000 kg自产废钢（浇铸冒口）装入A炉（事发中频炉），然后对A炉进行升温加热。9时30分许停止对A炉加热，切换电源至B炉加热约1.5小时，将B炉内的废钢熔炼至约1600 ℃的钢水，钢水熔炼完成后将B炉钢水经由钢包转运倒入A炉（分析钢水倒入前A炉内浇铸冒口的温度约为500~600 ℃，远低于作业指导书规定的1100 ℃）内，约11时30分许切换电源对A炉进行快速升温。其间穆某、柳某在车间内进行巡检，11时30分许柳某看到于某、李某时，两人已将B炉钢水全部倒入A炉。其间，车间工人陆续下班回家吃饭，柳某到企业食堂吃过午饭后回到车间办公室内午休。13时许，合箱工张某在家吃过午饭后回到单位，看到于某、李某在中频炉平台上作业。13时5分许（推测炉内钢水温度约为1500 ℃以上）炉衬底局部被钢水烧穿，炉内的钢水与感应线圈缠绕的冷凝水铜管发生接触，铜管融化破损后冷凝水遇钢水瞬间形成大量水蒸气，导致钢水喷爆爆炸，将在操作平台进料口的熔炼工于某、李某喷倒，现场合模工赵某被轻微烫伤后快速撤离呼救。班组长柳某此时短暂离开车间到卫生间，听到爆炸声后快速返回铸钢车间组织人员扑救火势。

事故原因

1. 直接原因

事故发生单位违反《中频无心感应炉》（JB/T4280—2004）5.2.4规定："中频无心

炉的坩埚炉衬厚度应符合设计尺寸，炉衬的捣筑、烘烤及烧结等应严格按照耐火材料厂商提供的工艺操作"规定、违反作业指导书中烧结时间16小时的规定，采用错误的工艺，在炉衬烘炉烧结作业过程中急速升温，导致炉衬未烧结成形，炉衬强度不足，在钢制胎膜熔融后，高温的钢水烧穿炉衬底部，钢水喷爆爆炸，导致事故发生。

经查，该企业虽按照耐火材料厂家提供的作业指导书制定了本企业作业指导书（文件号：LS/QW0802-30），但该企业在实际烘炉作业过程中，长期按照急速升温的错误工艺进行作业，并非个别工人的违章行为，因此采取错误的工艺对炉衬进行烘炉烧结作业是事故发生的直接原因。

2. 间接原因

（1）安全生产责任制不健全。该企业未建立健全安全生产责任制，责任制中所列部门与实际部门设置不符，2019年安全目标责任书中签订日期存在大量涂改。未配备注册安全工程师从事安全生产管理工作，安全生产责任落实流于形式，未认真落实安全生产风险管控和隐患排查治理工作，对公司存在的安全生产风险特别是中频炉风险辨识、评估不全面，风险管控措施不落实；从业人员素质低，专业技能不足，安全生产管理水平较低，公司安全生产管理能力不能适应企业实际需要。

（2）未依法开展安全生产教育和培训。该公司未依法组织安全生产培训，未开展车间级、班组级安全生产教育培训，厂级岗前安全培训内容不全；在采用新设备时，对从业人员的教育培训针对性不强；未组织转岗员工教育培训，未如实记录安全生产教育和培训情况，培训考试内容与岗位实际不符；相关特种作业人员未进行上岗培训且无相关资格证书。

（3）安全生产检查流于形式。公司建立了安全生产隐患排查治理管理制度，每日安排两人值班进行隐患排查，但未发现制止铸造车间高温熔炼环节长期违反作业指导书规定，采用错误工艺进行烘炉烧结作业的问题，平时监督检查流于形式，企业安全管理体系建立和运行有待完善。

（4）金属熔炼环节安全管理缺失。公司对金属熔炼安全管理重视程度不够，缺乏完善的管理制度和操作规程。技术部仅根据耐火材料厂家提供的作业指导书制定中频炉操作规程，未对具体操作步骤和注意事项进行明确。铸钢车间和班组对中频炉熔炼作业长期违反操作规程的行为监管失察；作业人员未按照公司作业指导书（文件号：LS/QW0802-30）操作，违规作业造成钢水喷爆爆炸。

（5）关键岗位安全操作规程缺失。该企业熔炼工安全操作规程中没有烘炉烧结作业的内容，安全操作规程中没有对炉衬制作提出具体技术要求和实施程序（如炉衬厚度、加热电流大小、测温方式、冷却系统调整等），对岗位日常操作没有进行详细规范，仅仅标明了注意事项，且可操作性差。

事故防范和整改措施

（1）进一步增强安全生产意识。该公司要吸取本次事故教训，进一步建立健全安全生产责任制，加强隐患排查治理力度，不断完善安全生产管理制度和岗位操作规程，并抓好落实。不断强化员工的安全意识、提高安全防范能力，认真制定《安全技术操作规程》及相关安全制度并组织员工学习并抓好落实，切实提高职工自我保护意识，杜绝违章作业情况发生。

（2）进一步加快推进安全生产风险隐患双重预防体系建设。该公司要按照有关规定要求，全面排查本单位可能导致事故发生的风险点，逐一明确管控层级（公司、车间、班组、岗位），落实具体的责任单位、责任人和管控措施。要针对各个风险点制订隐患排查治理制度、标准和清单，对排查出来的事故隐患要立即整改；不能立即整改的，要采取有效的安全防范措施和监控措施，并落实整改措施、责任、资金、时限和预案。对于重大事故隐患，要及时将治理方案向有关部门报告，并在规定时限内完成治理工作，切实防范从业人员违反操作规程等不安全行为。

（3）进一步加强机械铸造建设项目安全设施监督管理。平度市政府、各级安全生产监督管理部门要督促企业严格落实新建、改建、扩建工程项目安全设施有关规定，做到与主体工程同时设计、同时施工、同时投入生产和使用。要加强对辖区内机械铸造建设项目安全设施的监督管理，严把源头准入关口，及时纠正和查处各类违法违规建设行为，对不按规定履行项目安全审批审查手续擅自开工建设的，严肃查处并依法追究有关单位和人员的责任。

（4）进一步加强机械铸造企业熔炼、浇铸等环节的安全管理。平度市政府、各级安全生产监督管理部门要深刻吸取事故教训，集中开展以机械铸造企业熔炼、浇铸等环节为重点的专项整治活动，督促企业：围绕高温熔融金属冶炼、保温、运输、吊运等作业，完善安全生产规章制度和操作规程，严格执行防止泄漏、喷溅、爆炸伤人的安全措施；依法依规设置安全生产管理机构，依法配备安全生产管理人员，保证安全生产所必需的资金投入，改善安全生产条件；对从业人员进行专门的安全生产教育和培训，正确配备和使用劳动防护用品；加快企业推进安全生产风险隐患双重预防体系建设，建立起全员参与、全岗位覆盖、全过程衔接的闭环管理隐患排查治理机制。

（5）进一步加强各级安全生产执法队伍建设。平度市政府、各级安全生产监督管理部门要注重加强安全生产执法队伍的业务素质培养，通过组织各层级业务培训，尤其要解决镇街执法能力不足的问题，确实提高执法业务能力水平，做到依法行政，公正执法。

案例九　高处坠落事故

事故案例

山东省青岛市某石墨公司"3·31"一般高处坠落事故。

事故概况

2014 年 3 月 31 日 17 时 30 分左右，潍坊某钢结构公司在承包的平度市田庄镇某石墨公司东石墨大库钢结构工程施工时发生一起高处坠落事故，造成 1 人重伤，经 120 抢救无效死亡。

事故经过

山东青岛某石墨公司将东石墨大库的钢结构工程于 2013 年 11 月 16 日承包给了潍坊某钢结构公司，并签订了《工程施工承包合同》。与山东青岛某石墨公司签订承包合同的为李某（潍坊某钢结构公司于 2013 年 10 月 1 日任命李某为平度地区项目部经理）。2014 年 3 月 31 日 17 时 30 分左右，李某雇佣的农民戈某在某石墨公司钢结构车间顶部安装塑钢瓦，由于未佩戴安全帽、系安全带等防护用品，戈某从高约 10 m 的钢结构库房顶部坠落至水泥地面上，事故发生后，现场人员立即拨打了 120 急救电话，戈某经救护人员现场抢救无效死亡。

事故原因

1. 直接原因

施工人员戈某，安全意识淡薄，违章作业，在没有佩戴安全帽、系安全带等任何防护设施的情况下，在高处安装塑钢瓦时，从钢结构车间顶部坠落致死是导致此次事故发生的直接原因。

2. 间接原因

潍坊某钢结构公司任命的平度地区项目部经理李某未参加安全培训（未持证上岗），对雇佣的员工进行安全教育培训不到位，致使员工安全意识淡薄；施工作业现场安全管理缺失，劳动防护用品虽已发放，但对防护用品佩戴使用的监督不到位是造成事故发生的间接原因。

事故防范和整改措施

（1）潍坊某钢结构公司要认真吸取事故教训，举一反三，全面贯彻执行各项安全生产法律、法规、规章、标准，认真落实安全生产责任制，针对本单位安全生产方面存在的问题，采取有力措施，堵塞管理漏洞，切实加强安全管理，全面提高防范事故的能力。

（2）潍坊某钢结构公司平度项目部主要负责人应认真吸取这次事故教训，要高度重视安全生产工作，加强对管理人员和从业人员的安全教育，全面提高管理人员和从业人员的安全素质和安全意识；要进一步加强对现场的安全管理，为施工人员配备必要的安全防护用品，并监督其正确佩戴和使用。杜绝违章作业行为，切实防范生产安全事故的发生。

（3）负有安全监管职责的部门及企业所在地镇政府要引以为戒，进一步加强执法检查，重点检查企业安全生产主体责任的落实情况，对存在问题的企业要责令立即整改，逾期不整改的，依法严肃处罚，决不姑息，坚决杜绝类似事故的再次发生。

案例十　　坍塌事故

事故案例

山东省青岛市某研发平台建设项目"3·31"一般坍塌事故。

事故概况

2021年3月31日16时许，山东省青岛某研发平台建设项目发生一起钢结构四角锥网架屋面整体坍塌事故，共造成1人死亡，7人受伤，直接经济损失265.3万元。

事故经过

2021年3月31日12时许，某劳务公司带班班长谢某带领王某、樊某、宫某等9名工人到某研发平台建设项目5#楼屋面，进行多功能厅钢结构网架屋面剩余混凝土防水保护层浇筑及压光作业。15时左右，某集团公司项目生产经理刘某接员工报告，称5#楼钢结构网架东南角钢管出现裂缝。刘某先电话联系网架施工负责人栗某后，即到现场手机拍摄裂缝图片传给王某并报告了有关情况。15时30分许，王某、栗某和刘某一起到达5#楼二楼大厅对网架结构进行多方位查看。16时许，屋面网架发生整体坍塌，9名屋面作业人员随网架坠落至大厅地面，其中8人受伤。正在大厅通道处查看网架钢管裂缝情况并准备联系建筑设计公司进行咨询的王某等3人被气浪冲倒。

事故原因

1. 直接原因

5#楼屋面网架坍塌的直接原因是设计深度不足，导致屋面做法产生的荷载超过了网架的实际承载能力，个别杆件发生破坏引起连锁反应，导致屋面整体坍塌。

2. 间接原因

（1）项目设计单位。未针对钢结构网架的实际情况，给出明确的屋面建筑做法；设计文件提供的建筑做法中屋面做法荷载超出钢结构网架承载力；《5#楼屋面板布置图、屋面板做法详图》给出的钢结构网架轻型屋面板屋面做法不具体、不明确，引用的09CG12图集中《钢骨架轻型屋面板屋面的热工性能指标》的屋面构造简图中没有明确出防水层的保护型式及防水材料的规格、型号、性能等技术指标；在5#楼建筑工程做法图纸会审过程中，未根据钢结构网架屋面的实际情况给出明确答复。

（2）项目施工单位。施工过程中，盲目接受公用建筑设计公司5#楼的图纸会审答复意见；未针对5#楼与2、3、4、6、7#楼"屋面结构型式完全不同，而建筑工程做法完全一致"的问题与建设单位、设计单位再进行深入沟通；未针对5#楼的钢网架结构型式编制屋面施工方案；屋面实际施工做法与设计单位图纸会审答复意见附图《5#楼建筑工程做法表（二）》中"屋面2：不上人屋面"的建筑工程做法也不完全一致。

（3）项目监理单位。盲目接受公用建筑设计公司对5#楼的图纸会审答复意见，未发现5#楼与2、3、4、6、7#楼"屋面的结构型式完全不同，而建筑工程做法完全一致"的问题；未对施工方案进行严格审核，未发现施工单位没有根据"5#楼多功能厅为钢结构网架轻型板屋面"的实际工况编制施工方案；在5#楼网架结构屋面施工时，在建筑工程做法不清晰、施工方案操作性不强的前提下，未认真进行巡视旁站，未及时发现问题隐患。

（4）项目建设单位。未依法取得5#楼建筑工程施工许可证；履行质量安全首要责任不到位，未有效组织协调设计、施工、监理等参建单位的配合协作，造成设计文件与现场工况不符。未按规定在建设工程施工前，组织设计单位向施工单位、监理单位说明设计意图，解释设计文件。

事故防范和整改措施

（1）树牢安全生产红线意识，扎实推进安全生产专项整治三年行动和大排查大整治工作。各级各部门及功能区要进一步牢固新发展理念，强化"发展决不能以牺牲安全为代价"的红线意识，按照"三个必须"原则，按照各级安全生产专项整治三年行动计划和大排查大整治工作要求，切实抓住"找差距、补短板、强弱项，查风险、除隐患、防事故"的工作重点，扎实推进安全生产治理体系和治理能力现代化，确保专项整治取得积极进展和明显成效，努力实现"三下降、一杜绝"的目标。

（2）强化和落实政府监管责任，加强建筑工程质量安全监管。各区（市）政府、各级建设行业主管部门及各功能区要严格落实建设行业法律法规、标准规范要求，加强建设工程全过程监管，要加大监督检查力度，严查无施工许可证擅自施工行为，严厉打击肢解发包、转包、违法分包、围标串标、挂靠出借资质资格等违法行为；严肃建筑工程质量安全责任追究，督促建设、勘察、设计、监理、施工、检测等参建单位落实法定质量安全责任；要在建筑施工企业中全面推行安全风险分级管控和隐患排查治理双重预防工作机制建设，强化危险性较大的分部分项工程的管理。市住建部门要深刻吸取此次事故教训，在全市范围内开展一次涉及钢网架结构建筑的专项检查，摸排在建和使用中的此类建筑是否符合相应的标准规范，是否满足安全使用要求，排查过程中要建立台账并做好后续整改工作，确保施工、使用过程中安全。

（3）建筑施工各相关企业要严格落实安全生产主体责任，切实履行法定的质量安全责任和义务。建设、勘察、设计、监理、施工、检测等相关单位，要依照建筑行业法律法规、标准规范的规定，在建筑工程立项、规划、设计、审批和施工的全过程中，做到各负其责、有效沟通。要突出建设单位首要责任，统筹施工过程中的质量安全工作，确保安全生产费用的支付使用，组织好设计交底、方案审批等环节；勘察、设计单位必须按照工程建设强制性标准进行勘察、设计，设计文件要符合国家规定的设计深度要求。在施工过程中要加强与各参建单位的沟通协调，按规定就审查合格的施工图设计文件向施工单位作出详细说明,并根据施工进度及时做好图纸会审等指导工作;施工单位要对施工安全负总责,按规定组成项目部,项目部负责人按约定履约,配齐配合项目部人员,牵头负责现场隐患排查治理,做好从业人员安全教育,按规定制定各专项施工方案并认真进行技术交底,确保施工过程各环节的质量安全工作;监理单位要切实代表建设单位对施工安全质量进行监理,认真审查进场单位资质、人员资格、设备和材料质量,严格审核施工组织设计中的安全技术措施或专项施工方案是否符合工程建设强制性标准,按规定做好旁站、巡视和验收监督,发现隐患及时督促整改或报告。

（4）落实"四不放过"原则要求,举一反三,确保建筑施工领域安全生产形势稳定。市住建部门要在全市范围内通报此次事故情况,在前期现场会的基础上,进一步加大宣传教育和监督检查力度,使全市建筑施工从业企业深刻吸取事故教训,总结经验,做好相应的整改工作。事故相关单位要针对此次事故反映出的问题,做好整改工作。青岛中德生态园（青岛国际经济合作区）要做好园区内建设项目的质量安全监督工作,补充配备监管力量,落实项目审批许可要求,督促各参建企业严格落实相关规定,加强沟通协调,组织好开工前设计交底及施工过程中图纸会审等各项工作;公用建筑设计公司要进一步落实法律法规关于设计深度的要求,细化内部工作程序,严格执行公司质量保证体系,建筑、结构及其他专业设计要加强沟通协调,设计人、校对人、专业负责、项目负责、审核、审定要各负其责,确保设计满足施工过程中的质量安全要求;荣华集团公司要充实项目部技术人员力量,施工过程中要全面深入了解施工图设计内容,加强与建设单位、设计单位沟通,制定有针对性的专项施工方案,同时要严格履约,加强项目部安全质量管理,如实报告事故,杜绝同类事故发生;营特公司要严格履行质量安全监理职责,从严审核施工方案,加强关键部位、工序的巡视旁站,及时发现问题并督促整改。

（5）黄岛区政府（西海岸新区管委）要统筹、履行属地管理职责,切实加强对赋予各大功能区的行政审批、建设管理权力的监督指导。要认真落实青岛市全面推进功能区体制机制改革创新领导小组,关于功能区体制机制改革的有关要求,履行对所属功能区的管理职责,切实加强行政审批、安全生产、建设管理等方面工作的监督指导。对赋予的行政审批及建设管理权力不能一赋了之,黄岛区政府（西海岸新区管委）有关职能部门要履行相应的指导和监督责任,加大监督检查力度,确保功能区权力运作规范有序,杜绝未批先建等违法行为发生。

案例十一　　冒顶片帮事故

事故案例

江西省永丰县某萤石矿"11·10"一般冒顶事故。

事故概况

2021年11月10日13时50分许，江西省永丰县某萤石矿1号井+298 m中段充填平巷卸渣口处制作安全防护过程中，上方顶盘岩石坠落，发生一起冒顶事故，造成1人死亡、1人受伤。

事故经过

江西省永丰县某萤石矿根据采空区治理方案和技改设计，需要充填1号+268 m南翼采空区，由于采空区南北走向长，+298 m中段巷道与采空区接口处距采空区南北边缘远，充填难以推进，就在采空区上部+298 m中段开掘一条约150 m充填巷道，开掘巷道产生废石直接从+298 m中段巷道与采空区接口设置的卸渣口倒入采空区进行充填。2021年11月8日开始施工，11月9日，矿长助理钟某和地测工程师江某从1号井到+298 m中段掘进工作面巡查时，发现一小块浮石，当时就进行了处理。同一天，副矿长吴某和班组长范某到+298 m中段工作面时，发现卸渣口存在安全隐患，但由于隐患所处的位置较高，不好处理，吴某就交代班组长范某尽快安排人员搬运材料，准备加强支护；当天晚上，吴某到技术总工吴某办公室告诉他+298 m中段卸渣口上方顶板有一块岩石较为突出，可能有危险。11月10日，吴某叫来吴某、钟某、江某一起到+298 m中段充填平巷工作面进行日常巡检，发现卸渣口上方的一块突出的岩石裂隙可能较深，由于顶板高无法人工排险，大家商定后要求先对卸渣口后方巷道进行支护，同时交代现场搬运材料的人员不要靠近危险区。

11月10日13时左右，班组长范某带领扒渣工王某和胡某二人，按照事先商量的要求，往+298 m中段卸渣口搬运支护材料，他们把支护材料搬到卸渣口时，看见爆破员陈某和江某在卸渣口旁充填巷道掘进作业面准备打钻，范某向卸渣口处走进了一点，王某和胡某在放置支护材料处没动，这时卸渣口上方的突出的岩石部位一片碎石掉下来，正好砸向王某和胡某二人，王某被碎石砸中头部当场倒地，胡某被碎石砸中腰部以下，部分碎石擦伤范某脸部和腰部。

事故原因

1. 直接原因

本次事故的直接原因是违反顶板管理规定，违章冒险作业。某矿 1 号井 + 298 m 中段长期停用，在掘进巷道施工时爆破产生的振动波作用下，卸渣口处顶板出现松动。班组长范某、扒渣工王某和胡某三人安全意识淡薄，在公司发现+298 m 中段卸渣口顶板有裂隙有危险的情况下，违反《北坑萤石矿地下矿山安全生产管理制度》，在未处理完松石未采取防护的情况下，违章在危险区域作业、逗留，直接导致了本起事故的发生。

2. 间接原因

（1）公司对员工安全培训教育和安全技术交底不到位，员工缺乏安全意识和必要的安全操作知识、技能。

（2）企业现场安全管理不到位。企业多次发现+298 m 中段卸渣口顶板有裂隙存在危险的情况下，未严格落实企业相关制度要求，未采取隔离等安全防护措施和未设置安全警示标志。

（3）企业安全生产责任制落实不到位。采空区充填虽然有设计、作业规程和施工组织方案，但落实有差距，对有较大危险的+298 m 中段卸渣口处顶板支护过程中，未安排安全管理人员或现场监护人员进行现场盯守监护。

事故防范和整改措施

（1）矿山企业要进一步加强生产安全管理。严格执行矿山安全生产管理规章制度、全员岗位责任制和安全操作规程规定，按照矿山安全设施设计和充填设计要求，依法依规组织生产。

（2）全面落实全员安全生产责任制。矿山企业要认真吸取事故教训，重新修订全员岗位责任制，并加强各级从业人员安全责任教育培训，矿山上至矿长，下至每位作业人员要明责知责严格履责，切实杜绝"三违"现象的发生，及时消除人的不安全行为和物的不安全状态，落实安全防范措施，杜绝类似事故的再次发生。

（3）进一步加强地下矿山采空区的治理和治理过程中的生产安全。对矿山采空区在已物探的基础上，对不明的采空区要进行钻探，切实全面掌握采空区的分布情况；对采空区的危害要认真组织分析，认真吸取采空区坍塌事件教训，采取切实可行的安全措施加以防范；作业人员进入采空区或废弃巷道前，要按照"先排险、后进入"的原则，矿山生产按照"先充填、后生产"的原则组织生产，不得冒险作业。

（4）加大安全教育培训力度。矿山企业严格按《生产经营单位安全培训规定》（原国家安全生产监督管理总局令第 3 号）的规定，认真做好全员的三级安全教育和安全技能培训，确保培训时间、内容、人员和考核结果四落实，确保培训质量，提高作业人员的安全意识和事故防范能力。

案例十二　　透水事故

事故案例

新疆昌吉州呼图壁县某煤矿"4·10"重大透水事故。

事故概况

2021年4月10日18时11分，新疆昌吉州呼图壁县某煤矿发生重大透水事故，造成21人死亡，直接经济损失7067.2万元。

事故经过

2021年4月10日15时左右，综掘八队、综掘三队各自召开班前会，安排当班回风顺槽、运输顺槽掘进作业。运输顺槽进行探放水钻探作业。当班井下带班领导为生产副矿长严某。

15时30分前后，严某和27名工人入井。综掘八队张某等10人在回风顺槽掘进作业，综掘三队曹某等7人在运输顺槽掘进作业，探水队曹某等3人在运输顺槽第九循环钻场施工探放水钻孔，安全员王某、瓦检员鲜某、陈某进行巡检，水泵工黄某到水泵房抽水，皮带司机杨某到运输上山煤仓口开皮带。单轨吊司机焦某、吕某向井下运送完材料后，于17时升井。17时10分左右，防治水技术员刘某入井到达运输顺槽第九钻场检查钻孔施工情况。

17时50分左右，王某与鲜某共同检查泄水巷密闭墙处瓦斯浓度。18时1分，王某到二部皮带机头用电话向安监科汇报检查情况。18时8分，鲜某来到回风顺槽口五岔门（回风顺槽与轨道上山交叉处），用电话向通风副总胡某报告瓦斯检查情况。

18时11分许，回风顺槽迎头甲烷传感器信号上传中断，煤矿监控中心站系统报警。在回风顺槽二部皮带机头作业的司机林某突然听到迎头方向传来"嘭"的一声闷响，随后皮带松弛，电机断电，照明灯熄灭，同时感觉风量增大、明显变凉，立即向迎头打电话，电话发出忙音，意识到出事了，扔下电话就向外跑。跑出回风顺槽后，看到鲜某、王某、一部皮带司机陈某在五岔门，遂急忙喊"老王，迎头出事了，赶紧跑"。王某拿起电话准备向调度室汇报，同时看见水从顺槽流出，随即放下电话大喊"跟我走，出事了，赶紧跑"。陈某、林某、王某3人沿着轨道上山向上跑逃生，鲜某反方向朝下往井底车场跑去。

18时11分许，当班监控员孔某发现大屏显示回风顺槽迎头甲烷传感器断线，同时回风顺槽故障闭锁动力电断电，立即向当班调度员李某汇报；汇报完后发现回风顺槽其他传感器短时间内陆续断线。李某立即向回风顺槽打电话，但无人接听；随即电话报告地面值班领导朱某。

18 时 13 分许，刘某从运输顺槽掘进面给总工郑某电话汇报请示工作，尚未觉察井下出现异常。18 时 14 分 10 秒，孔某给运输顺槽一部皮带机头打电话，向司机王某询问是否看见瓦检员或安全员，并让他们给调度室回电话；随后给回风顺槽二部皮带机头处打电话，未接通。此时，孔某和李某从集中皮带机尾工业视频中发现有两人自运输上山绕道向井底车场跑，从井底车场工业视频中发现有水涌过来。

18 时 15 分 20 秒，李某向运输顺槽工作面打电话，通知井下带班领导严某"归顺透水了，抓紧撤人"。

瓦检员陈某在中央水泵房检查完气体后，走到通道口发现井底车场有水涌过来，返回泵房于 18 时 15 分 39 秒向调度室报告，李某告诉他立即撤出井下。陈某、黄某从管子道进入副斜井升井。

运输上山皮带机司机杨某在集中皮带机头作业时，发现风速变大、面部感到刺冷，给运输顺槽一部皮带机头司机王某打电话无人接听。发现整个巷道出现水雾，巷道内设备停电。杨某感到胸闷，遂戴上自救器进入轨道上山，从斜风井升井。

18 时 17 分，李某打电话向矿长杨某报告井下透水情况。同时，从避难硐室工业视频上发现鲜某进入避难硐室，遂打电话询问情况，与鲜某通话 31 秒后突然中断。视频显示，18 时 20 分许，避难硐室进水，鲜某先拨打电话，随后打开压风自救装置；18 时 21 分许，避难硐室视频信号中断。

18 时 21 分许，全矿井断电。杨某立即安排打开风井防爆门，机电科长陈某赶往地面变电所恢复了地面供电。18 时 27 分许，王某从风井逃生升井后，立即向调度室电话汇报井下透水。陈某、林某随后升井。

事故发生后，6 人安全升井，21 人被困井下。

事故原因

1. 直接原因

B4W01 回风顺槽掘进至 1056.6 m（平距）时，掘进迎头与白杨树煤矿 1 号废弃轨道上山之间的煤柱仅有 1.8 m。煤矿违章指挥、冒险组织掘进作业，在老空积水压力和掘进扰动作用下，白杨树煤矿老空水突破有限煤柱，通过 1 号废弃轨道上山溃入丰源煤矿 B4W01 回风顺槽，造成重大透水淹井事故。

2. 间接原因

（1）事故煤矿。

一是法律意识淡漠，拒不执行停产指令。自治区督查组责令煤矿停产整改防治水隐患，煤矿在隐患未整改完毕、县煤矿安全监管部门明确不予复工的情况下，擅自恢复 B4W01 回风顺槽和运输顺槽的掘进作业。

二是漠视透水重大风险，违章指挥冒险作业。地测部门已经判断 B4W01 回风顺槽掘进工作面以西不排除老空水威胁的可能性，未按照《煤矿防治水细则》进行探放水，冒险组织掘进作业；掘进面出现明显透水征兆后，未及时撤出受透水威胁区域人员，继续掘进作业。

三是技术工作滞后，防治水基础薄弱。周边老窑资料缺乏，部分留存的资料不能真实反映井下开采情况；煤矿隐蔽致灾地质因素普查不到位，未查明井田范围内及周边采空区、老窑分布范围及积水情况；委托地质勘察单位进行水文地质补充勘探，为节省合同费用而减少或变更验证钻孔，未能发现白杨树煤矿采空区及废弃巷道积水；防治水"三区"划分不符合《煤矿防治水细则》相关要求，《防治水分区管理论证报告》已提出白杨树煤矿老空积水不清，仍盲目将临近的 B4W01 工作面全部划为可采区；探放水设计照抄照搬，未按探放老空水要求设计钻孔，未确定探水线和警戒线，设计编制滞后于探放水作业。

四是主体责任不落实，安全管理松懈。部分安全管理人员未取得安全生产知识和管理能力考核合格证明；未严格执行"三专两探一撤人"要求，防治水专业技术人员和探放水工配备不足，部分防治水技术人员非专业人员，部分探放水工未取得特种作业操作证；安全生产例会、防治水安全例会、防治水周例会没有针对白杨树煤矿老空水问题研究制定针对性措施；抢工期、赶进度，违规下达掘进进尺指标，作业中超控制指标掘进，造成探放水施工严重滞后，未探先掘或超过探放安全距离仍然掘进。

（2）某煤矿。

开采时将轨道上山越界布置，进入事故煤矿边界煤柱中；向煤炭管理部门报送虚假交换图和闭坑资料，长期隐瞒矿井遗留的重大隐患。

（3）事故煤矿业主。

某煤电公司作为事故煤矿上级公司，不重视煤矿安全工作，所设世安公司未配齐安全管理职能部门及人员、未建立安全生产责任制，临时安排 2 名煤矿技术顾问代表公司对煤矿安全生产进行监督管理；以包代管意识重，以上级公司为非煤企业做借口，将不符合托管条件的煤矿违规托管；驻矿人员重作业进度和巷道质量，疏于灾害治理、隐患排查整改；抢工期、赶进度，隐患未整改完成，即督促煤矿恢复掘进施工。

（4）事故煤矿承托单位。

事故煤矿承托单位管理层级多、链条长，安全管理力度层层衰减；对某煤矿落实透水重大风险隐患防控措施的监督检查浮于表面，会议要求得不到有效执行；新疆分公司未组织开展安全生产专项整治三年行动工作，未监督煤矿开展专项整治三年行动；未审批采煤工作面设计和《防治水分区管理论证报告》；未及时发现和纠正某煤矿安全管理混乱、技术管理薄弱、违规恢复掘进、冒险作业等问题。

（5）事故煤矿技术服务单位。

承担某煤矿技术服务业务的单位未认真履行职责，技术文件审批把关不严，技术资料失实。某公司对物探成果解释未正确反映掘进面前方异常区水体性质，将采空区积水误判为顶板砂岩裂隙水；某研究院未全面分析老空位置、范围、积水情况，编制的水文地质类型划分报告结论与矿井实际严重不符；北京公司编制的初步设计对矿井边界煤柱技术参数选取严重失误，施工图设计将开切眼布置在边界煤柱中。

（6）地方党委政府及相关部门。

一是呼图壁县能源安全监测中心对煤矿日常监督检查不力，未认真监督指导丰源煤矿开展防治水安全隐患整改工作，未及时发现煤矿违规恢复井下生产作业问题。形式主义、官僚主义严重，煤矿包联工作责任制不切实际，包联干部难以完成包联责任制规定的督促煤矿隐患整改闭环、安全检查、日报告等职责。

二是呼图壁县发改委疏于煤矿安全监管工作，对县能源安全监测中心履行职责情况监督检查指导不力，未采取有效措施解决县能源安全监测中心包联干部难以履行包联工作责任制问题。跟踪督促丰源煤矿防治水安全隐患整改工作流于形式，对丰源煤矿违规恢复生产作业问题失察。

三是呼图壁县委、县政府落实安全生产属地监管责任不严格，安全发展意识不强，贯彻党中央、国务院安全生产决策部署和自治区党委、政府安全生产工作要求不力，落实《呼图壁县安全生产专项整治三年行动实施方案》流于形式。对煤矿安全监管工作要求不严，对呼图壁县发改委履行煤矿安全监管职责监督指导不力，对丰源煤矿防治水安全隐患整改工作跟进监督不到位，对丰源煤矿违规恢复生产作业问题失察。

四是昌吉州发改委履行煤矿安全监管职责不严格，安全监督检查工作流于形式，对丰源煤矿安全检查、隐患排查不认真、不细致、不扎实、不到位，没有站在"从根本上消除隐患""从根本上解决问题"的高度做好系统性、源头性安全风险防范工作，未发现煤矿安全管理人员、防治水人员配备不足等问题。对督查发现的丰源煤矿防治水隐患，未跟进监督整改工作。对呼图壁县发改委煤矿安全监管工作指导不够。对丰源煤矿违规恢复生产作业问题失察。

五是昌吉州党委、州政府落实安全生产属地监管责任不严格，贯彻党中央、国务院安全生产决策部署和自治区党委、政府安全生产工作要求不力，落实《昌吉州安全生产专项整治三年行动实施方案》流于形式。对昌吉州发改委履行安全监管职责监督指导不够。对丰源煤矿隐患整改、隐蔽致灾因素普查工作重视不足。2018年机构改革，煤矿安全监管职能划归州各级发改委；但各级发改部门均未设置专门的煤矿安全机构，存在专业队伍和人员不足、监管能力不强、监管存在盲区，特别是基层部门不愿管、不会管、不敢管的现象比较普遍。对煤矿安全监管体制机制不顺畅、机制不健全等突出问题，未采取有效措施整改落实。

六是北疆监察分局履行煤矿安全监察职责不严格，对呼图壁县人民政府及煤矿安全监管部门落实安全生产属地监管责任监督指导不到位。

事故防范和整改措施

（1）践行安全发展理念，推进煤矿安全工作。各级党委政府、各有关部门和煤矿企业要深入贯彻落实习近平总书记关于安全生产的重要论述和指示精神，树牢"两个至上"价值理念，提高红线意识，强化底线思维，采取有效措施，切实加强煤矿安全工作，扭转安全生产被动局面。各级党委政府要树立正确发展观，统筹好发展与安全，坚守安全底线，认真落实《地方党政领导干部安全生产责任制规定》，抓紧推进安全生产专项整治三年行动，切实实现"两个根本"；加快推进煤矿安全监管体制改革，健全机构，明晰权责清单，配齐配强专业人员，切实解决监管力量严重滞后煤炭发展规模问题。各级煤矿安全监管部门要履职尽责，督促加快"电子封条"安装并充分利用，对责令停产矿井重点驻矿盯守，做到辖区煤矿重大风险预控、重大灾害治理、重大隐患整改不离视线，对违法违规行为及时发现、有效制止。

（2）强化主体责任落实，严格规范管理。煤矿企业要建立健全从主要负责人到一线员工的全员安全生产责任制，完善安全生产规章制度、操作规程，明确各岗位的责任人员、责任范围等内容，加强监督考核，确保责任落实，强化安全培训教育，增强法治意识和安全意识，做到自觉依法依规组织生产，自觉抵制违章冒险作业。煤矿上级公司要设置专职安全管理机构和重点灾害防治监督指导部门，明确联系包保、驻矿监督指导责任人，坚决防止下属企业盲目抢工期、赶进度、"带病作业"的行为，监督指导下级煤矿风险防控到位、灾害治理到位、隐患排查整改到位。

（3）严格落实防治水措施，全面排查防治水工作漏洞。各生产建设矿井要按照《煤矿防治水细则》相关规定，扎实开展水文地质补充勘探，合理划分水文地质类型；矿区和矿井重新进行隐蔽致灾地质因素普查，查明矿井井田内及周边老窑空区范围和积水情况，未按期完成普查的矿井，要停止生产进行整改；结合采掘接续计划严格划分可采区、缓采区、禁采区，退出在受水害影响的区域的采掘活动。严格执行"三专两探一撤人"措施，凡水文地质类型划分依据不足或中等以上矿井，必须设置专门防治水机构，配足防治水专业技术人员和专职探放水作业人员，严格按细则要求开展防治水技术管理和探放水作业；正确分析解释和应用物探成果，临近采空区时，必须按照探放老空水技术要求实施钻探；全面组织水害风险隐患培训，提高职工对透水征兆识别能力，采掘工作面发现有煤层变湿、挂汗、顶板来压、片帮、淋水加大、钻孔喷水等透水征兆时，所有人员立即从井下撤出。

（4）加强技术服务管理，保障技术支撑质量。煤矿技术服务单位在疆开展业务，必须配强机构人员和设施设备条件，保障充分的现场工作程度，严把技术审核关口，坚守职业操守，提升服务质量。各相关监督管理部门要深入开展中介服务机构专项整治行动，加大对煤矿技术服务机构的检查频次，严格考核其资质条件、专业服务能力及出具的报告或结论，严厉打击违法设置分支机构或办事处，不派或少派工作人员现场勘察核验、抄袭报告、出具虚假报告、谋取不正当利益等违法违规行为，有效制止无序竞争、压价中标现象。

（5）严格托管条件准入，规范煤矿托管工作。托管煤矿委托方，必须按照《煤矿整体托管安全管理办法》规定的资质、能力、水平选择承托队伍，明确双方煤矿经营管理权责范围，避免生产、安全多头指挥，杜绝灾害治理、隐患整改推诿扯皮等问题，特别是严禁委托方采用经济手段诱导、迫使承托方超能力、超强度组织生产。煤矿安全监管监察部门要将辖区托管煤矿列为安全工作重点对象，按 C 类矿井列入监管监察计划，全面摸清托管煤矿底数，建立专门台账清单，对托管煤矿及双方上级公司安全管理状况进行严格监督检查；发现存在托管资质、条件、能力不符合安全要求或委托方借用托管逃避安全主体责任等问题的，必须立即予以停产整顿，达不到要求的予以清理退出。

（6）加强闭坑矿井管理，全面消除隐患盲区。闭坑矿井要严格按照《煤矿地质工作规定》要求，客观真实填绘采空区和废弃巷道，全面进行地质测绘，补充完善各种图件、资料，编写煤矿闭坑地质报告；煤炭行业管理部门对备案存档的闭坑资料进行必要核实。对存在关闭小井小窑的矿区，地方政府要组织开展专项探查，彻底查清、准确掌握老空废巷边界范围及积水情况，及时修编区域性隐蔽致灾地质因素普查报告，制定完善的防范事故措施。

案例十三　　放炮事故

事故案例

山西省吕梁市文水县某石料厂"11·13"较大放炮事故。

事故概况

2016年11月13日10时15分许,山西省吕梁市文水县某石料厂发生一起违规放炮较大事故,造成4人死亡,直接经济损失333.5万元。

事故经过

2016年11月13日上午7时左右,文水县某石料厂工人岳某、钟某、岳某、于某、郭某、梁某6人(均无爆破作业资格证)进入山西某煤焦有限公司文水石灰岩料场矿界内高陡边坡上进行扩硐施工作业。6人分两个小组分别在相距17.93 m的1个深硐和1个浅硐施工。深硐高1.3 m、宽1.2 m、深10.5 m;浅硐高1.9 m、宽0.8 m、深3.5 m,浅硐位于深硐东南侧。郭某、岳某一组在深硐,于某、梁某一组在浅硐,用Y20LY型手风钻打眼后装填炸药和电雷管。岳某、钟某沿山坡陡峭小路往深硐和浅硐作业区域搬运炸药。9时许,岳某和郭某在深硐进行了一次扩硐爆破。10时许,浅硐和深硐炸药雷管装填完后,梁某让岳某先放浅硐炮,梁某开始进行引爆网路的联接线导通测试,测试正常后,让岳某去引爆点准备引爆。深硐、浅硐联接线同质同色、混杂堆放在一起,无人对主线与炮硐联接线的联接情况进行检查、确认。岳某在引爆点进行了导通测试,发爆器显示正常,呼叫警戒及观察现场后,于10时15分许引爆。爆破点本应在浅硐,但却引爆了深硐。躲避在深硐的郭某、岳某、于某、梁某受到爆破冲击波冲击,岳某被抛于对面山坡上,其余3人被抛于1230 m平台。爆破时,钟某搬运炸药正在山路西北侧的靛头沟里休息。

事故原因

1. 直接原因

文水县某石料厂违法在其矿界外违规放炮作业,因起爆网路连接错误,爆破点本应在浅硐,却引爆了深硐,导致在深硐躲避的4人死亡,是造成事故的直接原因。

2. 间接原因

(1)文水县某石料厂安全管理混乱。安全生产主体责任不落实,主要负责人法治意识淡薄，安全生产有章不循，违法签订爆破作业协议，员工违法私留爆炸物品，为事故发生埋下了隐患。

（2）文水县某工程爆破有限公司民爆物品安全管理混乱。爆破技术员未到爆破作业现场核实，违规签字认定民爆物品剩余数量为零，致使民爆物品被私留。违规使用非民爆专用车运输民爆物品，违法签订爆破作业协议，未按照《爆破安全规程》对企业申报的民爆物品使用量进行设计计算。在申领《爆破作业单位许可证（营业性）》过程中有弄虚作假行为。

（3）文水县公安局对民爆物品使用、储存单位监管审批不严格，内部岗位履职监督不到位，民爆物品用量审批监管环节存在漏洞。派出所监管民警不按规定到爆破作业现场监督，致使爆炸物品被私留。

（4）文水县国土资源局对辖区内违法开采行为巡查、打击不力，未能有效遏制非煤矿山违法开采行为。

（5）文水县安监局非煤矿山安全监管责任不落实，执法检查计划、检查内容不规范，执法检查不严格。

（6）文水县凤城镇政府"打非治违"履职不到位，对辖区内有证企业的违法开采行为监管打击不力。

事故防范和整改措施

（1）牢固树立安全发展理念，严守安全生产红线。文水县各级党委政府要始终坚持安全发展理念，把安全生产工作摆在更加突出的位置，按照"党政同责、一岗双责、履职尽责、失职追责"的要求，以铁的担当尽责，以铁的手腕治患，以铁的心肠问责，以铁的办法治本，狠抓安全生产工作，确保党委政府的领导责任到位、有关部门的监管责任到位和企业安全生产主体责任到位，切实维护人民群众生命财产安全。

（2）进一步加强民爆物品安全监管。各级负有民爆物品安全监管职责的部门要认真贯彻落实《民用爆炸物品安全管理条例》，加强领导，明确职责，完善制度，坚决杜绝履职监督不严、监管审批不严和民爆物品使用、储存监管不力等问题，确保民爆物品始终处于受控状态，彻底消除安全生产隐患和社会治安隐患。

（3）严格落实企业安全生产主体责任。企业要严格按照批准的采矿范围和采矿工艺、爆破工艺依法依规组织生产。严格禁止没有取得爆破作业许可资质的单位组织实施爆破，实施爆破作业必须按照《爆破安全规程》编制爆破设计、项目开采方案和爆破作业方案，并严格按照方案组织实施爆破作业。企业与取得爆破作业许可资质的单位签订爆破作业协议、合同必须符合安全生产法律法规规定。

（4）加大"打非治违"力度，有效规范非煤矿山开采秩序。各级政府及职能部门要进一步加大"打非治违"力度，建立公安、国土、安监等部门联动安全监管机制，对盗采、越界开采等违法非法开采矿产资源的行为和不符合安全生产许可条件的企业及时依法查处、严厉打击。要合理划定审批企业资源开采范围，设置清晰的固定矿界标记，重点对面积小、布局不合理、安全距离不符合要求的企业依法依规进行整合，安全合理有效保护和利用好矿产资源。

（5）加大宣传力度，坚决打击瞒报事故行为。要认真宣传、贯彻落实《中华人民共和国安全生产法》《生产安全事故报告和调查处理条例》，形成严肃查处事故、打击瞒报歪风的舆论氛围和社会共识。要完善事故举报平台，利用举报电话、电子信箱、举报微信等方式，畅通群众举报渠道，鼓励群众举报生产安全问题。对瞒报、谎报事故的违法犯罪行为要核实真相、认定责任，依法依规严肃惩处。

案例十四　瓦斯爆炸事故

事故案例

四川省广元市旺苍县某煤业有限责任公司"7·28"较大瓦斯爆炸事故。

事故概况

2019 年 7 月 28 日 13 时 01 分，四川省广元市旺苍县某煤业有限责任公司（以下简称某煤业公司）11031 采煤工作面采止线以西 2#立眼发生较大瓦斯爆炸事故，造成 3 人死亡、2 人受伤，直接经济损失 404 万元。

事故经过

2019 年 7 月 28 日早班，某煤业公司共 28 人入井，副矿长王某入井带班。其中，李某班组 7 人到 11031 采煤工作面采止线以西的采煤作业点作业，刘某（无瓦斯检查工操作资格证）跟班检查瓦斯。

7 时 30 分，当班作业人员陆续入井。刘某、李某到 3#立眼掘进连通 4#立眼的第二个横巷，王某、蔡某到 2#立眼采煤，李某负责在平巷内装车。刘某和王某在地面准备支护材料后，于 9 时 05 分入井，负责在 4#立眼内打设木支柱。

9 时 51 分，安装在+1043 m 西煤层运输平巷的局部通风机因矿井供电故障而停止运转。10 时 30 分，装车工李某发现来电了，遂开启了局部通风机。

蔡某和李某在 2#立眼上部采煤过程中，发现立眼上口被大块煤矸堵塞，煤炭无法下溜。于是蔡某将藏在井下的一条二级煤矿乳化炸药（安装一发毫秒延期电雷管）放到 2#立眼上口煤矸中间准备用爆破的方法疏通立眼。刘某检查了 2#立眼堵塞处瓦斯浓度为 1.2%，未检查附近环境瓦斯浓度。检查完瓦斯后，李某和刘某 2 人便躲在 3#立眼与 4#立眼之间已贯通的一横巷内躲炮。13 时 01 分，由蔡某负责在 3#立眼二横巷巷口处起爆，爆破时引发了瓦斯爆炸。爆炸导致蔡某和在 3#立眼向 4#立眼方向掘进二横巷的刘某、李某当场死亡，在 4#立眼作业的李某（班长）、王某被冲击波冲倒跌至立眼下口。

事故发生时，在 2#立眼下口装煤的李某听到一声巨响，突然粉尘很大，什么都看不清楚，便立即向外跑（发现局部通风风筒被埋压，便停了局部通风机），到轨道上山下车场打电话向矿长李某汇报。李某接到事故信息后，立即向同在调度室的业主徐某汇报，徐某立即安排李某带领人员入井救援。

事故原因

1. 直接原因

某煤业公司在 11031 采煤工作面采止线以西违规布置采煤作业点，违章裸露爆破处理 2#立眼上口堵塞的大块煤矸，引爆积聚瓦斯，导致事故发生。

2. 间接原因

（1）非法违法组织生产。煤矿违反安全监管监察指令，在四川煤监局川北分局暂扣安全生产许可证、旺苍县应急管理局仅同意维修采煤工作面的情况下，采用国家明令禁止的巷道式采煤工艺采煤，借整改之名布置非法作业点组织生产。事故发生后未及时如实报告。

（2）蓄意逃避安全监管监察。某煤业公司《采掘工程平面图》《通风系统图》均未反映事故作业区域采掘或通风系统情况。事故作业区域未安设安全监测监控设备，瓦斯检查报表、测风报表、生产综合调度台账、矿级领导入井带班记录等资料均未反映该区域的相关内容。

（3）矿井安全生产管理机构虚设，安全管理断档。矿长李某的安全生产知识和管理能力考核合格证过期；采煤、掘进、机电运输、地质测量专业技术人员均为挂名，通风技术人员为业主徐某兼任；矿井所设的"五科"和"五队"均未配备安全管理人员；以包代管。

（4）技术管理和现场管理混乱。事故作业区域无作业规程或安全技术措施，爆破岗哨、撤人范围和撤人距离等无规定；事故区域无全负压通风系统，违规使用一台 5.5 kW 的局部通风机采用风筒分叉方式同时向 3 个作业点供风，风量不足且通风极不可靠，停风不停工、随意开启局部通风机；民用爆炸物品管理混乱，不执行炸药、雷管领退管理制度；放炮管理混乱，未执行"一炮三检"和"三人连锁爆破"制度，在瓦斯浓度达到 1.2%且未检查附近环境瓦斯浓度的情况下违章"裸露"爆破。

（5）安全生产教育和培训不到位。事故作业区域的瓦斯检查工和井下爆破工无特种作业操作资格证上岗作业；从业人员安全意识淡薄，不具备必要的安全生产知识，瓦斯超限继续违章作业，不按规定携带自救器。

（6）福庆乡党委政府煤矿安全属地管理职责、驻矿安监员直接监管职责、旺苍县应急管理局煤矿安全日常监管职责落实不到位，旺苍县委、县政府负有领导责任。

事故防范和整改措施

（1）牢固树立安全生产"红线"意识。

旺苍县委、县政府及相关部门和各煤矿企业要树立安全发展理念，弘扬生命至上、安全第一的思想，坚守发展决不能以牺牲安全为代价的红线。严格落实中共中央办公厅、国务院办公厅印发的《地方党政领导干部安全生产责任制规定》（厅字〔2018〕13 号），坚持"党政同责、一岗双责、齐抓共管、失职追责"。深入贯彻《中共四川省委四川省人民政府关于推进安全生产领域改革发展的实施意见》（川委发〔2017〕21号），切实加强煤矿安全监管和应急救援队伍及能力建设。全面推行煤矿安全工作"三个清单"，落实各级、各部门、各煤矿企业安全生产责任，强化依法治安、源头防范、系统治理，有效遏制煤矿生产安全事故。

（2）持续深化煤矿"打非治违"行动。

煤矿安全监管部门要与公安部门密切配合，严格管控民用爆炸物品；持续深化煤矿"打非治违"专项行动，对"五假五超三瞒三不"（假整改、假密闭、假数据、假图纸、假报告；超能力、超强度、超定员、超层越界、证照超期；隐瞒作业地点、隐瞒作业人数、隐瞒事故或迟报谎报事故；不具备法定办矿条件、不按规定复工复产、不执行监管监察指令）等违法违规行为，坚持露头就打，重拳出击，严格落实停产整顿、关闭取缔、上限处罚、追究法律责任"四个一律"执法措施。

（3）推动落实煤矿企业主体责任。

按照《国家煤矿安监局关于印发〈关于煤矿企业安全生产主体责任监管监察的指导意见〉的通知》（煤安监察〔2019〕26号）要求，深入开展煤矿企业安全生产主体责任专项监管监察工作，督促企业尊法学法守法用法，压实企业法定责任，建立健全全员、全过程安全管理体系，切实改进安全生产管理，夯实安全生产基础，实现"全面落实安全责任、坚决堵塞安全漏洞、严密管控安全风险、有效防范遏制事故"的目标。

（4）切实加强煤矿企业安全管理。

煤矿企业要建立健全安全管理机构，配齐配强"五长、五科、五队"管理人员及采煤、掘进、机电运输、通风、地质测量专业技术人员，特种作业人员的配备必须满足安全生产需要，杜绝以包代管。建立完善安全监测监控和人员位置监测系统，配备足够的便携式甲烷检测报警仪和自救器。按规定组织开展教育培训，增强职工安全意识和操作技能。按规定编制作业规程和安全技术措施，图纸资料必须反映矿井实际。严格局部通风管理，严禁随意停开局部通风机，严禁一台局部通风向多个作业点供风。采掘作业点必须按规定检查瓦斯，杜绝空班、漏检、假检。严格遵守民用爆炸物品领、用管理制度，严禁无证人员实施爆破作业。严格执行"一炮三检"和"三人连锁"放炮制度，严禁裸露爆破和近距离放炮。落实带班、跟班制度，杜绝违章指挥、违章作业、违反劳动纪律行为。发生事故必须及时、如实报告。

（5）进一步加强煤矿应急管理工作。

煤矿企业要进一步强化应急管理主体责任意识，健全应急管理组织机构，完善和落实各级各岗位应急管理制度、职责，并按照国家关于应急管理的法律法规规定，在全面开展风险辨识、评估的基础上，进一步修订完善应急预案，与政府预案有效衔接，并按要求备案。组织开展专项培训，提高全员的应急能力，杜绝盲目施救造成事故扩大。加强专、兼职救护队的建设，按规定配备救援人员和救援器材，开展定期的专业训练和设备维护保养。加强应急演练，不断磨合机制，锻炼队伍，提高应对煤矿事故灾难的整体能力。

案例十五　　火药爆炸事故

事故案例

湖南省浏阳市某烟花厂"5·17"较大火药爆炸事故。

事故概况

2016 年 5 月 17 日 19 时 32 分左右，位于湖南省浏阳市荷花街道嗣同村的某烟花厂生活办公区发生一起较大火药爆炸事故，造成 5 人死亡、1 人受伤，直接经济损失480 万元。

事故经过

2016 年 5 月 17 日 15 时 30 分左右，李某在 36 号组装装药工房将 3 件组合烟花样品（"鸟巢"样品 1 件、1.2 寸组合烟花 2 件）搬上了厂内运输药物的微型运输车，准备在晚上进行试放。17 时左右，荷花烟花厂装药车间主任杨某打电话给李某，说车间的军工硝不够了，让李某赶紧送军工硝到车间来。18 时左右李某回厂，驾驶微型运输车（平时一般停在办公楼的前坪）进入药物总库将 4 件（25 kg/件）军工硝装上车，因杨某已经下班，于是李某将黑火药留在车上准备次日配送。18 时 40 分左右，李某因邻居陈某买了新车，受其邀请，李某驾驶摩托车到陈某家吃晚饭（据同桌人反映，李某喝了 3～4 两白酒）。19 时 20 分左右，李某吃过晚饭回厂，将微型运输车开到生活楼北侧的水泥坪试放样品，李某将车上的 4 件军工硝搬到了生活楼的通道内。19 时 32 分左右，在李某试放样品近十分钟后，由于试放的"鸟巢"样品烟花效果件在上升过程中遇到屋檐和墙体等障碍而改变运行轨迹，折射到军工硝箱体上，效果件开爆，引爆黑火药导致事故发生。

事故原因

1. 直接原因

（1）李某违规酒后在生活办公区试放样品，违规将军工硝临时存放在旁边生活楼二楼的通道内，为事故发生埋下重大安全隐患。

（2）李某在试放"鸟巢"烟花时，"鸟巢"烟花效果件在上升过程中遇到生活楼的屋檐和墙体等障碍改变运行轨迹，折射到军工硝的包装箱休上，效果件开爆，引爆军工硝导致事故发生。

2. 间接原因

（1）某烟花厂安全生产主体责任不落实。一是药物保管配送存在严重管理漏洞。该厂药物保管和配送工作均由李某一个人负责，这种模式导致药物管理缺乏有效的内部监督；李某将第二天生产线所需要的药物事先领取，并违规存放在运输药物的微型运输车内。二是安全教育培训不深入，管理人员麻木不仁，安全意识淡薄。检查该厂的从业人员安全培训记录，对操作规程宣讲得较多，但在提高从业人员安全意识方面下功夫不够。该厂的专职安全员刘某（李某妻子）知道李某有时在晚上将需要配送的药物存放在微型运输车内，但未予以制止；刘某在同年4月也曾发现过李某同样的违规行为，但思想上没有引起足够重视，只是批评了事，没有就如何防范类似违规行为再次发生进一步采取有效防控措施；刘某、熊某、杨某3名兼职安全员进厂后，该厂一直未安排3人参加相关的业务培训。三是安全管理制度不落实。该厂的《新产品、新药物研发管理制度》中明确要求：样品试放必须在指定地方（金滩燃放场）进行，李某却在生活楼北面的水泥坪里进行产品试放，该厂从没有对其违规行为进行过处理，查阅该厂安全隐患排查台账记录，也未见对其违规行为有过任何记录。事故发生当天晚上，李某在水泥坪里试放产品近十分钟，该厂主要负责人刘某和安全管理人员刘某都在厂内，无一人予以制止。

（2）荷花街道办事处履行属地安全监管职责不力。街道安监站为了加强对辖区烟花爆竹生产企业使用黑火药情况的监督管理，统一为企业印制发放了《黑火药入库、出库登记台账》，但在药物出、入库的登记时间一栏中未明确要求精确到具体时分；在今年对荷花烟花厂开展的2次计划执法检查中，虽然对该厂生活区、办公区是否存放烟花爆竹产品、引火线、黑火药、烟火药、危险化学品等危险物品进行了检查，但安全隐患排查未发现该厂非工作时间药物管理存在的漏洞和晚上在生活办公区进行样品试放的违规行为。

（3）浏阳市公安局危险爆炸物品管理大队和浏阳市烟花爆竹安全监察大队对烟花爆竹安全生产监管监察不力。荷花烟花厂虽然不在两队的年度执法检查计划范围之内，但是两队督促、指导乡镇、街道安监站开展计划执法和隐患排查的力度不够；对企业在非工作时间的安全监管缺乏行之有效的措施和手段。

事故防范和整改措施

（1）某烟花厂要全面落实安全生产主体责任。

① 要全面履行安全生产职责。企业要建立安全生产责任体系，健全安全生产管理机构，完善安全生产条件。家族式管理企业要改进管理模式，加强内部的监督管理。

② 要严格执行国家安全标准规范。严格按照《烟花爆竹作业安全技术规程》（GB 11652-2012）等国家规范组织生产，严禁违规作业，严禁超许可范围生产；要严格危险品储存管理，药物保管和配送要分人负责，并如实详细进行登记，使用专用车辆运输，严禁在无药生产区和生活办公区等场所暂存药物、烟花爆竹半成品和成品，严禁超设计容量储存药物；严格按照相关要求和标准进行新产品的研制开发，严禁超

范围研制新的产品；要针对新产品的不稳定性，加强新产品研制工作的安全保障，严禁在生活办公区、生产区及其他不具备燃放实验条件的场所进行新产品试放。

③ 要加大违规违章行为的处理力度。企业要对"四超二改"（超范围、超人员、超药量、超生产能力和擅自改变工房用途、改变工艺流程）和"三违"（违章指挥、违章作业、违反劳动纪律）的违规违章行为加强整治；要严格执行企业负责人、安全生产管理人员现场值（带）班制度，加强日常巡回检查，及时发现和纠正职工违规违章行为；对屡犯不改的人员要坚决予以清退。

④ 要切实加强隐患排查治理工作。严格落实隐患排查治理制度，把隐患排查治理作为日常性工作，抓实抓好；对发现的隐患要切实做到整改措施、责任、资金、时限和预案"五到位"。要建立隐患报告制度，鼓励从业人员及时发现、报告和消除隐患。发现重大隐患要立即停产整改，隐患未消除的不得开工生产。

⑤ 要加大安全培训教育的力度。要严格按照有关要求组织对职工的安全教育培训，既要落实规定的教育培训时间，同时又要保证教育培训质量；既要注重职工安全操作技能的培训，更要注重职工安全意识的提高和加强；既要抓好普通职工的教育培训，更要注重抓好管理人员的教育培训。

（2）浏阳市委、市政府及其有关部门要切实加强安全生产工作的组织领导。

① 要牢固树立安全第一、生命至上的理念，切实落实安全责任。浏阳市委、市政府务必增强政治意识、大局意识、责任意识和"红线"意识，进一步加强安全生产工作的组织领导，按照"党政同责、一岗双责、齐抓共管"要求，切实落实好地方政府属地管理职责，始终坚持科学发展、安全发展。

② 严格督促有关部门加大执法力度，严肃查处烟花爆竹生产作业中的违法违规行为。要特别重视涉药工序的检查力度，及时发现存在的问题和漏洞。要针对高温季节来临的实际，采取措施加强对企业夜间生产和药物保管配送的安全监管，对检查发现的问题要坚持"零容忍"，发现一起，交办一起，复查一起。对不认真进行整改的，要严厉处罚，对整改不彻底、不到位的，一律不得允许生产。

③ 要加强烟花爆竹燃放的管理。要严格按照《中华人民共和国烟花爆竹安全管理条例》和《浏阳市人民政府关于规范烟花爆竹燃放的通告》的要求规范烟花爆竹的燃放管理，进一步完善烟花爆竹燃放的监管措施和手段，明确各相关部门的工作职责和工作要求，形成良好的工作机制和工作合力。要加大违规燃放危害性的宣传力度和举报奖励的力度，鼓励群众及时举报企业和个人违规燃放烟花爆竹的行为，形成部门共同监管、群众人人参与的良好工作局面。

④ 要加强对安全培训的监督检查。浏阳市安全监管局要将安全培训监督检查纳入安全监管目标考核体系，按照相关法律法规和规章要求，完善工作制度，规范方法和程序，明确检查人员职责，切实把安全培训列入执法检查重要内容和年度执法计划，加强对本行政区域内安全培训工作的监督检查，督促企业建立安全培训制度，制定培训计划，保障安全培训投入，建立培训档案，如实记录培训考核情况，做好"三项岗位"人员的安全培训工作；加强对培训机构的监督管理，督促安全培训机构按照安全培训大纲和考核标准，严格组织实施培训，加强教学管理，确保培训质量。

⑤ 浏阳市公安局危险爆炸物品管理大队和浏阳市烟花爆竹安全监察大队要进一步加强对乡镇、街道安监站行政执法工作的监督检查和指导，不断提高基层安全监管工作人员的执法能力和执法水平。要加大安全生产宣传教育力度，特别要通过事故的警示教育，帮助烟花爆竹行业从业人员认清违章违规生产的严重后果，切实提高安全意识，全面营造重安全、守法规的生产经营环境。

（3）荷花街道办事处要严格落实属地安全监管职责。

① 荷花街道办事处要真正把安全生产责任和安全生产工作任务措施落实到企业，牢牢夯实安全生产工作基础。要加大对辖区内的烟花爆竹企业安全监管力度，针对本街道烟花爆竹企业多、从业人员多、监管任务重的实际情况，强化监管，落实责任，及时排除安全隐患。要通过事故血淋淋的惨痛教训，教育企业从业人员转变观念，重视安全，遵章守法，珍爱生命。

② 荷花街道办事处安监站要进一步规范执法行为，认真履行安全生产监管检查职责，加强对烟花爆竹生产企业违规存放药物、超范围生产和超药量生产等违章违规行为的动态管理，严厉打击违法生产经营行为，彻底治理纠正和解决违章违规问题。

③ 要进一步发挥社区和乡村基层组织的作用，强化"守土有责、守土有效"意识，加强安全隐患排查力度，做到横向到边、纵向到底，不留死角，不留盲区，坚决杜绝类似事故再次发生。

案例十六　锅炉爆炸事故

事故案例

重庆市渝中区某写字楼"11·7"一般锅炉爆炸事故。

事故概况

2021年11月7日9时07分，重庆市渝中区某写字楼负一层锅炉房发生一起锅炉爆炸事故，造成1人死亡、1人轻伤。

事故经过

2021年11月7日8时40左右，某写字楼物业公司工程部维修技工喻某按照公司工作安排进入到8号楼负一层锅炉配套循环水泵房内，启动了锅炉循环水供水、回水水泵，然后进入旁边锅炉房内启动了1#、3#锅炉，并在现场填写了手机APP巡查检查记录后，于8时45分左右离开锅炉房。

9时左右，某锅炉改造公司低氮改造项目现场负责人吕某到写字楼负一层锅炉房内寻找之前调试燃烧器时遗落的检测探头，并查看锅炉铭牌贴放情况，看到某写字楼物业公司工程部水电维修技工喻某进入锅炉房后，吕某就询问喻某锅炉房顶部异响是怎么回事，喻某回答"可能是上面有装修"，喻某准备离开时发现所站位置地面的一个地漏堵塞了，就蹲下疏通地漏。9时07分左右，3#锅炉突然发生爆炸，造成吕某、喻某受伤，吕某后经救援送往市急救中心抢救无效于当日10时54分左右死亡。

事故原因

1. 直接原因

（1）3#锅炉操作人员未经锅炉操作的安全生产教育和培训，未能掌握操作锅炉必要的安全技术操作规程，未能正确开启3#锅炉循环水供水、回水水泵，导致锅炉内循环水未能有效带走高温热量，锅炉真空室内蒸汽压力急剧增大，锅炉负压转向正压，导致突破锅炉承压极限引起爆炸。

（2）3#锅炉操作人员在未掌握锅炉安全操作规程的情况下，手动模式下开启锅炉，导致3#锅炉压控、温控等保护联锁控制装置均失效，未能实现燃烧器联锁紧急停机。再加上3#锅炉自吸式安全装置被螺栓锁死，导致未能泄压引起爆炸。

2. 间接原因

（1）某写字楼物业公司安排未经锅炉操作安全生产教育和培训的从业人员开启

锅炉，导致从业人员未能掌握操作锅炉必要的安全技术操作规程，未能正确开启 3#锅炉循环水供水、回水水泵，未在自动模式下启动锅炉；未严格按照锅炉低氮改造项目"三同时"要求进行安全管理，未对锅炉低氮改造项目调试、安全确认、培训、验收、交接等关键环节进行管理，锅炉低氮改造项目未经整体安全竣工验收的情况下贸然运行锅炉；未开展生产安全事故隐患排查治理工作，未发现并消除 3#锅炉存在的生产安全事故隐患。

（2）某锅炉改造公司未严格按照《中华人民共和国建筑法》相关规定，组织对此次锅炉低氮改造项目进行综合验收，在不具备安全生产的条件下，默许使用单位使用锅炉；未对低氮改造项目现场负责人吕某进行安全生产教育和培训，导致吕某未能掌握作为锅炉低氮改造项目现场负责人岗位的安全操作技能，在事发当天未能采取有效的应急处理措施停运锅炉。

（3）某写字楼物业公司物业经理张某、某公司董事长龚某未履行法定的安全生产工作职责，未落实安全生产教育和培训，未督促检查安全生产工作，未及时消除生产安全事故隐患。

事故防范和整改措施

（1）某写字楼物业公司要认真落实企业主体责任，加强对从业人员的安全教育和培训，严格执行锅炉低氮改造项目"三同时"要求，切实加强项目安全管理，要加强生产安全事故隐患排查治理工作，采取技术、管理措施消除生产安全事故隐患，防范事故再次发生。公司相关负责人要认真履行法定的安全生产工作职责，加强安全生产教育和培训，督促检查安全生产工作，及时消除生产安全事故隐患。

（2）某锅炉改造公司要严格落实相关法律法规规定的综合验收要求，在具备安全生产条件下才能投入使用锅炉，要加强对从业人员的安全生产教育和培训，确保从业人员具备岗位安全责任的能力，防范事故再次发生。公司主要负责人要认真履行法定的安全生产工作职责，加强安全生产教育和培训，督促检查安全生产工作，及时消除生产安全事故隐患。

（3）渝中区生态环境局要认真吸取事故教训，进一步完善低氮改造工作方案，会同相关职能部门齐抓共管，加强对全区所有锅炉低氮改造项目的安全管理，严把施工、调试、验收、检测等重要环节的安全关；要督促低氮改造项目相关单位认真落实企业主体责任和整改措施，全面开展生产安全事故隐患排查与治理工作，防范类似事故再次发生。有关工作情况及时报区安委会备案。

（4）渝中区住建委要督促丰诚重庆分公司落实企业主体责任，针对此次事故制定整改方案，落实整改措施，认真开展生产安全事故隐患排查治理工作，加强对从业人员的安全教育和培训力度，提升安全管理能力，防范事故再次发生。有关工作开展情况及时报区安委会备案。

（5）渝中区市场监管局要按照法律法规规定的职责做好锅炉安全监管工作，会同相关部门指导全区纳入特种设备目录的锅炉进行低氮改造，切实做好相关安全监管工作。

（6）化龙桥街道要进一步加强对辖区生产经营单位的安全检查，特别是对类似的改造项目，督促物业管理企业开展隐患排查整治工作，落实各项安全管理措施，对检查中发现的问题，及时通报给行业管理部门。

案例十七　　　　容器爆炸事故

事故案例

湖南省益阳市某个体经营门店"6·7"一般容器爆炸事故。

事故概况

2021年6月7日15时许，湖南省益阳市胡某个体经营门店内，发生一起容器爆炸事故，导致1人受伤，后经医院抢救无效死亡，直接经济损失约8万元。

事故经过

2021年6月7日15时许，个体工商户胡某在自己经营门店内的第二间门面里的工作台内侧，违规操作，将常规40 L氩气钢瓶中的氩气，通过连接的软管倒灌进胡某私自改装过的不合规小钢瓶中。倒灌过程为：先用软管将常规40 L氩气钢瓶与小钢瓶连接，然后将氩气瓶和小钢瓶的阀门打开进行倒灌。由于小钢瓶的爆破压力远小于常规40 L氩气钢瓶充装后的压力，所以在倒灌途中小钢瓶发生物理性爆炸。胡某当场右手小臂被炸断，右大腿被炸飞，小钢瓶炸裂，现场剩瓶体上半部分和破裂的碎片。

事故原因

1. 直接原因

胡某违规操作，将氩气从常规40 L氩气钢瓶中倒灌进私自改装后的不合规容器瓶内，过程中由于被灌装的容器内气压过高，超过耐压极限而发生破裂爆炸，从而产生伤害。

2. 间接原因

胡某无焊接与热切割特种作业操作证，未受过安全生产培训教育，无压力容器气瓶充装资质，安全意识淡薄，自我保护意识差，未具备必要的生产安全知识和常识，贸然将氩气从常规40 L氩气钢瓶中倒灌进私自改装后的不合规容器瓶内。

事故防范和整改措施

（1）使用瓶装气体的生产经营单位要落实安全生产主体责任，严格杜绝工业气体的"大瓶充小瓶"及私自改装气瓶的现象；必须使用符合安全技术规范要求的气瓶，使用过程中要采取必要的安全防护措施；坚决制止未取得特种作业操作证的人员进行焊接与热切割作业。

（2）气瓶充装单位要提供符合安全技术规范要求的气瓶，并按照安全技术规范的要求办理气瓶使用登记，及时申报定期检验；要合法合规地充装气体，提供符合标准规范的小型气瓶的供气服务；要对气体使用者进行气瓶安全使用指导。

（3）各乡镇人民政府、经开区管委会和相关部门要切实履行属地管理和行业监管职责，加强安全宣传，加大对区域内的安全生产监督检查，全面禁止并严厉打击不合规小气瓶的充装及使用行为，对相关经营、使用工业气体的单位及个人进行普法知识宣传教育，严格遏制事故发生。

（4）举一反三，加强部门联动，从气瓶使用单位源头监管，压实企业主体责任，查清不达标气瓶的报废是否合规，严防不达标气瓶在市面上流通；严格落实危险化学品安全管理，查处并杜绝非法经营工业气体等危险化学品的行为。

案例十八 其他爆炸事故

事故案例

山东省青岛市某商务酒店有限公司"5·19"较大液化气爆炸事故。

事故概况

2015年5月19日5时08分，山东省青岛市某商务酒店有限公司发生液化气爆炸较大事故，造成3人死亡，17人受伤，直接经济损失约665万元。

事故经过

2015年5月19日4时12分，酒店工作人员李某回到酒店，进入地下室时闻到类似打火机气体的味道，进入房间后检查了打火机和电热水壶无异常后，上床休息。5时左右，厨房勤杂工陈某到厨房做早餐，将不锈钢圆桶倒上水，放于中餐灶右侧灶头，直接打开中餐灶右侧灶头右边阀门，用打火机引燃，又调节了中餐灶右侧灶头阀门和液化气钢瓶角阀，然后就在厨房为早餐备料，据其口述，点火后过了一段时间发生爆炸，冲击波造成酒店西侧楼体倒塌，107、108、207、208房间坍塌，住108房间的2位客人坠落被坍塌的建筑物砸压导致死亡，住地下室的陈某被坍塌的建筑物砸压导致死亡。

事故原因

1. 直接原因

酒店厨房工作人员在5月18日夜间使用中餐灶后，未关闭中餐灶左侧灶头点火燃烧器开关，也未关闭液化气钢瓶角阀，造成液化气泄漏，因地下室较为封闭、通风不良，泄漏的液化气沉积在地表，并扩散到地下室其他房间。陈某做早餐时，未发现液化气已经泄漏，点火后，灶具燃烧和人员走动加速了室内空气对流，当泄漏的液化气与空气混合达到爆炸极限时，引发爆炸，是事故发生的直接原因。

2. 间接原因

（1）酒店承包经营人和管理人员安全意识淡薄，未落实安全生产主体责任，超范围经营，私自从事餐饮服务；在地下室未经消防验收、只有一条消防通道的情况下投入使用，设置厨房、餐厅和员工宿舍，违法使用和储存液化气，存在重大隐患；在液化气使用过程中未建立安全使用制度，未指定专人进行管理，没有对员工进行必要的操作及安全常识培训；使用的中餐灶为三无产品，液化气供应系统连接不规范，导致爆炸发生，造成人员和财产重大损失，对事故的发生负有主要责任。

（2）某燃气经营公司安全生产主体责任不落实，负责人法律意识淡薄，在燃气经营许可证已注销的情况下仍然从事燃气经营，并违法充装非自有气瓶；对送气人员安全教育和管理工作不落实，送气人员缺乏必要的安全知识，违规将液化气送至不具备安全使用条件的地下室。

（3）某燃气运输公司挂靠车辆管理不力，在挂靠在其公司名下的鲁×××××号牌危险品运输车辆道路运输证已被交通主管部门到期收回的情况下，依然从事危险品道路运输。

（4）福彩中心未与承租单位签订安全生产协议，就安全生产工作进行约定。福彩中心主任2008年将绍兴三路8号建筑租赁给酒店时，未依据《中华人民共和国安全生产法》的规定就该建筑的使用安全方面事项进行约定，督促承租方遵守相应的法律法规要求。

（5）市公安消防支队市南大队履行消防检查职责不到位，排查消防安全隐患不力。市南大队未按照《山东省消防安全重点单位界定标准》规定，将酒店纳入消防安全重点单位；消防安全隐患排查整治不彻底，市南大队工作人员在对酒店进行检查时，仅发现该酒店疏散楼梯拆除和地下室住人等问题，未发现酒店存在地下室设置厨房和餐厅，并违规存放和使用液化气等问题。

（6）八大湖街道办事处履行安全生产属地监管职责不到位。未督促酒店健全安全生产制度和企业负责人参加安全生产培训，落实企业安全生产主体责任；组织开展燃气安全隐患排查不深入、不彻底；社区安全生产网格员履职不力，2014年9月25日、2015年2月6日、4月20日吴兴路社区安全助理荆某、社区网格员吴某（均为聘用人员）对酒店进行了三次安全检查，均未发现酒店在地下室违规存放和使用液化气问题。

（7）市城市管理行政执法局市政公用执法大队对无燃气经营许可证非法经营行为查处措施不力。在收到市燃气管理处注销青岛某能源有限公司燃气经营许可证函告后，联合市燃气管理处等部门或单独对公司进行执法检查中，多次发现该企业涉嫌无证经营，虽责令该公司停止违法经营燃气，但采取查处和关停措施不力，未根本解决该公司的违法经营行为，导致该公司直至事故发生后才停止违法经营活动。

（8）市南区城市管理行政执法局贯彻落实燃气管理法律法规不到位，开展燃气管理执法工作和专项治理工作不全面。未按照《青岛市城市管理相对集中行政处罚条例》和三定方案规定，部署和查处本行政区域内非法经营和在不符合安全条件的场所使用和储存液化气等违法违规行为；对履行燃气专项整治执法职责认识不清晰，仍按照市局下放燃气方面的四项权力开展相关工作，履行燃气行政执法职责不力。

（9）市南区城市管理局落实区政府交办的燃气安全隐患整治工作不到位。2015年市南区政府《关于成立燃气安全隐患整治工作领导小组的通知》中明确在区城市管理局设立燃气安全隐患整治办公室,但该局对承担的燃气整治工作牵头职责认识不到位,未按照要求做好区域内燃气安全整治相关任务。

（10）市南区人民政府贯彻落实燃气管理法律法规和市政府工作部署不到位。区燃气安全隐患整治工作牵头部门不明确,未制定市南区城镇燃气安全隐患整治工作方案；督促区有关部门、街道办事处开展城镇燃气安全监督检查不到位,隐患排查治理不彻底。

（11）市南区食品药品监督管理局组织开展查处违法提供餐饮服务工作不到位。2015年5月初,酒店在未办理餐饮许可的情况下对外提供早餐服务。市南区食品药品监督管理局未按照《青岛市人民政府关于加强餐饮场所燃气使用安全管理的通告》(青政发〔2013〕21号)规定,及时发现并查处酒店的违规行为。

（12）市北区城市管理行政执法局燃气行政执法工作存在漏洞。2014年9月,某公司燃气企业经营许可证被注销,该局在对企业进行检查过程中未认真核查经营许可证的经营期限,执法工作存在漏洞。

事故防范和整改措施

（1）继续深入开展餐饮场所燃气安全专项整治工作。针对此次事故暴露出的问题,建议市燃气安全专项整治工作领导小组进一步加强工作力度,巩固深化联席会议制度,定期研究解决燃气领域存在的问题,并开展联合执法检查。各有关部门要进一步理顺监管执法职责并根据各自职责,对燃气生产、经营、充装、运输、使用等各个环节不间断的开展执法检查,坚决打击非法经营、非法充装、违规使用和储存等行为,使各个环节处于可控和受控状态。

（2）严格对燃气市场的监管。各行政主管部门要加强对燃气经营企业、充装企业及运输配送企业的管理,采取有效措施监督企业严格落实燃气管理、特种设备、交通运输方面的法律法规及规定并加大执法力度,坚决开展打非治违工作。要加强液化气钢瓶管理,严格禁止向超过检验期限、报废及标识不清、来源不明的钢瓶进行充装；建议出台激励措施开展钢瓶置换工作,由燃气经营企业将用户钢瓶逐步转换为企业自有钢瓶,并保证钢瓶的定期检验；对不符合灌装条件或已吊销燃气经营许可的企业,质监部门要及时报请许可部门取消其气瓶充装许可证；加强对燃烧器具市场的管理,坚决杜绝三无产品销售；加强对配送车辆及人员的管理,严肃查处无资质配送液化气行为。

（3）要切实落实企业主体责任。燃气经营企业直接面向用户,是保障燃气安全的关键环节。企业要严格遵守国家、省、市关于燃气安全的法律法规及标准规范,加强对燃气从业人员的教育培训。除做好储存、配送安全外,还要做好入户使用的安全工作,要做好用户登记,落实液化气用户安全检查告知制度。对不符合使用安全条件的用户坚决不予送气并及时向有关部门举报；燃气使用单位特别是餐饮场所,要建立健全安全管理制度,加强对操作维护人员燃气安全知识和操作技能的培训,要规范燃气设施的设置,使用有资质的单位提供的瓶装燃气,设立专门人员负责燃气使用安全管理,加强燃气设施日常检查,按照安全用气规划正确使用燃气。

（4）加大燃气使用安全科普宣传力度。建议由燃气主管部门牵头，充分利用网络、电视、广播及报纸杂志等媒体途径，利用燃气经营企业平台，结合全国范围内及本市发生的燃气爆炸事故教训，向广大人民群众宣传安全使用燃气和应急处置救援知识，使尽可能多的人了解燃气安全知识，提高全民安全意识和自救能力。

案例十九　　中毒和窒息事故

事故案例

山东省青岛市城阳区某潜水工程有限公司"3·20"较大中毒和窒息事故。

事故概况

2020年3月20日20时许，位于山东省青岛市城阳区双元路拓宽工程的月河路至惠安路现状污水管道疏通施工路段，发生一起硫化氢中毒事故，造成3人死亡，直接经济损失630万元。

事故经过

2020年3月20日7时许，张某强带领清淤施工人员沈某、张某、刘某、刘某龙4人到事发污水井进行清淤施工。18时30分许，5人停止施工。张某先行驾车去购买晚饭，其他人员清理完设备、工具后一同离开施工现场步行至施工围挡外的某厂门口（距离事故井约142 m），等候张某返回。19时许，张某驾车到达某厂门口，沈某等4人将设备、工具装车完毕登车后，刘某称其有东西丢失，随后独自下车回到施工现场寻找。大约过去30分钟，因见刘某还没有回来，张某、沈某、张某、刘某龙4人下车到施工现场寻找。约10分钟后，沈某和张某发现刘某在清淤施工的污水井内，遂相继下井施救，2人均未佩戴任何防护用品。距污水井大约10 m处的张某强看到张某下井后，迅速跑到污水井边，向井内呼喊张某的名字，井下无人应答。

发现井下无人应答后，张某强在井边迟疑片刻，然后跑回车上拿了1根20 m左右的绳子和1具正压式呼吸器，返回污水井边，张某强持绳子屏住呼吸下到污水井内，分别将绳子捆绑在张某和沈某的身上，然后爬到井上和刘某龙一起先后将张某和沈某拉到井上。刘某龙于20时17分拨打120急救电话，20时20分拨打119救援电话。20时35分，城阳区消防救援大队流亭中队14人到达事故现场，协助刘某龙将刘某（绳子由张某强捆绑）拉到井上，并将再次下井施救并正在向上攀爬的张某强拉到井上。消防人员在救援过程中，闻到有明显的臭味。张某强上井之后，分别对3名伤者进行心脏按压等急救措施。

20时50分至21时许，3辆120救护车相继赶到现场，分别将刘某、沈某、张某送往青岛市城阳区人民医院救治。经抢救无效，沈某于3月21日0时45分死亡，张某于3月21日1时15分死亡，刘某于3月21日11时死亡。

事故原因

1. 直接原因

刘某在当日清淤施工结束后又独自返回施工区域寻找物品，意外坠入含高浓度硫化氢有毒气体的污水井内，沈某、张某发现后未采取有效防护措施盲目进入井内施救导致伤亡扩大，最终造成 3 人急性硫化氢中毒、昏迷溺水，经抢救无效死亡。

2. 间接原因

（1）相关企业安全生产主体责任不落实。

① 某潜水工程有限公司。未建立安全生产相关规章制度和安全生产责任制，未制定生产安全事故应急救援预案，未对从业人员进行安全教育培训，清淤疏通结束后未封闭井盖，井口未设置明显的警示标识，清淤疏通人员不具备基本的应急救援知识，在未做任何防护的情况下盲目施救，导致伤亡扩大。

② 青岛某公司。相关有限空间作业安全规章制度不完备，未对清淤疏通施工人员进行安全教育培训，专项施工方案及专项应急预案未报总包单位、监理单位审核，未针对有限空间作业进行专项应急救援演练。

③ 某工程公司。未对清淤疏通现场作业人员进行安全教育培训和安全技术交底，未对清淤施工作业人员资质、现场设备进行检查，隐患排查治理工作开展不彻底，未对此次污水管道清淤疏通存在的危险有害因素进行全面分析排查，制定的应急预案针对性不强，施工现场封闭管理不到位。

④ 青岛某工程公司。在工程未办理施工许可证的情况下，发布开工令开工建设，未对清淤施工作业人员资质、现场设备进行检查，未对清淤施工人员安全教育培训和技术交底情况进行监督检查，未严格审查专项施工方案，履行监理职责不到位。

（2）行业主管部门及交通大专班工作存在漏洞。

① 城阳区交通局。作为双元路拓宽工程建设单位，未及时办理施工许可证；督促总包和监理单位落实安全生产管理职责，开展安全风险评估和隐患排查治理工作不到位，未及时发现双元路拓宽工程污水管线清淤疏通施工中存在的问题，安全监管不到位。

② 城阳区住房和城乡建设局。作为城阳区建设工程及现状污水管线行业主管部门，未对双元路拓宽工程施工手续办理情况进行检查，未督促清淤疏通单位做好施工前的手续报备工作，未组织对现状污水管线清淤疏通现场进行监督检查，安全监管工作不到位。

③ 城阳区大交通体系建设专班。作为城阳区大交通建设项目的牵头组织临时机构，对双元路拓宽工程施工组织过程中统筹进度和安全工作方面存在不足。

事故防范和整改措施

（1）切实加强有限空间作业安全管理。各区、市政府要按照省政府安委会办公室

《关于加强有限空间作业安全管理的通知》(鲁安办发〔2020〕33 号),市安委会办公室《关于全面加强有限空间作业安全管理工作的通知》(青安办〔2020〕8 号)、《关于进一步加强有限空间作业安全管理工作的通知》等文件的要求,全面落实监管部门和企业安全生产责任,加大专项执法检查力度和频次,督促企业深入开展自查自纠,进一步强化外包队伍管理,加强现场管控措施,广泛开展警示教育培训,坚决防范和杜绝有限空间作业生产安全事故发生。

(2)严格落实安全生产主体责任。事故各相关单位要严格落实安全生产法律法规和标准规范,建立健全本单位安全生产责任制和安全生产各项规章制度,尤其是有限空间作业相关的许可审批、规章制度和操作规程,并采取有效措施确保各项安全生产规章制度落到实处。

(3)加强施工现场安全管理工作。某工程公司要严格按照本单位制定的《重大隐患排查、风险源管理制度》《安全生产风险管控办法》和《危险性较大工程施工许可制度》的要求,做好施工现场危险源辨识和审批许可工作;要加大施工现场安全隐患排查工作力度,同时要加强进出人员的登记管理,确保施工结束后任何人员不得随意进出施工现场;青岛益佳兴公司和江西蛙人公司要严格做好清淤施工人员的安全教育培训和技术交底工作,制定完善并符合实际情况的清淤作业施工方案及专项应急预案,提高员工应急施救能力,杜绝盲目施救行为的发生。

(4)强化安全监管责任落实。城阳区人民政府要进一步明确重点项目安全监管单位,严格按照"一岗双责""党政同责"的要求,落实安全监管责任。要加大对移交公路的安全监管工作,厘清安全监管职责,杜绝出现推诿扯皮现象。要加大巡查考核力度,对于因安全监管不力导致发生生产安全事故的,实行一票否决。

(5)加强日常安全监督检查工作。城阳区交通局、城阳区住房和城乡建设局及建设大交通体系专班要加强管辖范围内重点项目的安全监督检查工作,监督施工企业严格落实企业安全生产主体责任,加强危险源风险分级管控和日常隐患排查,做好从业人员安全教育培训,对于发现的隐患,要及时要求进行整改,并对整改情况进行跟进,形成闭环管理。

案例二十 　 其他伤害事故

事故案例

湖南省长沙市天心区某施工项目"11·20"一般其他伤害事故。

事故概况

2022 年 11 月 20 日 10 时许,湖南省长沙市天心区某地在建幼儿园项目施工现场发生了一起其他伤害事故,造成 1 人死亡,直接经济损失 200 万元(不含事故罚款)。

事故经过

2022 年 11 月 20 日 7 时 00 分左右,湖南某电梯工程有限公司员工李某和刘某(死者)进入某地在建幼儿园项目施工现场对已经安装完成的两台电梯进行调试,8 时 30 分许,湖南某电梯工程有限公司员工廖某进入现场帮助李某和刘某进行调试工作。10 时 00 许,刘某在型号为 UN-PN-1000/1.0,梯号为 L43 的客梯轿厢顶部将电梯主机调整、焊接(刘某未取得熔化焊接与热切割作业证)完毕。几分钟后,电梯主机发生脱落,砸中刘某的胸口。在场人员李某立即拨打了 120 急救电话,但刘某表示自己无大碍,休息一会儿就可以恢复,李某于是致电取消 120 急救,组织附近人员将刘某从电梯轿厢里抬出,就近安置休息。12 时许,刘某表示疼痛难耐,李某随即再次拨打 120 急救电话,十分钟后救护车到达现场,刘某在送医过程中不治身亡。

事故原因

1. 直接原因

湖南某电梯工程有限公司员工刘某未取得熔化焊接与热切割作业证从事电焊作业,未将电梯主机与承载结构焊接牢固致使主机脱落,致其本人因主机撞击胸部死亡,是导致本次事故发生的直接原因。

2. 间接原因

(1)湖南某电梯工程有限公司,其特种作业人员长期处于无证上岗状态但不及时消除该隐患,安全生产责任制落实不到位,安全生产教育培训不到位。

(2)湖南某投资有限公司,未对施工总包单位,电梯安装单位的安全生产工作统一协调、管理以及定期进行安全检查,未确保电梯安装单位的特种作业人员的操作证书符合行业相关要求。

(3)湖南某建筑工程有限公司,未能正确履行安全管理协议的职责,未对安装人员进行督促和检查人证相符情况。

（4）湖南某工程项目管理有限公司，未能正确履行工程监理合同的相关职责，未对湖南某电梯工程有限公司项目部组成人员的资质进行审核，未审核湖南某电梯工程有限公司的安全管理技术方案，对现场的监督检查工作不力。

事故防范和整改措施

（1）进一步树立安全生产意识，落实工作责任。事故所在街道要针对辖区安全风险大和不稳定因素多的实际情况，认真落实"党政同责、一岗双责"和"管行业必须管安全、管业务必须管安全、管生产经营必须管安全"的要求，不断强化安全责任意识，克服各种形式的麻痹思想和经验主义，通过层层传达压力、层层压实责任，筑牢安全生产防线，坚守安全底线，以最大的决心、最实的举措、最严的要求，遏制安全生产事故发生。

（2）进一步加大安全生产教育，严格操作规程。湖南某电梯工程有限公司要建立健全全员安全生产责任制，特种作业人员务必要持证上岗并加大安全培训频次，提高从业人员遵章守规的安全意识，提升安全技能，营造全员懂安全、会安全、能安全的浓厚氛围。

（3）进一步压实监管部门责任，杜绝类似事故。区住房和城乡建设局要严格落实"管行业必须管安全、管业务必须管安全、管生产经营必须管安全"的要求，进一步加强建设领域的打非治违工作，加大对无操作资格证上岗作业行为的打击力度。加强现场监督检查，对发现的问题和隐患，责令企业及时整改，重大隐患排除前或在排除过程中无法保证安全的，一律责令停工，并保证真停实停，坚决杜绝生产安全事故发生，切实保护人民群众的生命财产安全，确保全区安全生产形势整体平稳。

（4）进一步加强安全隐患排查，及时查漏补缺。事故所在街道、区住房和城乡建设局要针对此次事故所暴露出的问题，吸取教训、举一反三，有针对性地开展一次全面排查，尤其是重点时段、重点路线、重点环节、重要节点，务必做到全覆盖无死角，实现安全隐患全面管控、动态清零，确保不再发生生产安全事故。

附 录

附录一 《中华人民共和国刑法》（部分）

第一百三十一条 航空人员违反规章制度，致使发生重大飞行事故，造成严重后果的，处三年以下有期徒刑或者拘役；造成飞机坠毁或者人员死亡的，处三年以上七年以下有期徒刑。

第一百三十二条 铁路职工违反规章制度，致使发生铁路运营安全事故，造成严重后果的，处三年以下有期徒刑或者拘役；造成特别严重后果的，处三年以上七年以下有期徒刑。

第一百三十三条 违反交通运输管理法规，因而发生重大事故，致人重伤、死亡或者使公私财产遭受重大损失的，处三年以下有期徒刑或者拘役；交通运输肇事后逃逸或者有其他特别恶劣情节的，处三年以上七年以下有期徒刑；因逃逸致人死亡的，处七年以上有期徒刑。

第一百三十三条之一 在道路上驾驶机动车，有下列情形之一的，处拘役，并处罚金：

（一）追逐竞驶，情节恶劣的；

（二）醉酒驾驶机动车的；

（三）从事校车业务或者旅客运输，严重超过额定乘员载客，或者严重超过规定时速行驶的；

（四）违反危险化学品安全管理规定运输危险化学品，危及公共安全的。

机动车所有人、管理人对前款第三项、第四项行为负有直接责任的，依照前款的规定处罚。

有前两款行为，同时构成其他犯罪的，依照处罚较重的规定定罪处罚。

第一百三十三条之二 对行驶中的公共交通工具的驾驶人员使用暴力或者抢控驾驶操纵装置，干扰公共交通工具正常行驶，危及公共安全的，处一年以下有期徒刑、拘役或者管制，并处或者单处罚金。

前款规定的驾驶人员在行驶的公共交通工具上擅离职守，与他人互殴或者殴打他人，危及公共安全的，依照前款的规定处罚。

有前两款行为，同时构成其他犯罪的，依照处罚较重的规定定罪处罚。

第一百三十四条 在生产、作业中违反有关安全管理的规定，因而发生重大伤亡事故或者造成其他严重后果的，处三年以下有期徒刑或者拘役；情节特别恶劣的，处三年以上七年以下有期徒刑。

强令他人违章冒险作业，或者明知存在重大事故隐患而不排除，仍冒险组织作业，因而发生重大伤亡事故或者造成其他严重后果的，处五年以下有期徒刑或者拘役；情节特别恶劣的，处五年以上有期徒刑。

第一百三十四条之一　在生产、作业中违反有关安全管理的规定，有下列情形之一，具有发生重大伤亡事故或者其他严重后果的现实危险的，处一年以下有期徒刑、拘役或者管制：

（一）关闭、破坏直接关系生产安全的监控、报警、防护、救生设备、设施，或者篡改、隐瞒、销毁其相关数据、信息的；

（二）因存在重大事故隐患被依法责令停产停业、停止施工、停止使用有关设备、设施、场所或者立即采取排除危险的整改措施，而拒不执行的；

（三）涉及安全生产的事项未经依法批准或者许可，擅自从事矿山开采、金属冶炼、建筑施工，以及危险物品生产、经营、储存等高度危险的生产作业活动的。

第一百三十五条　安全生产设施或者安全生产条件不符合国家规定，因而发生重大伤亡事故或者造成其他严重后果的，对直接负责的主管人员和其他直接责任人员，处三年以下有期徒刑或者拘役；情节特别恶劣的，处三年以上七年以下有期徒刑。

第一百三十五条之一　举办大型群众性活动违反安全管理规定，因而发生重大伤亡事故或者造成其他严重后果的，对直接负责的主管人员和其他直接责任人员，处三年以下有期徒刑或者拘役；情节特别恶劣的，处三年以上七年以下有期徒刑。

第一百三十六条　违反爆炸性、易燃性、放射性、毒害性、腐蚀性物品的管理规定，在生产、储存、运输、使用中发生重大事故，造成严重后果的，处三年以下有期徒刑或者拘役；后果特别严重的，处三年以上七年以下有期徒刑。

第一百三十七条　建设单位、设计单位、施工单位、工程监理单位违反国家规定，降低工程质量标准，造成重大安全事故的，对直接责任人员，处五年以下有期徒刑或者拘役，并处罚金；后果特别严重的，处五年以上十年以下有期徒刑，并处罚金。

第一百三十八条　明知校舍或者教育教学设施有危险，而不采取措施或者不及时报告，致使发生重大伤亡事故的，对直接责任人员，处三年以下有期徒刑或者拘役；后果特别严重的，处三年以上七年以下有期徒刑。

第一百三十九条　违反消防管理法规，经消防监督机构通知采取改正措施而拒绝执行，造成严重后果的，对直接责任人员，处三年以下有期徒刑或者拘役；后果特别严重的，处三年以上七年以下有期徒刑。

第一百三十九条之一　在安全事故发生后，负有报告职责的人员不报或者谎报事故情况，贻误事故抢救，情节严重的，处三年以下有期徒刑或者拘役；情节特别严重的，处三年以上七年以下有期徒刑。

附录二 《生产安全事故报告和调查处理条例》

第一章 总 则

第一条 为了规范生产安全事故的报告和调查处理，落实生产安全事故责任追究制度，防止和减少生产安全事故，根据《中华人民共和国安全生产法》和有关法律，制定本条例。

第二条 生产经营活动中发生的造成人身伤亡或者直接经济损失的生产安全事故的报告和调查处理，适用本条例；环境污染事故、核设施事故、国防科研生产事故的报告和调查处理不适用本条例。

第三条 根据生产安全事故（以下简称事故）造成的人员伤亡或者直接经济损失，事故一般分为以下等级：

（一）特别重大事故，是指造成 30 人以上死亡，或者 100 人以上重伤（包括急性工业中毒，下同），或者 1 亿元以上直接经济损失的事故；

（二）重大事故，是指造成 10 人以上 30 人以下死亡，或者 50 人以上 100 人以下重伤，或者 5000 万元以上 1 亿元以下直接经济损失的事故；

（三）较大事故，是指造成 3 人以上 10 人以下死亡，或者 10 人以上 50 人以下重伤，或者 1000 万元以上 5000 万元以下直接经济损失的事故；

（四）一般事故，是指造成 3 人以下死亡，或者 10 人以下重伤，或者 1000 万元以下直接经济损失的事故。

国务院安全生产监督管理部门可以会同国务院有关部门，制定事故等级划分的补充性规定。

本条第一款所称的"以上"包括本数，所称的"以下"不包括本数。

第四条 事故报告应当及时、准确、完整，任何单位和个人对事故不得迟报、漏报、谎报或者瞒报。

事故调查处理应当坚持实事求是、尊重科学的原则，及时、准确地查清事故经过、事故原因和事故损失，查明事故性质，认定事故责任，总结事故教训，提出整改措施，并对事故责任者依法追究责任。

第五条 县级以上人民政府应当依照本条例的规定，严格履行职责，及时、准确地完成事故调查处理工作。

事故发生地有关地方人民政府应当支持、配合上级人民政府或者有关部门的事故调查处理工作，并提供必要的便利条件。

参加事故调查处理的部门和单位应当互相配合，提高事故调查处理工作的效率。

第六条 工会依法参加事故调查处理，有权向有关部门提出处理意见。

第七条 任何单位和个人不得阻挠和干涉对事故的报告和依法调查处理。

第八条 对事故报告和调查处理中的违法行为，任何单位和个人有权向安全生产监督管理部门、监察机关或者其他有关部门举报，接到举报的部门应当依法及时处理。

第二章　事故报告

第九条　事故发生后，事故现场有关人员应当立即向本单位负责人报告；单位负责人接到报告后，应当于1小时内向事故发生地县级以上人民政府安全生产监督管理部门和负有安全生产监督管理职责的有关部门报告。

情况紧急时，事故现场有关人员可以直接向事故发生地县级以上人民政府安全生产监督管理部门和负有安全生产监督管理职责的有关部门报告。

第十条　安全生产监督管理部门和负有安全生产监督管理职责的有关部门接到事故报告后，应当依照下列规定上报事故情况，并通知公安机关、劳动保障行政部门、工会和人民检察院：

（一）特别重大事故、重大事故逐级上报至国务院安全生产监督管理部门和负有安全生产监督管理职责的有关部门；

（二）较大事故逐级上报至省、自治区、直辖市人民政府安全生产监督管理部门和负有安全生产监督管理职责的有关部门；

（三）一般事故上报至设区的市级人民政府安全生产监督管理部门和负有安全生产监督管理职责的有关部门。

安全生产监督管理部门和负有安全生产监督管理职责的有关部门依照前款规定上报事故情况，应当同时报告本级人民政府。国务院安全生产监督管理部门和负有安全生产监督管理职责的有关部门以及省级人民政府接到发生特别重大事故、重大事故的报告后，应当立即报告国务院。

必要时，安全生产监督管理部门和负有安全生产监督管理职责的有关部门可以越级上报事故情况。

第十一条　安全生产监督管理部门和负有安全生产监督管理职责的有关部门逐级上报事故情况，每级上报的时间不得超过2小时。

第十二条　报告事故应当包括下列内容：

（一）事故发生单位概况；

（二）事故发生的时间、地点以及事故现场情况；

（三）事故的简要经过；

（四）事故已经造成或者可能造成的伤亡人数（包括下落不明的人数）和初步估计的直接经济损失；

（五）已经采取的措施；

（六）其他应当报告的情况。

第十三条　事故报告后出现新情况的，应当及时补报。

自事故发生之日起30日内，事故造成的伤亡人数发生变化的，应当及时补报。道路交通事故、火灾事故自发生之日起7日内，事故造成的伤亡人数发生变化的，应当及时补报。

第十四条　事故发生单位负责人接到事故报告后，应当立即启动事故相应应急预案，或者采取有效措施，组织抢救，防止事故扩大，减少人员伤亡和财产损失。

第十五条　事故发生地有关地方人民政府、安全生产监督管理部门和负有安全生产监督管理职责的有关部门接到事故报告后，其负责人应当立即赶赴事故现场，组织事故救援。

第十六条　事故发生后，有关单位和人员应当妥善保护事故现场以及相关证据，任何单位和个人不得破坏事故现场、毁灭相关证据。

因抢救人员、防止事故扩大以及疏通交通等原因，需要移动事故现场物件的，应当做出标志，绘制现场简图并做出书面记录，妥善保存现场重要痕迹、物证。

第十七条　事故发生地公安机关根据事故的情况，对涉嫌犯罪的，应当依法立案侦查，采取强制措施和侦查措施。犯罪嫌疑人逃匿的，公安机关应当迅速追捕归案。

第十八条　安全生产监督管理部门和负有安全生产监督管理职责的有关部门应当建立值班制度，并向社会公布值班电话，受理事故报告和举报。

第三章　事故调查

第十九条　特别重大事故由国务院或者国务院授权有关部门组织事故调查组进行调查。

重大事故、较大事故、一般事故分别由事故发生地省级人民政府、设区的市级人民政府、县级人民政府负责调查。省级人民政府、设区的市级人民政府、县级人民政府可以直接组织事故调查组进行调查，也可以授权或者委托有关部门组织事故调查组进行调查。

未造成人员伤亡的一般事故，县级人民政府也可以委托事故发生单位组织事故调查组进行调查。

第二十条　上级人民政府认为必要时，可以调查由下级人民政府负责调查的事故。

自事故发生之日起 30 日内（道路交通事故、火灾事故自发生之日起 7 日内），因事故伤亡人数变化导致事故等级发生变化，依照本条例规定应当由上级人民政府负责调查的，上级人民政府可以另行组织事故调查组进行调查。

第二十一条　特别重大事故以下等级事故，事故发生地与事故发生单位不在同一个县级以上行政区域的，由事故发生地人民政府负责调查，事故发生单位所在地人民政府应当派人参加。

第二十二条　事故调查组的组成应当遵循精简、效能的原则。

根据事故的具体情况，事故调查组由有关人民政府、安全生产监督管理部门、负有安全生产监督管理职责的有关部门、监察机关、公安机关以及工会派人组成，并应当邀请人民检察院派人参加。

事故调查组可以聘请有关专家参与调查。

第二十三条　事故调查组成员应当具有事故调查所需要的知识和专长，并与所调查的事故没有直接利害关系。

第二十四条　事故调查组组长由负责事故调查的人民政府指定。事故调查组组长主持事故调查组的工作。

第二十五条 事故调查组履行下列职责：

（一）查明事故发生的经过、原因、人员伤亡情况及直接经济损失；

（二）认定事故的性质和事故责任；

（三）提出对事故责任者的处理建议；

（四）总结事故教训，提出防范和整改措施；

（五）提交事故调查报告。

第二十六条 事故调查组有权向有关单位和个人了解与事故有关的情况，并要求其提供相关文件、资料，有关单位和个人不得拒绝。

事故发生单位的负责人和有关人员在事故调查期间不得擅离职守，并应当随时接受事故调查组的询问，如实提供有关情况。

事故调查中发现涉嫌犯罪的，事故调查组应当及时将有关材料或者其复印件移交司法机关处理。

第二十七条 事故调查中需要进行技术鉴定的，事故调查组应当委托具有国家规定资质的单位进行技术鉴定。必要时，事故调查组可以直接组织专家进行技术鉴定。技术鉴定所需时间不计入事故调查期限。

第二十八条 事故调查组成员在事故调查工作中应当诚信公正、恪尽职守，遵守事故调查组的纪律，保守事故调查的秘密。

未经事故调查组组长允许，事故调查组成员不得擅自发布有关事故的信息。

第二十九条 事故调查组应当自事故发生之日起60日内提交事故调查报告；特殊情况下，经负责事故调查的人民政府批准，提交事故调查报告的期限可以适当延长，但延长的期限最长不超过60日。

第三十条 事故调查报告应当包括下列内容：

（一）事故发生单位概况；

（二）事故发生经过和事故救援情况；

（三）事故造成的人员伤亡和直接经济损失；

（四）事故发生的原因和事故性质；

（五）事故责任的认定以及对事故责任者的处理建议；

（六）事故防范和整改措施。

事故调查报告应当附具有关证据材料。事故调查组成员应当在事故调查报告上签名。

第三十一条 事故调查报告报送负责事故调查的人民政府后，事故调查工作即告结束。事故调查的有关资料应当归档保存。

第四章　事故处理

第三十二条 重大事故、较大事故、一般事故，负责事故调查的人民政府应当自收到事故调查报告之日起15日内做出批复；特别重大事故，30日内做出批复，特殊情况下，批复时间可以适当延长，但延长的时间最长不超过30日。

有关机关应当按照人民政府的批复，依照法律、行政法规规定的权限和程序，对事故发生单位和有关人员进行行政处罚，对负有事故责任的国家工作人员进行处分。

事故发生单位应当按照负责事故调查的人民政府的批复，对本单位负有事故责任的人员进行处理。

负有事故责任的人员涉嫌犯罪的，依法追究刑事责任。

第三十三条　事故发生单位应当认真吸取事故教训，落实防范和整改措施，防止事故再次发生。防范和整改措施的落实情况应当接受工会和职工的监督。

安全生产监督管理部门和负有安全生产监督管理职责的有关部门应当对事故发生单位落实防范和整改措施的情况进行监督检查。

第三十四条　事故处理的情况由负责事故调查的人民政府或者其授权的有关部门、机构向社会公布，依法应当保密的除外。

第五章　法律责任

第三十五条　事故发生单位主要负责人有下列行为之一的，处上一年年收入 40% 至 80% 的罚款；属于国家工作人员的，并依法给予处分；构成犯罪的，依法追究刑事责任：

（一）不立即组织事故抢救的；

（二）迟报或者漏报事故的；

（三）在事故调查处理期间擅离职守的。

第三十六条　事故发生单位及其有关人员有下列行为之一的，对事故发生单位处 100 万元以上 500 万元以下的罚款；对主要负责人、直接负责的主管人员和其他直接责任人员处上一年年收入 60% 至 100% 的罚款；属于国家工作人员的，并依法给予处分；构成违反治安管理行为的，由公安机关依法给予治安管理处罚；构成犯罪的，依法追究刑事责任：

（一）谎报或者瞒报事故的；

（二）伪造或者故意破坏事故现场的；

（三）转移、隐匿资金、财产，或者销毁有关证据、资料的；

（四）拒绝接受调查或者拒绝提供有关情况和资料的；

（五）在事故调查中作伪证或者指使他人作伪证的；

（六）事故发生后逃匿的。

第三十七条　事故发生单位对事故发生负有责任的，依照下列规定处以罚款：

（一）发生一般事故的，处 10 万元以上 20 万元以下的罚款；

（二）发生较大事故的，处 20 万元以上 50 万元以下的罚款；

（三）发生重大事故的，处 50 万元以上 200 万元以下的罚款；

（四）发生特别重大事故的，处 200 万元以上 500 万元以下的罚款。

第三十八条　事故发生单位主要负责人未依法履行安全生产管理职责，导致事故发生的，依照下列规定处以罚款；属于国家工作人员的，并依法给予处分；构成犯罪的，依法追究刑事责任：

（一）发生一般事故的，处上一年年收入 30%的罚款；

（二）发生较大事故的，处上一年年收入 40%的罚款；

（三）发生重大事故的，处上一年年收入 60%的罚款；

（四）发生特别重大事故的，处上一年年收入 80%的罚款。

第三十九条　有关地方人民政府、安全生产监督管理部门和负有安全生产监督管理职责的有关部门有下列行为之一的，对直接负责的主管人员和其他直接责任人员依法给予处分；构成犯罪的，依法追究刑事责任：

（一）不立即组织事故抢救的；

（二）迟报、漏报、谎报或者瞒报事故的；

（三）阻碍、干涉事故调查工作的；

（四）在事故调查中作伪证或者指使他人作伪证的。

第四十条　事故发生单位对事故发生负有责任的，由有关部门依法暂扣或者吊销其有关证照；对事故发生单位负有事故责任的有关人员，依法暂停或者撤销其与安全生产有关的执业资格、岗位证书；事故发生单位主要负责人受到刑事处罚或者撤职处分的，自刑罚执行完毕或者受处分之日起，5 年内不得担任任何生产经营单位的主要负责人。

为发生事故的单位提供虚假证明的中介机构，由有关部门依法暂扣或者吊销其有关证照及其相关人员的执业资格；构成犯罪的，依法追究刑事责任。

第四十一条　参与事故调查的人员在事故调查中有下列行为之一的，依法给予处分；构成犯罪的，依法追究刑事责任：

（一）对事故调查工作不负责任，致使事故调查工作有重大疏漏的；

（二）包庇、祖护负有事故责任的人员或者借机打击报复的。

第四十二条　违反本条例规定，有关地方人民政府或者有关部门故意拖延或者拒绝落实经批复的对事故责任人的处理意见的，由监察机关对有关责任人员依法给予处分。

第四十三条　本条例规定的罚款的行政处罚，由安全生产监督管理部门决定。

法律、行政法规对行政处罚的种类、幅度和决定机关另有规定的，依照其规定。

第六章　附　则

第四十四条　没有造成人员伤亡，但是社会影响恶劣的事故，国务院或者有关地方人民政府认为需要调查处理的，依照本条例的有关规定执行。

国家机关、事业单位、人民团体发生的事故的报告和调查处理，参照本条例的规定执行。

第四十五条　特别重大事故以下等级事故的报告和调查处理，有关法律、行政法规或者国务院另有规定的，依照其规定。

第四十六条　本条例自 2007 年 6 月 1 日起施行。国务院 1989 年 3 月 29 日公布的《特别重大事故调查程序暂行规定》和 1992 年 2 月 22 日公布的《企业职工伤亡事故报告和处理规定》同时废止。

附录三　《生产安全事故应急条例》

第一章　总　则

第一条　为了规范生产安全事故应急工作，保障人民群众生命和财产安全，根据《中华人民共和国安全生产法》和《中华人民共和国突发事件应对法》，制定本条例。

第二条　本条例适用于生产安全事故应急工作；法律、行政法规另有规定的，适用其规定。

第三条　国务院统一领导全国的生产安全事故应急工作，县级以上地方人民政府统一领导本行政区域内的生产安全事故应急工作。生产安全事故应急工作涉及两个以上行政区域的，由有关行政区域共同的上一级人民政府负责，或者由各有关行政区域的上一级人民政府共同负责。

县级以上人民政府应急管理部门和其他对有关行业、领域的安全生产工作实施监督管理的部门（以下统称负有安全生产监督管理职责的部门）在各自职责范围内，做好有关行业、领域的生产安全事故应急工作。

县级以上人民政府应急管理部门指导、协调本级人民政府其他负有安全生产监督管理职责的部门和下级人民政府的生产安全事故应急工作。

乡、镇人民政府以及街道办事处等地方人民政府派出机关应当协助上级人民政府有关部门依法履行生产安全事故应急工作职责。

第四条　生产经营单位应当加强生产安全事故应急工作，建立、健全生产安全事故应急工作责任制，其主要负责人对本单位的生产安全事故应急工作全面负责。

第二章　应急准备

第五条　县级以上人民政府及其负有安全生产监督管理职责的部门和乡、镇人民政府以及街道办事处等地方人民政府派出机关，应当针对可能发生的生产安全事故的特点和危害，进行风险辨识和评估，制定相应的生产安全事故应急救援预案，并依法向社会公布。

生产经营单位应当针对本单位可能发生的生产安全事故的特点和危害，进行风险辨识和评估，制定相应的生产安全事故应急救援预案，并向本单位从业人员公布。

第六条　生产安全事故应急救援预案应当符合有关法律、法规、规章和标准的规定，具有科学性、针对性和可操作性，明确规定应急组织体系、职责分工以及应急救援程序和措施。

有下列情形之一的,生产安全事故应急救援预案制定单位应当及时修订相关预案：

（一）制定预案所依据的法律、法规、规章、标准发生重大变化；

（二）应急指挥机构及其职责发生调整；

（三）安全生产面临的风险发生重大变化；

（四）重要应急资源发生重大变化；

（五）在预案演练或者应急救援中发现需要修订预案的重大问题；

（六）其他应当修订的情形。

第七条　县级以上人民政府负有安全生产监督管理职责的部门应当将其制定的生产安全事故应急救援预案报送本级人民政府备案；易燃易爆物品、危险化学品等危险物品的生产、经营、储存、运输单位，矿山、金属冶炼、城市轨道交通运营、建筑施工单位，以及宾馆、商场、娱乐场所、旅游景区等人员密集场所经营单位，应当将其制定的生产安全事故应急救援预案按照国家有关规定报送县级以上人民政府负有安全生产监督管理职责的部门备案，并依法向社会公布。

第八条　县级以上地方人民政府以及县级以上人民政府负有安全生产监督管理职责的部门，乡、镇人民政府以及街道办事处等地方人民政府派出机关，应当至少每 2 年组织 1 次生产安全事故应急救援预案演练。

易燃易爆物品、危险化学品等危险物品的生产、经营、储存、运输单位，矿山、金属冶炼、城市轨道交通运营、建筑施工单位，以及宾馆、商场、娱乐场所、旅游景区等人员密集场所经营单位，应当至少每半年组织 1 次生产安全事故应急救援预案演练，并将演练情况报送所在地县级以上地方人民政府负有安全生产监督管理职责的部门。

县级以上地方人民政府负有安全生产监督管理职责的部门应当对本行政区域内前款规定的重点生产经营单位的生产安全事故应急救援预案演练进行抽查；发现演练不符合要求的，应当责令限期改正。

第九条　县级以上人民政府应当加强对生产安全事故应急救援队伍建设的统一规划、组织和指导。

县级以上人民政府负有安全生产监督管理职责的部门根据生产安全事故应急工作的实际需要，在重点行业、领域单独建立或者依托有条件的生产经营单位、社会组织共同建立应急救援队伍。

国家鼓励和支持生产经营单位和其他社会力量建立提供社会化应急救援服务的应急救援队伍。

第十条　易燃易爆物品、危险化学品等危险物品的生产、经营、储存、运输单位，矿山、金属冶炼、城市轨道交通运营、建筑施工单位，以及宾馆、商场、娱乐场所、旅游景区等人员密集场所经营单位，应当建立应急救援队伍；其中，小型企业或者微型企业等规模较小的生产经营单位，可以不建立应急救援队伍，但应当指定兼职的应急救援人员，并且可以与邻近的应急救援队伍签订应急救援协议。

工业园区、开发区等产业聚集区域内的生产经营单位，可以联合建立应急救援队伍。

第十一条　应急救援队伍的应急救援人员应当具备必要的专业知识、技能、身体素质和心理素质。

应急救援队伍建立单位或者兼职应急救援人员所在单位应当按照国家有关规定对应急救援人员进行培训；应急救援人员经培训合格后，方可参加应急救援工作。

应急救援队伍应当配备必要的应急救援装备和物资，并定期组织训练。

第十二条　生产经营单位应当及时将本单位应急救援队伍建立情况按照国家有关规定报送县级以上人民政府负有安全生产监督管理职责的部门，并依法向社会公布。

县级以上人民政府负有安全生产监督管理职责的部门应当定期将本行业、本领域的应急救援队伍建立情况报送本级人民政府，并依法向社会公布。

第十三条　县级以上地方人民政府应当根据本行政区域内可能发生的生产安全事故的特点和危害，储备必要的应急救援装备和物资，并及时更新和补充。

易燃易爆物品、危险化学品等危险物品的生产、经营、储存、运输单位，矿山、金属冶炼、城市轨道交通运营、建筑施工单位，以及宾馆、商场、娱乐场所、旅游景区等人员密集场所经营单位，应当根据本单位可能发生的生产安全事故的特点和危害，配备必要的灭火、排水、通风以及危险物品稀释、掩埋、收集等应急救援器材、设备和物资，并进行经常性维护、保养，保证正常运转。

第十四条　下列单位应当建立应急值班制度，配备应急值班人员：

（一）县级以上人民政府及其负有安全生产监督管理职责的部门；

（二）危险物品的生产、经营、储存、运输单位以及矿山、金属冶炼、城市轨道交通运营、建筑施工单位；

（三）应急救援队伍。

规模较大、危险性较高的易燃易爆物品、危险化学品等危险物品的生产、经营、储存、运输单位应当成立应急处置技术组，实行 24 小时应急值班。

第十五条　生产经营单位应当对从业人员进行应急教育和培训，保证从业人员具备必要的应急知识，掌握风险防范技能和事故应急措施。

第十六条　国务院负有安全生产监督管理职责的部门应当按照国家有关规定建立生产安全事故应急救援信息系统，并采取有效措施，实现数据互联互通、信息共享。

生产经营单位可以通过生产安全事故应急救援信息系统办理生产安全事故应急救援预案备案手续，报送应急救援预案演练情况和应急救援队伍建设情况；但依法需要保密的除外。

第三章　应急救援

第十七条　发生生产安全事故后，生产经营单位应当立即启动生产安全事故应急救援预案，采取下列一项或者多项应急救援措施，并按照国家有关规定报告事故情况：

（一）迅速控制危险源，组织抢救遇险人员；

（二）根据事故危害程度，组织现场人员撤离或者采取可能的应急措施后撤离；

（三）及时通知可能受到事故影响的单位和人员；

（四）采取必要措施，防止事故危害扩大和次生、衍生灾害发生；

（五）根据需要请求邻近的应急救援队伍参加救援，并向参加救援的应急救援队伍提供相关技术资料、信息和处置方法；

（六）维护事故现场秩序，保护事故现场和相关证据；

（七）法律、法规规定的其他应急救援措施。

第十八条　有关地方人民政府及其部门接到生产安全事故报告后，应当按照国家有关规定上报事故情况，启动相应的生产安全事故应急救援预案，并按照应急救援预案的规定采取下列一项或者多项应急救援措施：

（一）组织抢救遇险人员，救治受伤人员，研判事故发展趋势以及可能造成的危害；

（二）通知可能受到事故影响的单位和人员，隔离事故现场，划定警戒区域，疏散受到威胁的人员，实施交通管制；

（三）采取必要措施，防止事故危害扩大和次生、衍生灾害发生，避免或者减少事故对环境造成的危害；

（四）依法发布调用和征用应急资源的决定；

（五）依法向应急救援队伍下达救援命令；

（六）维护事故现场秩序，组织安抚遇险人员和遇险遇难人员亲属；

（七）依法发布有关事故情况和应急救援工作的信息；

（八）法律、法规规定的其他应急救援措施。

有关地方人民政府不能有效控制生产安全事故的，应当及时向上级人民政府报告。上级人民政府应当及时采取措施，统一指挥应急救援。

第十九条　应急救援队伍接到有关人民政府及其部门的救援命令或者签有应急救援协议的生产经营单位的救援请求后，应当立即参加生产安全事故应急救援。

应急救援队伍根据救援命令参加生产安全事故应急救援所耗费用，由事故责任单位承担；事故责任单位无力承担的，由有关人民政府协调解决。

第二十条　发生生产安全事故后，有关人民政府认为有必要的，可以设立由本级人民政府及其有关部门负责人、应急救援专家、应急救援队伍负责人、事故发生单位负责人等人员组成的应急救援现场指挥部，并指定现场指挥部总指挥。

第二十一条　现场指挥部实行总指挥负责制，按照本级人民政府的授权组织制定并实施生产安全事故现场应急救援方案，协调、指挥有关单位和个人参加现场应急救援。

参加生产安全事故现场应急救援的单位和个人应当服从现场指挥部的统一指挥。

第二十二条　在生产安全事故应急救援过程中，发现可能直接危及应急救援人员生命安全的紧急情况时，现场指挥部或者统一指挥应急救援的人民政府应当立即采取相应措施消除隐患，降低或者化解风险，必要时可以暂时撤离应急救援人员。

第二十三条　生产安全事故发生地人民政府应当为应急救援人员提供必需的后勤保障，并组织通信、交通运输、医疗卫生、气象、水文、地质、电力、供水等单位协助应急救援。

第二十四条　现场指挥部或者统一指挥生产安全事故应急救援的人民政府及其有关部门应当完整、准确地记录应急救援的重要事项，妥善保存相关原始资料和证据。

第二十五条　生产安全事故的威胁和危害得到控制或者消除后，有关人民政府应当决定停止执行依照本条例和有关法律、法规采取的全部或者部分应急救援措施。

第二十六条　有关人民政府及其部门根据生产安全事故应急救援需要依法调用和征用的财产，在使用完毕或者应急救援结束后，应当及时归还。财产被调用、征用或者调用、征用后毁损、灭失的，有关人民政府及其部门应当按照国家有关规定给予补偿。

第二十七条　按照国家有关规定成立的生产安全事故调查组应当对应急救援工作进行评估，并在事故调查报告中作出评估结论。

第二十八条　县级以上地方人民政府应当按照国家有关规定，对在生产安全事故应急救援中伤亡的人员及时给予救治和抚恤；符合烈士评定条件的，按照国家有关规定评定为烈士。

第四章　法律责任

第二十九条　地方各级人民政府和街道办事处等地方人民政府派出机关以及县级以上人民政府有关部门违反本条例规定的，由其上级行政机关责令改正；情节严重的，对直接负责的主管人员和其他直接责任人员依法给予处分。

第三十条　生产经营单位未制定生产安全事故应急救援预案、未定期组织应急救援预案演练、未对从业人员进行应急教育和培训，生产经营单位的主要负责人在本单位发生生产安全事故时不立即组织抢救的，由县级以上人民政府负有安全生产监督管理职责的部门依照《中华人民共和国安全生产法》有关规定追究法律责任。

第三十一条　生产经营单位未对应急救援器材、设备和物资进行经常性维护、保养，导致发生严重生产安全事故或者生产安全事故危害扩大，或者在本单位发生生产安全事故后未立即采取相应的应急救援措施，造成严重后果的，由县级以上人民政府负有安全生产监督管理职责的部门依照《中华人民共和国突发事件应对法》有关规定追究法律责任。

第三十二条　生产经营单位未将生产安全事故应急救援预案报送备案、未建立应急值班制度或者配备应急值班人员的，由县级以上人民政府负有安全生产监督管理职责的部门责令限期改正；逾期未改正的，处3万元以上5万元以下的罚款，对直接负责的主管人员和其他直接责任人员处1万元以上2万元以下的罚款。

第三十三条　违反本条例规定，构成违反治安管理行为的，由公安机关依法给予处罚；构成犯罪的，依法追究刑事责任。

第五章　附　则

第三十四条　储存、使用易燃易爆物品、危险化学品等危险物品的科研机构、学校、医院等单位的安全事故应急工作，参照本条例有关规定执行。

第三十五条　本条例自2019年4月1日起施行。

附录四 《生产安全事故罚款处罚规定》

第一条 为防止和减少生产安全事故，严格追究生产安全事故发生单位及其有关责任人员的法律责任，正确适用事故罚款的行政处罚，依照《中华人民共和国行政处罚法》《中华人民共和国安全生产法》《生产安全事故报告和调查处理条例》等规定，制定本规定。

第二条 应急管理部门和矿山安全监察机构对生产安全事故发生单位（以下简称事故发生单位）及其主要负责人、其他负责人、安全生产管理人员以及直接负责的主管人员、其他直接责任人员等有关责任人员依照《中华人民共和国安全生产法》和《生产安全事故报告和调查处理条例》实施罚款的行政处罚，适用本规定。

第三条 本规定所称事故发生单位是指对事故发生负有责任的生产经营单位。

本规定所称主要负责人是指有限责任公司、股份有限公司的董事长、总经理或者个人经营的投资人，其他生产经营单位的厂长、经理、矿长（含实际控制人）等人员。

第四条 本规定所称事故发生单位主要负责人、其他负责人、安全生产管理人员以及直接负责的主管人员、其他直接责任人员的上一年年收入，属于国有生产经营单位的，是指该单位上级主管部门所确定的上一年年收入总额；属于非国有生产经营单位的，是指经财务、税务部门核定的上一年年收入总额。

生产经营单位提供虚假资料或者由于财务、税务部门无法核定等原因致使有关人员的上一年年收入难以确定的，按照下列办法确定：

（一）主要负责人的上一年年收入，按照本省、自治区、直辖市上一年度城镇单位就业人员平均工资的5倍以上10倍以下计算；

（二）其他负责人、安全生产管理人员以及直接负责的主管人员、其他直接责任人员的上一年年收入，按照本省、自治区、直辖市上一年度城镇单位就业人员平均工资的1倍以上5倍以下计算。

第五条 《生产安全事故报告和调查处理条例》所称的迟报、漏报、谎报和瞒报，依照下列情形认定：

（一）报告事故的时间超过规定时限的，属于迟报；

（二）因过失对应当上报的事故或者事故发生的时间、地点、类别、伤亡人数、直接经济损失等内容遗漏未报的，属于漏报；

（三）故意不如实报告事故发生的时间、地点、初步原因、性质、伤亡人数和涉险人数、直接经济损失等有关内容的，属于谎报；

（四）隐瞒已经发生的事故，超过规定时限未向应急管理部门、矿山安全监察机构和有关部门报告，经查证属实的，属于瞒报。

第六条 对事故发生单位及其有关责任人员处以罚款的行政处罚，依照下列规定决定：

（一）对发生特别重大事故的单位及其有关责任人员罚款的行政处罚，由应急管理部决定；

（二）对发生重大事故的单位及其有关责任人员罚款的行政处罚，由省级人民政府应急管理部门决定；

（三）对发生较大事故的单位及其有关责任人员罚款的行政处罚，由设区的市级人民政府应急管理部门决定；

（四）对发生一般事故的单位及其有关责任人员罚款的行政处罚，由县级人民政府应急管理部门决定。

上级应急管理部门可以指定下一级应急管理部门对事故发生单位及其有关责任人员实施行政处罚。

第七条　对煤矿事故发生单位及其有关责任人员处以罚款的行政处罚，依照下列规定执行：

（一）对发生特别重大事故的煤矿及其有关责任人员罚款的行政处罚，由国家矿山安全监察局决定；

（二）对发生重大事故、较大事故和一般事故的煤矿及其有关责任人员罚款的行政处罚，由国家矿山安全监察局省级局决定。

上级矿山安全监察机构可以指定下一级矿山安全监察机构对事故发生单位及其有关责任人员实施行政处罚。

第八条　特别重大事故以下等级事故，事故发生地与事故发生单位所在地不在同一个县级以上行政区域的，由事故发生地的应急管理部门或者矿山安全监察机构依照本规定第六条或者第七条规定的权限实施行政处罚。

第九条　应急管理部门和矿山安全监察机构对事故发生单位及其有关责任人员实施罚款的行政处罚，依照《中华人民共和国行政处罚法》《安全生产违法行为行政处罚办法》等规定的程序执行。

第十条　应急管理部门和矿山安全监察机构在作出行政处罚前，应当告知当事人依法享有的陈述、申辩、要求听证等权利；当事人对行政处罚不服的，有权依法申请行政复议或者提起行政诉讼。

第十一条　事故发生单位主要负责人有《中华人民共和国安全生产法》第一百一十条、《生产安全事故报告和调查处理条例》第三十五条、第三十六条规定的下列行为之一的，依照下列规定处以罚款：

（一）事故发生单位主要负责人在事故发生后不立即组织事故抢救，或者在事故调查处理期间擅离职守，或者瞒报、谎报、迟报事故，或者事故发生后逃匿的，处上一年年收入 60%至 80%的罚款；贻误事故抢救或者造成事故扩大或者影响事故调查或者造成重大社会影响的，处上一年年收入 80%至 100%的罚款；

（二）事故发生单位主要负责人漏报事故的，处上一年年收入 40%至 60%的罚款；贻误事故抢救或者造成事故扩大或者影响事故调查或者造成重大社会影响的，处上一年年收入 60%至 80%的罚款；

（三）事故发生单位主要负责人伪造、故意破坏事故现场，或者转移、隐匿资金、财产、销毁有关证据、资料，或者拒绝接受调查，或者拒绝提供有关情况和资料，或者在事故调查中作伪证，或者指使他人作伪证的，处上一年年收入 60% 至 80% 的罚款；贻误事故抢救或者造成事故扩大或者影响事故调查或者造成重大社会影响的，处上一年年收入 80% 至 100% 的罚款。

第十二条　事故发生单位直接负责的主管人员和其他直接责任人员有《生产安全事故报告和调查处理条例》第三十六条规定的行为之一的，处上一年年收入 60% 至 80% 的罚款；贻误事故抢救或者造成事故扩大或者影响事故调查或者造成重大社会影响的，处上一年年收入 80% 至 100% 的罚款。

第十三条　事故发生单位有《生产安全事故报告和调查处理条例》第三十六条第一项至第五项规定的行为之一的，依照下列规定处以罚款：

（一）发生一般事故的，处 100 万元以上 150 万元以下的罚款；

（二）发生较大事故的，处 150 万元以上 200 万元以下的罚款；

（三）发生重大事故的，处 200 万元以上 250 万元以下的罚款；

（四）发生特别重大事故的，处 250 万元以上 300 万元以下的罚款。

事故发生单位有《生产安全事故报告和调查处理条例》第三十六条第一项至第五项规定的行为之一的，贻误事故抢救或者造成事故扩大或者影响事故调查或者造成重大社会影响的，依照下列规定处以罚款：

（一）发生一般事故的，处 300 万元以上 350 万元以下的罚款；

（二）发生较大事故的，处 350 万元以上 400 万元以下的罚款；

（三）发生重大事故的，处 400 万元以上 450 万元以下的罚款；

（四）发生特别重大事故的，处 450 万元以上 500 万元以下的罚款。

第十四条　事故发生单位对一般事故负有责任的，依照下列规定处以罚款：

（一）造成 3 人以下重伤（包括急性工业中毒，下同），或者 300 万元以下直接经济损失的，处 30 万元以上 50 万元以下的罚款；

（二）造成 1 人死亡，或者 3 人以上 6 人以下重伤，或者 300 万元以上 500 万元以下直接经济损失的，处 50 万元以上 70 万元以下的罚款；

（三）造成 2 人死亡，或者 6 人以上 10 人以下重伤，或者 500 万元以上 1000 万元以下直接经济损失的，处 70 万元以上 100 万元以下的罚款。

第十五条　事故发生单位对较大事故发生负有责任的，依照下列规定处以罚款：

（一）造成 3 人以上 5 人以下死亡，或者 10 人以上 20 人以下重伤，或者 1000 万元以上 2000 万元以下直接经济损失的，处 100 万元以上 120 万元以下的罚款；

（二）造成 5 人以上 7 人以下死亡，或者 20 人以上 30 人以下重伤，或者 2000 万元以上 3000 万元以下直接经济损失的，处 120 万元以上 150 万元以下的罚款；

（三）造成 7 人以上 10 人以下死亡，或者 30 人以上 50 人以下重伤，或者 3000 万元以上 5000 万元以下直接经济损失的，处 150 万元以上 200 万元以下的罚款。

第十六条　事故发生单位对重大事故发生负有责任的，依照下列规定处以罚款：

（一）造成 10 人以上 13 人以下死亡，或者 50 人以上 60 人以下重伤，或者 5000

万元以上 6000 万元以下直接经济损失的，处 200 万元以上 400 万元以下的罚款；

（二）造成 13 人以上 15 人以下死亡，或者 60 人以上 70 人以下重伤，或者 6000 万元以上 7000 万元以下直接经济损失的，处 400 万元以上 600 万元以下的罚款；

（三）造成 15 人以上 30 人以下死亡，或者 70 人以上 100 人以下重伤，或者 7000 万元以上 1 亿元以下直接经济损失的，处 600 万元以上 1000 万元以下的罚款。

第十七条 事故发生单位对特别重大事故发生负有责任的，依照下列规定处以罚款：

（一）造成 30 人以上 40 人以下死亡，或者 100 人以上 120 人以下重伤，或者 1 亿元以上 1.5 亿元以下直接经济损失的，处 1000 万元以上 1200 万元以下的罚款；

（二）造成 40 人以上 50 人以下死亡，或者 120 人以上 150 人以下重伤，或者 1.5 亿元以上 2 亿元以下直接经济损失的，处 1200 万元以上 1500 万元以下的罚款；

（三）造成 50 人以上死亡，或者 150 人以上重伤，或者 2 亿元以上直接经济损失的，处 1500 万元以上 2000 万元以下的罚款。

第十八条 发生生产安全事故，有下列情形之一的，属于《中华人民共和国安全生产法》第一百一十四条第二款规定的情节特别严重、影响特别恶劣的情形，可以按照法律规定罚款数额的 2 倍以上 5 倍以下对事故发生单位处以罚款：

（一）关闭、破坏直接关系生产安全的监控、报警、防护、救生设备、设施，或者篡改、隐瞒、销毁其相关数据、信息的；

（二）因存在重大事故隐患被依法责令停产停业、停止施工、停止使用有关设备、设施、场所或者立即采取排除危险的整改措施，而拒不执行的；

（三）涉及安全生产的事项未经依法批准或者许可，擅自从事矿山开采、金属冶炼、建筑施工，以及危险物品生产、经营、储存等高度危险的生产作业活动，或者未依法取得有关证照尚在从事生产经营活动的；

（四）拒绝、阻碍行政执法的；

（五）强令他人违章冒险作业，或者明知存在重大事故隐患而不排除，仍冒险组织作业的；

（六）其他情节特别严重、影响特别恶劣的情形。

第十九条 事故发生单位主要负责人未依法履行安全生产管理职责，导致事故发生的，依照下列规定处以罚款：

（一）发生一般事故的，处上一年年收入 40%的罚款；

（二）发生较大事故的，处上一年年收入 60%的罚款；

（三）发生重大事故的，处上一年年收入 80%的罚款；

（四）发生特别重大事故的，处上一年年收入 100%的罚款。

第二十条 事故发生单位其他负责人和安全生产管理人员未依法履行安全生产管理职责，导致事故发生的，依照下列规定处以罚款：

（一）发生一般事故的，处上一年年收入 20%至 30%的罚款；

（二）发生较大事故的，处上一年年收入 30%至 40%的罚款；

（三）发生重大事故的，处上一年年收入 40%至 50%的罚款；

（四）发生特别重大事故的，处上一年年收入 50%的罚款。

第二十一条 个人经营的投资人未依照《中华人民共和国安全生产法》的规定保证安全生产所必需的资金投入，致使生产经营单位不具备安全生产条件，导致发生生产安全事故的，依照下列规定对个人经营的投资人处以罚款：

（一）发生一般事故的，处 2 万元以上 5 万元以下的罚款；

（二）发生较大事故的，处 5 万元以上 10 万元以下的罚款；

（三）发生重大事故的，处 10 万元以上 15 万元以下的罚款；

（四）发生特别重大事故的，处 15 万元以上 20 万元以下的罚款。

第二十二条 违反《中华人民共和国安全生产法》《生产安全事故报告和调查处理条例》和本规定，存在对事故发生负有责任以及谎报、瞒报事故等两种以上应当处以罚款的行为的，应急管理部门或者矿山安全监察机构应当分别裁量，合并作出处罚决定。

第二十三条 在事故调查中发现需要对存在违法行为的其他单位及其有关人员处以罚款的，依照相关法律、法规和规章的规定实施。

第二十四条 本规定自 2024 年 3 月 1 日起施行。原国家安全生产监督管理总局 2007 年 7 月 12 日公布，2011 年 9 月 1 日第一次修正、2015 年 4 月 2 日第一次修正的《生产安全事故罚款处罚规定（试行）》同时废止。

附录五　《国务院关于特大安全事故行政责任追究的规定》

第一条　为了有效地防范特大安全事故的发生，严肃追究特大安全事故的行政责任，保障人民群众生命、财产安全，制定本规定。

第二条　地方人民政府主要领导人和政府有关部门正职负责人对下列特大安全事故的防范、发生，依照法律、行政法规和本规定的规定有失职、渎职情形或者负有领导责任的，依照本规定给予行政处分；构成玩忽职守罪或者其他罪的，依法追究刑事责任：

（一）特大火灾事故；

（二）特大交通安全事故；

（三）特大建筑质量安全事故；

（四）民用爆炸物品和化学危险品特大安全事故；

（五）煤矿和其他矿山特大安全事故；

（六）锅炉、压力容器、压力管道和特种设备特大安全事故；

（七）其他特大安全事故。

地方人民政府和政府有关部门对特大安全事故的防范、发生直接负责的主管人员和其他直接责任人员，比照本规定给予行政处分；构成玩忽职守罪或者其他罪的，依法追究刑事责任。

特大安全事故肇事单位和个人的刑事处罚、行政处罚和民事责任，依照有关法律、法规和规章的规定执行。

第三条　特大安全事故的具体标准，按照国家有关规定执行。

第四条　地方各级人民政府及政府有关部门应当依照有关法律、法规和规章的规定，采取行政措施，对本地区实施安全监督管理，保障本地区人民群众生命、财产安全，对本地区或者职责范围内防范特大安全事故的发生、特大安全事故发生后的迅速和妥善处理负责。

第五条　地方各级人民政府应当每个季度至少召开一次防范特大安全事故工作会议，由政府主要领导人或者政府主要领导人委托政府分管领导人召集有关部门正职负责人参加，分析、布置、督促、检查本地区防范特大安全事故的工作。会议应当作出决定并形成纪要，会议确定的各项防范措施必须严格实施。

第六条　市（地、州）、县（市、区）人民政府应当组织有关部门按照职责分工对本地区容易发生特大安全事故的单位、设施和场所安全事故的防范明确责任、采取措施，并组织有关部门对上述单位、设施和场所进行严格检查。

第七条　市（地、州）、县（市、区）人民政府必须制定本地区特大安全事故应急处理预案。本地区特大安全事故应急处理预案经政府主要领导人签署后，报上一级人民政府备案。

第八条　市（地、州）、县（市、区）人民政府应当组织有关部门对本规定第二条所列各类特大安全事故的隐患进行查处；发现特大安全事故隐患的，责令立即排除；特大安全事故隐患排除前或者排除过程中，无法保证安全的，责令暂时停产、停业或者停止使用。法律、行政法规对查处机关另有规定的，依照其规定。

第九条 市（地、州）、县（市、区）人民政府及其有关部门对本地区存在的特大安全事故隐患，超出其管辖或者职责范围的，应当立即向有管辖权或者负有职责的上级人民政府或者政府有关部门报告；情况紧急的，可以立即采取包括责令暂时停产、停业在内的紧急措施，同时报告；有关上级人民政府或者政府有关部门接到报告后，应当立即组织查处。

第十条 中小学校对学生进行劳动技能教育以及组织学生参加公益劳动等社会实践活动，必须确保学生安全。严禁以任何形式、名义组织学生从事接触易燃、易爆、有毒、有害等危险品的劳动或者其他危险性劳动。严禁将学校场地出租作为从事易燃、易爆、有毒、有害等危险品的生产、经营场所。

中小学校违反前款规定的，按照学校隶属关系，对县（市、区）、乡（镇）人民政府主要领导人和县（市、区）人民政府教育行政部门正职负责人，根据情节轻重，给予记过、降级直至撤职的行政处分；构成玩忽职守罪或者其他罪的，依法追究刑事责任。

中小学校违反本条第一款规定的，对校长给予撤职的行政处分，对直接组织者给予开除公职的行政处分；构成非法制造爆炸物罪或者其他罪的，依法追究刑事责任。

第十一条 依法对涉及安全生产事项负责行政审批（包括批准、核准、许可、注册、认证、颁发证照、竣工验收等，下同）的政府部门或者机构，必须严格依照法律、法规和规章规定的安全条件和程序进行审查；不符合法律、法规和规章规定的安全条件的，不得批准；不符合法律、法规和规章规定的安全条件，弄虚作假，骗取批准或者勾结串通行政审批工作人员取得批准的，负责行政审批的政府部门或者机构除必须立即撤销原批准外，应当对弄虚作假骗取批准或者勾结串通行政审批工作人员的当事人依法给予行政处罚；构成行贿罪或者其他罪的，依法追究刑事责任。

负责行政审批的政府部门或者机构违反前款规定，对不符合法律、法规和规章规定的安全条件予以批准的，对部门或者机构的正职负责人，根据情节轻重，给予降级、撤职直至开除公职的行政处分；与当事人勾结串通的，应当开除公职；构成受贿罪、玩忽职守罪或者其他罪的，依法追究刑事责任。

第十二条 对依照本规定第十一条第一款的规定取得批准的单位和个人，负责行政审批的政府部门或者机构必须对其实施严格监督检查；发现其不再具备安全条件的，必须立即撤销原批准。

负责行政审批的政府部门或者机构违反前款规定，不对取得批准的单位和个人实施严格监督检查，或者发现其不再具备安全条件而不立即撤销原批准的，对部门或者机构的正职负责人，根据情节轻重，给予降级或者撤职的行政处分；构成受贿罪、玩忽职守罪或者其他罪的，依法追究刑事责任。

第十三条 对未依法取得批准，擅自从事有关活动的，负责行政审批的政府部门或者机构发现或者接到举报后，应当立即予以查封、取缔，并依法给予行政处罚；属于经营单位的，由工商行政管理部门依法相应吊销营业执照。

负责行政审批的政府部门或者机构违反前款规定，对发现或者举报的未依法取得批准而擅自从事有关活动的，不予查封、取缔、不依法给予行政处罚，工商行政管理部门不予吊销营业执照的，对部门或者机构的正职负责人，根据情节轻重，给予降级或者撤职的行政处分；构成受贿罪、玩忽职守罪或者其他罪的，依法追究刑事责任。

第十四条　市（地、州）、县（市、区）人民政府依照本规定应当履行职责而未履行，或者未按照规定的职责和程序履行，本地区发生特大安全事故的，对政府主要领导人，根据情节轻重，给予降级或者撤职的行政处分；构成玩忽职守罪的，依法追究刑事责任。

负责行政审批的政府部门或者机构、负责安全监督管理的政府有关部门，未依照本规定履行职责，发生特大安全事故的，对部门或者机构的正职负责人，根据情节轻重，给予撤职或者开除公职的行政处分；构成玩忽职守罪或者其他罪的，依法追究刑事责任。

第十五条　发生特大安全事故，社会影响特别恶劣或者性质特别严重的，由国务院对负有领导责任的省长、自治区主席、直辖市市长和国务院有关部门正职负责人给予行政处分。

第十六条　特大安全事故发生后，有关县（市、区）、市（地、州）和省、自治区、直辖市人民政府及政府有关部门应当按照国家规定的程序和时限立即上报，不得隐瞒不报、谎报或者拖延报告，并应当配合、协助事故调查，不得以任何方式阻碍、干涉事故调查。

特大安全事故发生后，有关地方人民政府及政府有关部门违反前款规定的，对政府主要领导人和政府部门正职负责人给予降级的行政处分。

第十七条　特大安全事故发生后，有关地方人民政府应当迅速组织救助，有关部门应当服从指挥、调度，参加或者配合救助，将事故损失降到最低限度。

第十八条　特大安全事故发生后，省、自治区、直辖市人民政府应当按照国家有关规定迅速、如实发布事故消息。

第十九条　特大安全事故发生后，按照国家有关规定组织调查组对事故进行调查。事故调查工作应当自事故发生之日起60日内完成，并由调查组提出调查报告；遇有特殊情况的，经调查组提出并报国家安全生产监督管理机构批准后，可以适当延长时间。调查报告应当包括依照本规定对有关责任人员追究行政责任或者其他法律责任的意见。

省、自治区、直辖市人民政府应当自调查报告提交之日起30日内，对有关责任人员作出处理决定；必要时，国务院可以对特大安全事故的有关责任人员作出处理决定。

第二十条　地方人民政府或者政府部门阻挠、干涉对特大安全事故有关责任人员追究行政责任的，对该地方人民政府主要领导人或者政府部门正职负责人，根据情节轻重，给予降级或者撤职的行政处分。

第二十一条　任何单位和个人均有权向有关地方人民政府或者政府部门报告特大安全事故隐患，有权向上级人民政府或者政府部门举报地方人民政府或者政府部门不履行安全监督管理职责或者不按照规定履行职责的情况。接到报告或者举报的有关人民政府或者政府部门，应当立即组织对事故隐患进行查处，或者对举报的不履行、不按照规定履行安全监督管理职责的情况进行调查处理。

第二十二条　监察机关依照行政监察法的规定，对地方各级人民政府和政府部门及其工作人员履行安全监督管理职责实施监察。

第二十三条　对特大安全事故以外的其他安全事故的防范、发生追究行政责任的办法，由省、自治区、直辖市人民政府参照本规定制定。

第二十四条　本规定自公布之日起施行。

附录六　《地方党政领导干部安全生产责任制规定》

第一章　总　则

第一条　为了加强地方各级党委和政府对安全生产工作的领导，健全落实安全生产责任制，树立安全发展理念，根据《中华人民共和国安全生产法》《中华人民共和国公务员法》等法律规定和《中共中央、国务院关于推进安全生产领域改革发展的意见》《中国共产党地方委员会工作条例》《中国共产党问责条例》等中央有关规定，制定本规定。

第二条　本规定适用于县级以上地方各级党委和政府领导班子成员（以下统称地方党政领导干部）。

县级以上地方各级党委工作机关、政府工作部门及相关机构领导干部，乡镇（街道）党政领导干部，各类开发区管理机构党政领导干部，参照本规定执行。

第三条　实行地方党政领导干部安全生产责任制，必须以习近平新时代中国特色社会主义思想为指导，切实增强政治意识、大局意识、核心意识、看齐意识，牢固树立发展决不能以牺牲安全为代价的红线意识，按照高质量发展要求，坚持安全发展、依法治理，综合运用巡查督查、考核考察、激励惩戒等措施，加强组织领导，强化属地管理，完善体制机制，有效防范安全生产风险，坚决遏制重特大生产安全事故，促使地方各级党政领导干部切实承担起"促一方发展、保一方平安"的政治责任，为统筹推进"五位一体"总体布局和协调推进"四个全面"战略布局营造良好稳定的安全生产环境。

第四条　实行地方党政领导干部安全生产责任制，应当坚持党政同责、一岗双责、齐抓共管、失职追责，坚持管行业必须管安全、管业务必须管安全、管生产经营必须管安全。

地方各级党委和政府主要负责人是本地区安全生产第一责任人，班子其他成员对分管范围内的安全生产工作负领导责任。

第二章　职　责

第五条　地方各级党委主要负责人安全生产职责主要包括：

（一）认真贯彻执行党中央以及上级党委关于安全生产的决策部署和指示精神，安全生产方针政策、法律法规；

（二）把安全生产纳入党委议事日程和向全会报告工作的内容，及时组织研究解决安全生产重大问题；

（三）把安全生产纳入党委常委会及其成员职责清单，督促落实安全生产"一岗双责"制度；

（四）加强安全生产监管部门领导班子建设、干部队伍建设和机构建设，支持人大、政协监督安全生产工作，统筹协调各方面重视支持安全生产工作；

（五）推动将安全生产纳入经济社会发展全局，纳入国民经济和社会发展考核评价体系，作为衡量经济发展、社会治安综合治理、精神文明建设成效的重要指标和领导干部政绩考核的重要内容；

（六）大力弘扬生命至上、安全第一的思想，强化安全生产宣传教育和舆论引导，将安全生产方针政策和法律法规纳入党委理论学习中心组学习内容和干部培训内容。

第六条 县级以上地方各级政府主要负责人安全生产职责主要包括：

（一）认真贯彻落实党中央、国务院以及上级党委和政府、本级党委关于安全生产的决策部署和指示精神，安全生产方针政策、法律法规；

（二）把安全生产纳入政府重点工作和政府工作报告的重要内容，组织制定安全生产规划并纳入国民经济和社会发展规划，及时组织研究解决安全生产突出问题；

（三）组织制定政府领导干部年度安全生产重点工作责任清单并定期检查考核，在政府有关工作部门"三定"规定中明确安全生产职责；

（四）组织设立安全生产专项资金并列入本级财政预算、与财政收入保持同步增长，加强安全生产基础建设和监管能力建设，保障监管执法必需的人员、经费和车辆等装备；

（五）严格安全准入标准，推动构建安全风险分级管控和隐患排查治理预防工作机制，按照分级属地管理原则明确本地区各类生产经营单位的安全生产监管部门，依法领导和组织生产安全事故应急救援、调查处理及信息公开工作；

（六）领导本地区安全生产委员会工作，统筹协调安全生产工作，推动构建安全生产责任体系，组织开展安全生产巡查、考核等工作，推动加强高素质专业化安全监管执法队伍建设。

第七条 地方各级党委常委会其他成员按照职责分工，协调纪检监察机关和组织、宣传、政法、机构编制等单位支持保障安全生产工作，动员社会各界力量积极参与、支持、监督安全生产工作，抓好分管行业（领域）、部门（单位）的安全生产工作。

第八条 县级以上地方各级政府原则上由担任本级党委常委的政府领导干部分管安全生产工作，其安全生产职责主要包括：

（一）组织制定贯彻落实党中央、国务院以及上级及本级党委和政府关于安全生产决策部署，安全生产方针政策、法律法规的具体措施；

（二）协助党委主要负责人落实党委对安全生产的领导职责，督促落实本级党委关于安全生产的决策部署；

（三）协助政府主要负责人统筹推进本地区安全生产工作，负责领导安全生产委员会日常工作，组织实施安全生产监督检查、巡查、考核等工作，协调解决重点难点问题；

（四）组织实施安全风险分级管控和隐患排查治理预防工作机制建设，指导安全生产专项整治和联合执法行动，组织查处各类违法违规行为；

（五）加强安全生产应急救援体系建设，依法组织或者参与生产安全事故抢险救援和调查处理，组织开展生产安全事故责任追究和整改措施落实情况评估；

（六）统筹推进安全生产社会化服务体系建设、信息化建设、诚信体系建设和教育培训、科技支撑等工作。

第九条 县级以上地方各级政府其他领导干部安全生产职责主要包括：

（一）组织分管行业（领域）、部门（单位）贯彻执行党中央、国务院以及上级及本级党委和政府关于安全生产的决策部署，安全生产方针政策、法律法规；

（二）组织分管行业（领域）、部门（单位）健全和落实安全生产责任制，将安全生产工作与业务工作同时安排部署、同时组织实施、同时监督检查；

（三）指导分管行业（领域）、部门（单位）把安全生产工作纳入相关发展规划和年度工作计划，从行业规划、科技创新、产业政策、法规标准、行政许可、资产管理等方面加强和支持安全生产工作；

（四）统筹推进分管行业（领域）、部门（单位）安全生产工作，每年定期组织分析安全生产形势，及时研究解决安全生产问题，支持有关部门依法履行安全生产工作职责；

（五）组织开展分管行业（领域）、部门（单位）安全生产专项整治、目标管理、应急管理、查处违法违规生产经营行为等工作，推动构建安全风险分级管控和隐患排查治理预防工作机制。

第三章 考核考察

第十条 把地方党政领导干部落实安全生产责任情况纳入党委和政府督查督办重要内容，一并进行督促检查。

第十一条 建立完善地方各级党委和政府安全生产巡查工作制度，加强对下级党委和政府的安全生产巡查，推动安全生产责任措施落实。将巡查结果作为对被巡查地区党委和政府领导班子和有关领导干部考核、奖惩和使用的重要参考。

第十二条 建立完善地方各级党委和政府安全生产责任考核制度，对下级党委和政府安全生产工作情况进行全面评价，将考核结果与有关地方党政领导干部履职评定挂钩。

第十三条 在对地方各级党委和政府领导班子及其成员的年度考核、目标责任考核、绩效考核以及其他考核中，应当考核其落实安全生产责任情况，并将其作为确定考核结果的重要参考。

地方各级党委和政府领导班子及其成员在年度考核中，应当按照"一岗双责"要求，将履行安全生产工作责任情况列入述职内容。

第十四条 党委组织部门在考察地方党政领导干部拟任人选时，应当考察其履行安全生产工作职责情况。

有关部门在推荐、评选地方党政领导干部作为奖励人选时，应当考察其履行安全生产工作职责情况。

第十五条 实行安全生产责任考核情况公开制度。定期采取适当方式公布或者通报地方党政领导干部安全生产工作考核结果。

第四章 表彰奖励

第十六条 对在加强安全生产工作、承担安全生产专项重要工作、参加抢险救护等方面作出显著成绩和重要贡献的地方党政领导干部，上级党委和政府应当按照有关规定给予表彰奖励。

第十七条 对在安全生产工作考核中成绩优秀的地方党政领导干部，上级党委和政府按照有关规定给予记功或者嘉奖。

第五章 责任追究

第十八条 地方党政领导干部在落实安全生产工作责任中存在下列情形之一的，应当按照有关规定进行问责：

（一）履行本规定第二章所规定职责不到位的；

（二）阻挠、干涉安全生产监管执法或者生产安全事故调查处理工作的；

（三）对迟报、漏报、谎报或者瞒报生产安全事故负有领导责任的；

（四）对发生生产安全事故负有领导责任的；

（五）有其他应当问责情形的。

第十九条 对存在本规定第十八条情形的责任人员，应当根据情况采取通报、诫勉、停职检查、调整职务、责令辞职、降职、免职或者处分等方式问责；涉嫌职务违法犯罪的，由监察机关依法调查处置。

第二十条 严格落实安全生产"一票否决"制度，对因发生生产安全事故被追究领导责任的地方党政领导干部，在相关规定时限内，取消考核评优和评选各类先进资格，不得晋升职务、级别或者重用任职。

第二十一条 对工作不力导致生产安全事故人员伤亡和经济损失扩大，或者造成严重社会影响负有主要领导责任的地方党政领导干部，应当从重追究责任。

第二十二条 对主动采取补救措施，减少生产安全事故损失或者挽回社会不良影响的地方党政领导干部，可以从轻、减轻追究责任。

第二十三条 对职责范围内发生生产安全事故，经查实已经全面履行了本规定第二章所规定职责、法律法规规定有关职责，并全面落实了党委和政府有关工作部署的，不予追究地方有关党政领导干部的领导责任。

第二十四条 地方党政领导干部对发生生产安全事故负有领导责任且失职失责性质恶劣、后果严重的，不论是否已调离转岗、提拔或者退休，都应当严格追究其责任。

第二十五条 实施安全生产责任追究，应当依法依规、实事求是、客观公正，根据岗位职责、履职情况、履职条件等因素合理确定相应责任。

第二十六条 存在本规定第十八条情形应当问责的，由纪检监察机关、组织人事部门和安全生产监管部门按照权限和职责分别负责。

第六章　附　则

第二十七条　各省、自治区、直辖市党委和政府应当根据本规定制定实施细则。

第二十八条　本规定由应急管理部商中共中央组织部解释。

第二十九条　本规定自 2018 年 4 月 8 日起施行。

附录七 《最高人民法院、最高人民检察院关于办理危害生产安全刑事案件适用法律若干问题的解释》

为依法惩治危害生产安全犯罪，根据刑法有关规定，现就办理此类刑事案件适用法律的若干问题解释如下：

第一条 刑法第一百三十四条第一款规定的犯罪主体，包括对生产、作业负有组织、指挥或者管理职责的负责人、管理人员、实际控制人、投资人等人员，以及直接从事生产、作业的人员。

第二条 刑法第一百三十四条第二款规定的犯罪主体，包括对生产、作业负有组织、指挥或者管理职责的负责人、管理人员、实际控制人、投资人等人员。

第三条 刑法第一百三十五条规定的"直接负责的主管人员和其他直接责任人员"，是指对安全生产设施或者安全生产条件不符合国家规定负有直接责任的生产经营单位负责人、管理人员、实际控制人、投资人，以及其他对安全生产设施或者安全生产条件负有管理、维护职责的人员。

第四条 刑法第一百三十九条之一规定的"负有报告职责的人员"，是指负有组织、指挥或者管理职责的负责人、管理人员、实际控制人、投资人，以及其他负有报告职责的人员。

第五条 明知存在事故隐患、继续作业存在危险，仍然违反有关安全管理的规定，实施下列行为之一的，应当认定为刑法第一百三十四条第二款规定的"强令他人违章冒险作业"：

（一）利用组织、指挥、管理职权，强制他人违章作业的；

（二）采取威逼、胁迫、恐吓等手段，强制他人违章作业的；

（三）故意掩盖事故隐患，组织他人违章作业的；

（四）其他强令他人违章作业的行为。

第六条 实施刑法第一百三十二条、第一百三十四条第一款、第一百三十五条、第一百三十五条之一、第一百三十六条、第一百三十九条规定的行为，因而发生安全事故，具有下列情形之一的，应当认定为"造成严重后果"或者"发生重大伤亡事故或者造成其他严重后果"，对相关责任人员，处三年以下有期徒刑或者拘役：

（一）造成死亡一人以上，或者重伤三人以上的；

（二）造成直接经济损失一百万元以上的；

（三）其他造成严重后果或者重大安全事故的情形。

实施刑法第一百三十四条第二款规定的行为，因而发生安全事故，具有本条第一款规定情形的，应当认定为"发生重大伤亡事故或者造成其他严重后果"，对相关责任人员，处五年以下有期徒刑或者拘役。

实施刑法第一百三十七条规定的行为，因而发生安全事故，具有本条第一款规定情形的，应当认定为"造成重大安全事故"，对直接责任人员，处五年以下有期徒刑或者拘役，并处罚金。

实施刑法第一百三十八条规定的行为，因而发生安全事故，具有本条第一款第一项规定情形的，应当认定为"发生重大伤亡事故"，对直接责任人员，处三年以下有期徒刑或者拘役。

第七条 实施刑法第一百三十二条、第一百三十四条第一款、第一百三十五条、第一百三十五条之一、第一百三十六条、第一百三十九条规定的行为，因而发生安全事故，具有下列情形之一的，对相关责任人员，处三年以上七年以下有期徒刑：

（一）造成死亡三人以上或者重伤十人以上，负事故主要责任的；

（二）造成直接经济损失五百万元以上，负事故主要责任的；

（三）其他造成特别严重后果、情节特别恶劣或者后果特别严重的情形。

实施刑法第一百三十四条第二款规定的行为，因而发生安全事故，具有本条第一款规定情形的，对相关责任人员，处五年以上有期徒刑。

实施刑法第一百三十七条规定的行为，因而发生安全事故，具有本条第一款规定情形的，对直接责任人员，处五年以上十年以下有期徒刑，并处罚金。

实施刑法第一百三十八条规定的行为，因而发生安全事故，具有下列情形之一的，对直接责任人员，处三年以上七年以下有期徒刑：

（一）造成死亡三人以上或者重伤十人以上，负事故主要责任的；

（二）具有本解释第六条第一款第一项规定情形，同时造成直接经济损失五百万元以上并负事故主要责任的，或者同时造成恶劣社会影响的。

第八条 在安全事故发生后，负有报告职责的人员不报或者谎报事故情况，贻误事故抢救，具有下列情形之一的，应当认定为刑法第一百三十九条之一规定的"情节严重"：

（一）导致事故后果扩大，增加死亡一人以上，或者增加重伤三人以上，或者增加直接经济损失一百万元以上的；

（二）实施下列行为之一，致使不能及时有效开展事故抢救的：

1. 决定不报、迟报、谎报事故情况或者指使、串通有关人员不报、迟报、谎报事故情况的；

2. 在事故抢救期间擅离职守或者逃匿的；

3. 伪造、破坏事故现场，或者转移、藏匿、毁灭遇难人员尸体，或者转移、藏匿受伤人员的；

4. 毁灭、伪造、隐匿与事故有关的图纸、记录、计算机数据等资料以及其他证据的；

（三）其他情节严重的情形。

具有下列情形之一的，应当认定为刑法第一百三十九条之一规定的"情节特别严重"：

（一）导致事故后果扩大，增加死亡三人以上，或者增加重伤十人以上，或者增加直接经济损失五百万元以上的；

（二）采用暴力、胁迫、命令等方式阻止他人报告事故情况，导致事故后果扩大的；

（三）其他情节特别严重的情形。

第九条　在安全事故发生后，与负有报告职责的人员串通，不报或者谎报事故情况，贻误事故抢救，情节严重的，依照刑法第一百三十九条之一的规定，以共犯论处。

第十条　在安全事故发生后，直接负责的主管人员和其他直接责任人员故意阻挠开展抢救，导致人员死亡或者重伤，或者为了逃避法律追究，对被害人进行隐藏、遗弃，致使被害人因无法得到救助而死亡或者重度残疾的，分别依照刑法第二百三十二条、第二百三十四条的规定，以故意杀人罪或者故意伤害罪定罪处罚。

第十一条　生产不符合保障人身、财产安全的国家标准、行业标准的安全设备，或者明知安全设备不符合保障人身、财产安全的国家标准、行业标准而进行销售，致使发生安全事故，造成严重后果的，依照刑法第一百四十六条的规定，以生产、销售不符合安全标准的产品罪定罪处罚。

第十二条　实施刑法第一百三十二条、第一百三十四条至第一百三十九条之一规定的犯罪行为，具有下列情形之一的，从重处罚：

（一）未依法取得安全许可证件或者安全许可证件过期、被暂扣、吊销、注销后从事生产经营活动的；

（二）关闭、破坏必要的安全监控和报警设备的；

（三）已经发现事故隐患，经有关部门或者个人提出后，仍不采取措施的；

（四）一年内曾因危害生产安全违法犯罪活动受过行政处罚或者刑事处罚的；

（五）采取弄虚作假、行贿等手段，故意逃避、阻挠负有安全监督管理职责的部门实施监督检查的；

（六）安全事故发生后转移财产意图逃避承担责任的；

（七）其他从重处罚的情形。

实施前款第五项规定的行为，同时构成刑法第三百八十九条规定的犯罪的，依照数罪并罚的规定处罚。

第十三条　实施刑法第一百三十二条、第一百三十四条至第一百三十九条之一规定的犯罪行为，在安全事故发生后积极组织、参与事故抢救，或者积极配合调查、主动赔偿损失的，可以酌情从轻处罚。

第十四条　国家工作人员违反规定投资入股生产经营，构成本解释规定的有关犯罪的，或者国家工作人员的贪污、受贿犯罪行为与安全事故发生存在关联性的，从重处罚；同时构成贪污、受贿犯罪和危害生产安全犯罪的，依照数罪并罚的规定处罚。

第十五条　国家机关工作人员在履行安全监督管理职责时滥用职权、玩忽职守，致使公共财产、国家和人民利益遭受重大损失的，或者徇私舞弊，对发现的刑事案件依法应当移交司法机关追究刑事责任而不移交，情节严重的，分别依照刑法第三百九十七条、第四百零二条的规定，以滥用职权罪、玩忽职守罪或者徇私舞弊不移交刑事案件罪定罪处罚。

公司、企业、事业单位的工作人员在依法或者受委托行使安全监督管理职责时滥用职权或者玩忽职守，构成犯罪的，应当依照《全国人民代表大会常务委员会关于〈中华人民共和国刑法〉第九章渎职罪主体适用问题的解释》的规定，适用渎职罪的规定追究刑事责任。

第十六条 对于实施危害生产安全犯罪适用缓刑的犯罪分子，可以根据犯罪情况，禁止其在缓刑考验期限内从事与安全生产相关联的特定活动；对于被判处刑罚的犯罪分子，可以根据犯罪情况和预防再犯罪的需要，禁止其自刑罚执行完毕之日或者假释之日起三年至五年内从事与安全生产相关的职业。

第十七条 本解释自 2015 年 12 月 16 日起施行。本解释施行后，《最高人民法院、最高人民检察院关于办理危害矿山生产安全刑事案件具体应用法律若干问题的解释》（法释〔2007〕5 号）同时废止。最高人民法院、最高人民检察院此前发布的司法解释和规范性文件与本解释不一致的，以本解释为准。

参考文献

[1]　吕淑然，车广杰. 安全生产事故调查与案例分析[M]. 2 版. 北京：化学工业出版社，2020.

[2]　康健，张继信. 安全生产事故预防与控制[M]. 北京：石油工业出版社，2021.

[3]　中国安全生产科学研究院. 安全生产管理（2022 版）[M]. 北京：应急管理出版社，2022.

[4]　中国化学品安全协会. GB 30871—2022《危险化学品企业特殊作业安全规范应用问答》[M]. 北京：中国石化出版社，2023.

[5]　连雪山. 企业常见事故预防要点[M]. 北京：中国环境出版集团，2018.

[6]　佟瑞鹏.《生产安全事故报告和调查处理条例》宣传教育读本[M]. 北京：中国劳动社会保障出版社，2014.

[7]　谢财良，王林. 生产安全事故调查处理的理论与实践[M]. 长沙：中南大学出版社，2016.

[8]　刘双跃. 事故调查与分析技术[M]. 北京：冶金工业出版社，2014.

[9]　蒋军成. 事故调查与分析技术[M]. 2 版. 北京：化学工业出版社，2011.

[10]　《"绿十字"安全基础建设新知丛书》编委会. 安全事故调查处理知识[M]. 北京：中国劳动社会保障出版社，2014.